U0053760

[中國管理技巧]

Techniques of Chinese Management

芮明杰 陳榮輝 主編
王 震等 著

生智文化事業有限公司

導讀

在管理理論與方法西風漸進的今天，看一看中國古代先人們怎樣在行爲處事中積累和發展管理的思想、經驗、原則與方法技巧，體會一下中華民族的燦爛文化和博大精深的思想體系在管理領域的涉及，我想是可以「獨善其身」的——即堅持我們自己的優秀的管理模式，並使之成爲世界管理之林中獨樹一幟的參天大樹。

本書的寫作目的與思路

中國古代眾多的文化史典中留下了浩繁的古代先人事例，涉及文化、軍事、經濟、政治、工商、教育等眾多領域。這些事例或反映了先人的成就、或反映了先人的思想觀點、或反映了先人的智慧、或反映先人的品德……等等，凡此種種皆包含著眾多的人生哲理、處事準則、成功經驗，乃至失敗教訓。我們發現，這些事例中表達了先人們在管理思想、觀點上的貢獻，這不僅反映了先人們在當時、當地條件下的「管理技巧」，也使我們萌發了編撰這麼一本書的動機；而這些在今天看來依然對我們的管理者、管理的學習者有著十分重要的啓示，也正是基於此種認識，我們也就在生智文化事業的支持下，出了這麼一本《中國管理技巧》。

本書共收錄自先秦乃至清代的、可以反映出中國古代先人管理技巧與方法的事例六十四例。

這些事例一般爲史載，但本書並沒有直接給出原文，而是根據原文用現代語行文，使之通俗易懂。而事例的通俗易懂對讀者來說固然重要，但更重要的是，我們謀求透過對這一事例來評述其中含有的管理思想觀點、技巧與方法，從而使讀者既感受到中國古代先人的聰慧與偉大，又能感受到中國古代管理的真實，及其對今天的啓示。這便是我們的寫作目的。這一目的是否達到，便要請讀者們讀完此書後得出結論，作出評判，並給我們一個指教。

本書按照宏觀管理、微觀管理分成二大部分，然後在每一部分中再分小類。這樣一種編排分類方法，雖不得已爲之，卻也是深思熟慮的結果。這樣的分類可以窮盡管理諸多方面和領域，從而使分類完善，同時又兼顧了中國古代先人崇尚治國平天下，以人爲本、和爲貴爲核心的管理思想，從而導致這方面事例偏多的現象，使全書篇章平和均衡。

如何閱讀此書

如何來讀這本書，進而使自己獲益最大？這是一個難以準確回答的問題。就我們而言，讀者似乎可以從以下幾個方面入手：

(1)瞭解每則事例的歷史背景，但不把它當作歷史故事來看。而是把握事例本身所反映的管理的觀念、技巧與方法，並將之與現代企業管理過程中的理念、方法、技巧加以比較和聯

想，以獲得對古代管理技巧的現代認識，進而有所啓發。例如：在「三氣周瑜」的事例中，諸葛亮三氣周瑜的歷史雖爲大家所熟知，但一般的人並不會將之與現代領導者所必具的開闊心胸、可容人之不同的氣度等品性相聯繫，而只是把它當作一個故事來讀。本書不是一本歷史故事集，它的重點著重在從每一事例中，去概括與闡述管理的理念、觀點、方法與技巧，以及給我們的啓示。

(2)從中國古代的這些事例中獲得對古代管理思想、觀念及技巧的認識與啓示，這些固然很重要，但我們認爲更重要的是，希望讀者藉由閱讀此書及其他相關書籍之後，體會到中國傳統管理思想與技巧中的核心與優秀部分，即「以人爲本，以德爲先，人爲爲人，中庸平和，不爭既爭」的管理特點。我以爲這些特點至今依然是企業管理成功的根本原則，是華夏文明對世界管理理論與方法的巨大貢獻。現代西方管理理論中的「以人爲中心管理」、「管理倫理」、「團隊合作」等思想觀念，在我看來是像上述管理原則特點的一種趨向，因而我們完全有理由在我們的文化背景下，發展我們自己的管理模式。

(3)此書並無先後特別的順序，內容上也無特別的邏輯，因此閱讀此書並不會給人增加思想與心理上的壓力，讀者完全可以根據一時的好惡、一時的需要翻閱其中某一部分或某一小類，在輕鬆中獲得收益。事實上這些古代事例中所含有的管理技巧及思想觀點，也是仁者見仁、智者見智，讀者完全可以用自己獨立的眼光來閱讀本書對此事例的評述。

(4)本書的事例收集並不夠全面、不夠完整，甚至可能遺漏不少很好的事例，而且我們將某一事例放在某一小類下，有時也頗爲牽強，這些都是需要讀者諒解，並在閱讀中適當加以糾正的地方。

編寫完這本書時，我們並無鬆口氣的感覺，相反更覺沉重與緊張，因爲此書將面對廣大的讀者。讀者會有什麼樣的反應呢？大家是否喜歡呢？希望讀者們讀完此書時給我們一個答案。謝謝！

目錄

第一篇

宏觀管理

以法治國

◎商鞅治秦

戰國時代，七雄爭霸，各國為增強自己的實力，相繼進行了改革。其中以商鞅在秦國的兩次變法最為著名。從此秦王朝日益富強，最終統一六國，建立了歷史上第一個一統天下的集權國家。

商鞅（公元前三九〇——前三三八年），戰國時代的政治家和改革家，衛國人，公孫氏，名鞅。少好刑名之學，曾任魏相公叔痤的侍臣。由於魏王目光短淺，視鞅為一個不足掛齒的小人物而不予重用，使他不得不離魏而事秦。當時的秦國雖已崛起，但還比較落後，常受東方各國的歧視。秦王孝公決心改變秦的面貌，強盛國勢與東方各國爭雄，於是四處求賢。商鞅就是在這樣的條件下西進入秦的。他先後三次向秦孝公力陳其「治國強兵」之道，力駁保守派企圖「修今、法古」的頑固思想，終使孝公領會了商鞅的思想，決心變法圖強。於是商鞅受命定法，先後兩次（公元前

三五九——前三五〇年）在秦實行新法。

新法的範圍涉及政治、經濟、軍事等各個方面。在政治上，他建立了君主專制的行政制度，在全國設置縣，縣下設邑，地方實行編戶制，並使相互告行連坐，以加強集權統治；在經濟上，他統一度、量、衡，使之整齊劃一，便於交往，獎勵農業生產，明確提出「事本禁末、重農抑商」的治國思想，將從事商業和不事生產而致貧者，罰作奴隸，將著眼點放在增強國家經濟實力上，同時開阡陌（縱橫通道）封疆（田界），將土地授予農民耕種，土地徵稅，並可自由買賣；在軍事上，他廢除了傳統沿用的世卿世祿制度，獎勵軍功，制定軍爵，不論出身貴賤，一律依軍功授爵，將領立功，除得到大量獎賞之外，還給予封邑。

在推行新法的過程中，商鞅巧妙地解決了「取信於民」和「守舊派的反抗」兩個問題。使老百姓堅信新法是必行無疑的，而不是紙上談兵的。據史書記載，商鞅在變法之初曾立柱於集市，獎十金於先搬往至南門者，後加至五十金，有人嘗試果然獲獎，以此向百姓表明新法推行的決心。對守舊勢力毫不手軟地加以打擊，有力地擊潰了保守力量的反抗，保證了新法得以施行。

「以法治國」的思想

人們爲了解決個人追求幸福時的欲望無窮和資源有限之間的矛盾而結成了社會，透過相互妥協、分工合作使每個人的滿足度普遍加大。這種以分工合作爲基礎的社會有三大好處：節省了轉換工種的時間，積累了勞動技能，由於工作程序化而有了發明機器的可能。但也正由於分工合作，每件產品除了生產成本外，還有爲完成一項交易而花費的人與人打交道的精力和時間的折算，稱爲「交易成本」。於是，人們就特別重視合作秩序的選擇，因爲不同的合作秩序將會影響交易成本的大小，進而影響社會資源的合理配置，影響經濟發展的速度。這種追求「效用最大化」的傾向，使得人們最終選擇市場經濟體制作爲最優化資源配置的合作秩序。

市場經濟由千千萬萬個主體組成，各個主體在市場上絕不是想怎麼做就可以做的。市場經濟的形成和發展，如市場進入、市場交易、市場競爭，都必須由法律來引導、規範、保障和約束，才能使人的行爲合乎法律、法規，使市場成爲有序的市場，各經濟主體在法律面前成爲平等的一員。因此，市場經濟等於是法制經濟。法制的建立是市場經濟的必然要求。這一點是經濟無數論證達成的共識。如何完善社會主義市場經濟條件下的法制是擺在我們面前的一個重大課題。早在二千多年前，商鞅變法所宣揚的「以法治國」的思想或許會對我們能有一定的啓發作用。商鞅推崇法治，認爲用法制手段治理國家，國家必強。專靠某人的政令治國，國家必弱。他的思想邏輯表現在以下幾個方面：

第一，「不法古、不修今」是確立法制的決策原則。他認爲選擇什麼樣的控制機制來管理社會和經濟，必須遵循這樣的決策原則，既不無視實際情況一味效法古代的舊制，也不思想僵化。一味效法古代，會落後於現實，修今會保持現狀而跟不上形勢。所謂「法古則後於時，修今則塞於勢」。

第二，法令是治國之本，是百姓的生命，也是防止奸民作惡的工具。他認爲要想治國又捨棄法令的做法，就好像挨餓不想吃東西，想不挨凍又不想穿衣服，想往東去卻又向西行一樣。所以，他主張應當把法制置於無尙尊嚴的地位才是。

第三，「刑多賞少」是控制國家的重要手段。這樣藉助於刑罰才能最終消除刑罰，才能增強國力，取得「國重主尊」，才能有效地調節社會分配中的貧富。

應當看到，商鞅法制思想的歷史背景是：農業一直是古代社會最重要的生產部分，農業的繁榮意味著社會經濟的發展、社會生產力的進步和國家經濟實力的增強。暴力是以經濟力量爲基礎的，把絕大多數勞動力投入農業生產，可以說是封建社會一個傳統的經濟原則，這是古代所處的自然經濟結構特點所決定的。而現在我們所處的社會相比商鞅的時代已發生了巨大的飛躍，無論生產力還是生產關係，都發生了根本性的變化。這也就爲在社會主義市場經濟體制下的法制建設提出了更多的要求。首先，法制的建立是應當以保證社會主義公有制的主體地位爲原則的，不僅要在所有制的結構上要確保公有制在國民經濟中的主體地位，表現它在社會總資產中佔有的優勢，要確保現代企業制度的建立，在確定國有資產產權邊界的過程中防止國有資產的變相流失；還要確保堅持以按勞分配爲主體、多種分配方式並存的制度，在個人分配中表現效率優先、兼顧公平的原則；還要確保在宏觀調控上，把國家利益與個人利益、人民長遠利益與當前利益、局部利益與整體利益結合起來，更好地發揮計劃和市場兩種手段的長處。其次，法制建設還要保證市場在社會主義的市場經濟體制下成爲資源配置的基礎，使得商品由供求雙方透過競爭形成市場價格，形成市場資源配置的資訊基礎，成爲社會生產的決策基礎，使得市場體系的建立更加統一和健全，成爲全國性的、對外開放的、競爭的、有制度和法規保護和監督的有序市場，而不是封閉的、對外隔絕的、壟斷的、缺乏規範的無序市場。最後，法制的建設還要確保政府對市場經濟的管理、調控的地位和職能。

「國家對社會經濟的控制」的思想

商鞅治國的第二個主要思想是強調「國家對社會經濟的控制」。他的「開塞論」描述了一個社會經濟系統，這個系統由控制目標、控制決策、控制中心和控制機制等諸因素構成，其核心便是國家的作用。這種作用表現爲以下幾個方面：

第一，國家透過「開公利、塞私門」調節統治階級內部的矛盾。他認爲只要國君廣開爲國效力而獲取名利的大門，杜絕憑私人權力獲取名利的途徑，國家就會富強。

第二，國家透過實行「事本禁末」的政策提倡、鼓勵發展農業，杜塞和禁止工商業，調節農商矛盾。他認爲：治理國家，凡能集中民力使之專門從事農業的，國家就會強；能專門從事農業同時又禁止工商業的，國家就會富，明確地把農業放在國家興亡所繫的位置上。

第三，國家透過「能摶力、能殺力」協調積聚民力和使用民力的關係。戰國後期，秦國對內要大力發展農業生產，對外要取得兼併戰爭的勝利，而這兩者都需要大量的人力，於是就出現了農、戰互爭人力的矛盾。如何解決這種矛盾，商鞅提出「能搏力、能殺力」的調節措施，強壯樸素而又不是無知混沌的人若被積聚起來，才能保證農、戰對人力的消耗，達到兩者兼顧的目的。而透過有限制地教化民眾就可以獲得具備上述素質的人民。

商鞅的「國家控制」思想是遠在春秋中後期提出來的，那時候領主經濟逐漸瓦解，自然經濟和交換經濟是相互矛盾的，他提出的「開塞、重農抑商」的宏觀調控手段很好地適應了當時的經濟要求，推動了社會經濟的發展。在今天我們的社會主義市場經濟條件下，同樣需要國家（即政府）的宏觀調節和管理。因爲市場也會「失靈」，市場體制雖有促進生產力的積極作用，但同時自身也存在弱點和消極方面。政府對市場的有效管理是市場經濟體制正常運行的重要條件，政府的宏觀調控，是克服市場不足和市場失靈的有力手段。要充分發揮政府的作用，最重要的是要明確政府管理經濟的職能。政府的職能主要是制訂和執行宏觀調控政策，做好基礎設施建設，創造良好的經濟發展環境，同時，要培育市場體系，監督市場運行和維護平等競爭，調節社會分配和組織社會保障，控制人口增長，保護自然資源和生態環境，管理國有資產和監督國有資產經營，實現國家和社會發展的目標。政府主要運用經濟手段、法律手段和必要的行政手段而不直接干預企業的生產經營活動的方式來管理國民經濟。

◎秦王統一天下

戰國末期，東周王室搖搖欲墜，各諸侯國連年混戰，爭奪霸王地位，其中以齊、楚、秦、燕、韓、趙、魏七國最爲強大。地處西部邊陲原本屬於落後之列的秦國，因爲秦王孝公採納商鞅變法，革新內政，迅速成爲強國。商鞅的變法涉及到經濟、政治與軍事各領域。在經濟上，秦國以廢除「井田制」、發展土地私有制爲重點，實行廢井田，開阡陌——在全國範圍內廢除井田制，實行土地私有制；重農抑商，鼓勵耕織，凡努力生產的，免除徭役，凡從事末業（工商）以及因爲懶惰而貧困的，罰爲奴婢；統一度量衡——統一斗、桶、權、衡、丈、尺，並頒布了標準度量衡，全國都要嚴格執行，不得違犯。在政治上，秦國徹底廢除了舊的「世卿世祿」制，建立了一套專制主義的中央集權的政治制度。廢除分封制，實行縣制，以縣爲地方政區單位，將秦國分爲四十一縣，每縣設一個縣令以主持全縣的政務，設置一個縣丞以輔佐縣令，設置縣尉以掌管軍事。每個縣下面設置若干個鄉邑，從而形成了秦的郡縣制制度。《荀子・強國篇》中敘述秦的官吏「出於其門，入於公門；出於公門，歸於其家，無有私事也。不比周，不朋黨」，工作效率高，社會很穩定，政權也比較鞏固。在軍事上，秦國對士兵的訓練是極其嚴格的，實行「軍功爵」的政策，即推行二十級爵，廢除舊的世卿世祿的制度，根據士兵的軍功大小授予爵位，官吏從有軍功爵的人中選用。爲了實行二十級爵制，又制定了「獎勵軍功，嚴懲私鬥」的辦法。獎勵軍功的工作法是：將卒在戰爭中斬敵首一個，授爵一級，可為五十石之官；斬敵首兩個，授爵二級，可為百石之官。宗室貴族無軍功的，不得授爵位，有功勞的人可享受榮華富貴；無功勞的人，即使家境富裕，也不得鋪張。透過實行「軍功爵」的新政策，「以功勞，行田宅」，所以秦國士兵都勇於戰鬥。商鞅的變法，使秦國迅速強大起來，為後來秦始皇統一中國打下了堅實雄厚的基礎。

秦王嬴政重用謀臣李斯，最後統一六國。李斯是楚國上蔡（今屬河南）人。曾拜荀況為師，專學荀子關於如何治理國家的學問——帝王之術。李斯入秦，開始不得志，不久以飽學經綸聞名，為相國呂不韋器重，任之為郎，從而有了接近秦王的機會。李斯為秦王分析了當時天下的形勢，認為當時各諸侯國之間長久征戰，人心思定，而且政治經濟的諸侯割據與混亂不利於社會經濟的發展。因此，消除封建割據混戰的政治形勢，實現全國的大一統，是當時歷史發展的客觀要求與必然趨勢。而從秦國自身條件來說：滅六國、統一天下的時機已經成熟。因為經過三十年的商鞅變法，廢井田、開阡陌、重農抑末、賞軍功、裁貴族，使秦國國勢日盛，時局扭轉。當時秦國在政治、軍事、經濟等各方面都超過了其他國家，而且隨著前幾代秦王的不斷擴充疆土，秦國的土地面積也超過了關東六國所剩疆土的總和。李斯透過以上分析，作出了判斷和預測，認為秦對六國已佔據壓倒性優勢，翦滅諸侯，成就帝業的時機已經成熟，秦王需要抓住有利時機，完成統一大業。當時六國隨著秦國勢力的日益強大，面臨被秦所滅的威脅，便「合縱」抗秦。李斯則派遣謀士賄賂說服能收買者，派遣刺客刺殺不能收買者，再派精兵強將從外部進行進攻。秦王嬴政採納了李斯的戰略方針，從公元前二三〇年至公元前二二一年，先後滅除韓、趙、魏、楚、燕、齊六國，顯示了秦王嬴政的雄才大略，也結束了春秋以來諸侯割據混亂的局面，建立了我國歷史上第一個統一的中央集權的封建國家。

秦王統一天下，爲我國長期的統一奠定了基礎，具有深遠的歷史意義。而秦王統一天下的歷程對後來的管理者也具有深刻的啓迪。

管理成功之道：創新帶來進步，循舊導致落後

循舊是一種對前人完全的繼承，它一方面是指在實踐中遵守既定的規則和無形的慣例所進行的管理行爲，另一方面也指人在管理活動中受常規思維慣性羈絆。創新則是在已有的方法與思路之上有新的東西出現，它不同於傳統且慣常的方法與思路，卻常常能解決一些讓循舊者束手無策、難以解決的問題。並且，由於時代不斷進化，周圍環境不斷變化，經常會出現新矛盾、新問題，因而常常需要管理者用創新的辦法去解決新的矛盾。正確合宜的創新有時能使事物產生質的飛躍，能使順利者錦上添花，使危難者破除困境。

在商鞅、李斯所處時代之前的很長一段時間內，一直採用的是奴隸制度國家形式，而到了戰國末期，生產力已經大有發展，而生產關係仍滯留在奴隸制階段，生產力與生產關係的矛盾日益尖銳，而且諸侯列國割據地盤，經常混戰，很不利於社會經濟的發展。秦國的商鞅變法，就是一整套

順應歷史形勢變化的創新與改革。經濟上，商鞅推行在秦國全國範圍內廢除井田制，實行土地私有制；重農抑商，採用獎勵耕織和懲罰工商的方法來驅使人民以農為本，人與土地緊密結合；統一度量衡。政治上，秦國透過商鞅改革，徹底廢除了舊的「世卿世祿」制，建立了一整套封建專制的中央集權的政治制度。軍事上，秦國的「軍功爵」事實上也是抑制世襲貴族，主張不論出身，只按軍功進行獎勵。總的來說，商鞅變法是順應了歷史的要求，徹底打破了秦國的奴隸制，建立起嶄新的封建制度，是戰國時期各諸侯國改革中最為徹底的改革，遠遠超過了楚國的吳起改革和魏國李悝的改革。商鞅變法使秦國出現了路不拾遺、山無盜賊、家給人足、士卒勇於為國而戰、鄉邑大治、秦國國民十分高興的繁榮局面。與秦國相反，其他六國雖然進行了政治改革，但極不徹底，基本上還是貴族掌權，奴隸制殘餘保存較多，政治黑暗，階級矛盾日益尖銳，國力薄弱，人民怨聲載道。對比秦國與其他六國的情況，可以知道創新帶來進步、循舊導致落後的道理。

戰略制定的基礎：了解管理實體，了解周圍環境，抓住有利時機

管理的實體可以小至一個人、一個企業，大至一個國家甚至整個世界。管理實體與周圍環境構成一個系統，相互促進，相互制約，相互影響。制定戰略決策之前，一方面需要了解周圍的環境對自身的有利與有弊之處，了解周圍形勢的變化趨勢，以及對管理實體的客觀要求；另一方面也需要了解管理實體自身的長處與短處，了解自身向上發展的能力大小，以及應該而且可以如何應付周

圍環境變化所帶來的機遇與挑戰。管理者的能力主要就表現在能否最敏捷地掌握關於實體自身與周圍環境的現狀和變化的資訊，能否最有效地使用這些資訊，進行綜合預測，做出正確的判斷，並制定有效可行的戰略方針，以及能否切實有效率地執行已制定的戰略決策。

在秦王嬴政統一天下的過程中，李斯起了相當大的作用。李斯的主要貢獻就在於他在了解各主要諸侯國的現狀、變化，相互的力量強弱對比、彼此關係、國君的性格、與秦國的相對地理位置、政治經濟軍事狀況等方面的資訊，並對這些資訊進行概括、分析、綜合與提煉，在此基礎上，做出了秦國滅除六國、統一天下的時機已經成熟的正確預測，並且制定了離間與進攻相結合的戰略方針。這一系列戰略決策對秦王下決心統一天下並最終實現了一統天下的目標來說，是至關重要的。

人員管理之道：明確責任，利益刺激，公平競爭

人是各生產要素中最重要、最有活力也最難以管理的因素。每一個人對於他所負責的那一部分工作和下屬來說，就是一個管理者。上層管理者讓他的每一個下屬管理者明確完成本職工作所需要的責任、權力與利益，並積極鼓勵公平競爭，是人員管理的有效手段。每一個管理者首先必須清楚地知道自己要完成的任務是什麼，自己在整個組織中起到什麼作用，才有可能完成有關任務。責任需要與權力並存：沒有責任，自然是做好做壞一個樣，缺乏積極性，管理效率低下；有責任而沒

有權力，則事實上管理就無法完成工作責任，責任也就成了空頭責任。利益則包括獎勵與懲罰兩個方面。獎優懲劣，透過利益的驅動，可以提高下屬的工作積極性與責任感，可以促進事物向管理者所希望的方面發展。公平競爭用於人員管理活動中，能夠激勵下屬之間的競爭心理，提高工作的效率。

商鞅的政治變法就是明確責任的例子。商鞅將整個秦國分爲四十一個縣，每個縣設立縣令專門主持全縣政務，設立縣丞專門輔佐縣令管理全縣政務，設立縣尉以掌管軍事。每個縣下面又管轄若干鄉邑，全縣的政治、經濟、軍事權力分別與相應的職位掛勾，且彼此相對分離，這樣，可以明確各人的責任和提高管理的效率。

商鞅的經濟變法是用利益刺激來進行管理的例子。商鞅推行重本抑末的政策，與土地私有制相配合，構成封建主義經濟制度的基礎。他用來達成這一目的的方法，就是透過獎懲機制來刺激和驅動人民加強對土地的人身依附關係。一方面商鞅推行土地私有制，與農民勞作的質量與自身利益掛起勾來，另一方面透過商鞅變法，凡是努力生產耕織的人可以免除徭役，凡是從事末業（工商）以及因爲懶惰而貧困的人，全家將被沒入官府罰爲奴婢。在這樣的利益刺激下，人民自然朝著重視農業的方向發展了。

商鞅實行「軍功爵」制度是鼓勵公平競爭的例子。商鞅在軍隊中將宗室貴族與平民出身的士卒一樣看待。只憑軍功授爵，不因爲出身不同而待遇不一。而且授爵的唯一標準是軍功。競爭標準客觀可量，參與競爭的人起點均一樣，這樣的公平競爭的確起到了激勵士卒勇於戰鬥的作用。《荀子・議兵篇》中記載當時的情形說：「齊之技擊不可以遇魏氏之武卒，魏氏之武卒不可以遇秦之銳士。」可見秦國銳士十分厲害。

正是因爲有秦王孝公採納商鞅透過明確責任、利益刺激與公平競爭的手段來管理秦國，秦國才能在當時的七個主要諸侯國中後來居上，由弱轉強，爲日後秦王嬴政滅六國打下了堅實雄厚的基礎。到了秦王嬴政時期，因爲有了李斯對天下形勢的正確了解、分析、預測和決策，加上秦王嬴政的用人治國之道，才有秦國掃蕩六國，成爲中國歷史上第一個大一統的封建制中央集權國家的結局。

◎王安石變法

北宋中期，不斷發生農民起義和士兵叛變，國家財政又處於困境，產生了嚴重的統治危機。宋神宗即位後，爲了鞏固統治，改變長期以來形成的積貧積弱的局面，被迫任用主張改革的王安石進行變法。

王安石，字介甫，撫州臨川（今屬江西）人。王安石中進士以後長期擔任地方官，因此對當時的社會情況有較多的了解，對宋朝統治面臨的危機也有深刻的認識。他認爲，北宋朝廷之所以困窘，原因不在於開支過多，而在於生產太少，生產少則民不富，民不富則國不強。要增加國家的財富，必須實行「因天下之力以生天下之財」的方針，就是要透過發展生產來增加社會財富。國家要創造一定的條件使農民從事生產，如抑制兼併、減輕徭役、興修水利等，並採取一系列措施把增加的財富從大地主、大商人手中奪到政府手中。

從公元一〇六九年起，宋神宗任用王安石進行變法。王安石頒布了一系列變法的法令，新法主要包括財政經濟和整頓軍備兩大方面，此外還有一些改革科舉和教育制度的措施。

財政方面的改革措施主要包括：

(1)青苗法：規定地方政府用儲存的錢穀，在每年青黃不接時，按戶等不同貸給主戶錢糧，夏秋收獲後隨兩稅加二分利息歸還。此法目的在於抑制高利貸盤剝，以救農民燃眉之急。

(2)農田水利法：鼓勵各地方興修水利工程，工料費用由當地居民按照戶等高低分派。

(3)募役法：把原來農村主戶按戶等輪流充當差役的辦法改為由州縣政府出錢募人應役。這樣既可以保證農業勞動力，也多少限制了那些不服差役的人戶的特役。

(4)市易法：由政府撥出本錢在開封設立市易務，平價收購商販積壓的貨物，等市場缺貨時再售出。這就限制了大商人對市場的控制，扶助了中小商人，政府也分得大商人的部分利潤。

(5)方田均稅法：規定由各縣派官清丈土地，確定土地等級，核實土地所有者，由政府發給地符。然後，把一縣原有的田賦總數按清丈後的數字攤派給土地所有者。

(6)均輸法：規定東南六路的發運使，必須掌握六路的生產情況與朝廷需要，依照「繼貴就賤，用近易遠」的原則，盡可能地在路程較近的產地採購，節省價款和轉運的費用，以增加財政收入。

另外，在整頓軍備方面，實施了保甲法、設軍器監、保馬法和特兵法。

從一〇六九年變法開始到一〇八五年宋神宗去世，王安石變法得到了宋神宗的支持，取得了一些效果。但因爲變法觸動了一些大官僚、大地主、大商人的利益，所以遭到很多有地位、有影響的保守人物如司馬光、富弼、文彥博等人的反對。變法派內部也存在矛盾。因此，宋神宗去世後，保守派重新得勢，新法就全部被廢掉。但王安石變法的指導思想與具體方法對後來的管理者具有深刻的啓迪意義。

宏觀上增加供給以滿足需求

從國家這一宏觀角度來說，總供給與總需求是相互矛盾的。總供給大於總需求時，則商品積壓、物價下降、市場疲軟。總供給小於總需求時，則商品短缺、物價上漲。只有總供給等於總需求時，才能正好達到市場均衡狀態，即達到均衡價格與均衡數量。在這種均衡狀態下，生產者生產出來的東西可以全部銷售出去，而消費者的需求則可以得到了滿足。但這種理想，往往是達不到的。

在中國長時期內，包括目前，也包括王安石所處的北宋中期，出現的經常是總供給小於總需求的情形，這是生產力不足的結果。一九八九至一九九〇年，中國市場上也出現了商品積壓、市場疲軟的現象，但這只是表象，其實質仍然是總供給小於總需求。因爲一方面是長線商品在庫積壓、難於銷售，另一方面是短線產品供應不足，消費者的需求並未得到滿足，所以商品積壓與市場疲軟的原因在於生產脫離市場，產品不適銷路，而不是因爲總供給大於總需求。

王安石變法的基礎就在於首先他從宏觀上把握住了總供給小於總需求這一主要矛盾。因此，他深刻地認識到：北宋國家之所以貧困，主要原因在於生產太少而不在於開支太多，生產少則民不富，民不富則國不強；次要矛盾在於階級矛盾，而階級矛盾的根源仍然在於農民受壓榨太重，過於貧困，無法生存。在這一認識的基礎上，他確立了變法的方針，「因天下之力以生天下之財」，也就是要透過發展生產來增加社會總財富。

北宋中期的情形的確是總供給小於總需求。當時國內起義不斷，對外征戰不息，這些都使得國庫十分空虛，國家需要增加財富。於是大量的徭役與賦稅加之於農民身上，加上大地主兼併土地以及旱澇災害，使農民陷於十分困頓的境地。爲了生存，農民只有起義造反，反過來這又加重了國家對財富與人力的需求，從而形成了惡性循環。

面臨總供給小於總需求時，有兩種解決辦法：一種是壓制需求，一種是增加供給。在過去的一段時間裡，每當發生經濟過熱時，政府採取的方法總是壓制集團消費、縮減基建規模與緊縮銀根，即壓抑需求，從而使需求與供應趨於平衡。但這種均衡是人爲的、短時期的，它不可能保持長久，一旦國家治理整頓結束，就馬上興起新一輪的經濟過熱。解決總供給小於總需求矛盾的根本方法在於增加供給，即透過發展生產力，生產出更多更適銷對路的產品來滿足需求，從而使總供給與總需求趨於一致，而在這一過程中又推動社會生產力發展到一個更高的水準。

王安石變法的指導方針就是發展生產，增加供給以滿足國家和農民對財富的需求。這一方針對症下藥，符合社會生產的客觀實際情況，順應歷史發展的趨勢，因而成為王安石變法的正確性的根本原因。

王安石在解決總供給小於總需求這一矛盾時採取重在發展生產增加供給的做法與他提倡實行的均輸法並不矛盾，反而是相輔相成的。均輸法是指要求政府按照「繼貴就賤、用近易遠」的原則，儘可能在路程較近的產地採購，節省價款與轉運費用，以增加財政收入。王安石站在統治者的角度考慮如何滿足國家對於財富的需求時，根本思想是要發展生產增加供給，輔助手段則是要控制與消滅一些不必要的支出，在不妨礙國家行使其必要功能的前提下，勤儉節約以增加財富。這也與我們今天所提倡的「開源節流」，而且以「開源」為主，「節流」為輔，兩者相輔相成又有輕重主次之分。

微觀上預測與調節市場供求關係的變化

在微觀市場（包括糧食市場、手工業製品市場等）上，供給與需求的狀況是不斷變化的。

這些變化同時也是有一定規律可以預測的。譬如糧食市場供求關係的變化具有季節性規律：每年夏秋收獲時，供大於求，糧食供應充足，糧價下跌，而到了三、四月份青黃不接時，供小於求，糧食短缺，糧價上漲。糧食的供應還具有一個較長的周期性變化：風調雨順的年份，糧食供應多，糧價低，而遇上災年，或旱或澇，糧食歉收，則糧食供應少，糧價高，而農業生產中總是豐歉相間的。在一般的商品中也有這樣的情況，一種商品的供應與需求也總是不斷變化的，有時供應大於需求，有時供應小於需求。

王安石認識到了這一現象，並採取措施在幾個主要的微觀市場上預測與調節市場的供求關係。

針對糧食市場供求關係的季節性變化規律，王安石採用了青苗法。即規定地方政府用儲存的錢穀在每年青黃不接時接濟農戶，夏秋收獲後隨兩稅加二分利息歸還。透過應用青苗法，調節了糧食市場上的供求矛盾變化，抑制了高利貸盤剝，有利於調動農民的積極性。

針對糧食收成豐歉的變化規律，王安石頒布了農田水利法。王安石鼓勵各地方興修水利工程，工料費用由當地居民按照戶等高低分派。透過興建農田水利，改善了農業灌溉的情形，提高了農民對抗旱澇災害的能力。

針對一般商品市場的供求變化情況，王安石採用了市易法。即由政府撥出本錢設立市易務，平價收購商販積壓的貨物，在市場缺貨時再賣出。這就限制了大商人對市場的控制，扶助了中小商人，政府也分得大商人的部分利潤。而且打擊了市場上囤積居奇的現象，起到了調節市場供求、平抑市場價格的作用。

用利益激發人的積極性

在管理中，人的管理是最重要且又最複雜、最困難的。在人的管理中，如何激勵人的積極性又是一個十分重要的問題。利用思想教育提高人的覺悟是激發人的積極性的方法之一。而利用對人的切身利益的實際影響與操縱來驅動人員也是激勵人員積極性的方法之一。王安石變法就是成功地利用切身利益來激發人的積極性最好的例子。

王安石作爲封建朝廷的官員，他的管理對象是全國的人民。當時處於封建主義時代，與其生產力相適應的是封建主義的經濟方式，主要是自然經濟。王安石認識到：國民經濟的基礎是農民，農民耕織自足並納稅服役。因當時由於地主不斷實行土地兼併，商人高利盤剝農民，國家連年征戰需要大量徵稅與徭役，使得農民沒有時間耕地，不堪負擔重稅與高利貸，甚至不斷失去土地，難於生存，因此起義造反連綿不絕。這又造成了國庫空虛、兵力減弱，擴大了國家對徵稅與徭役的需求，從而形成了惡性的循環。王安石中進士以後長期擔任地方官，所以比較了解當時的社會狀況。爲了實現他的變法目的，即發展生產以增加供給，他採取了一系列的措施，透過切實改善農民的處境即增加農民切身利益來激發農民生產的積極性。

王安石採用了青苗法、農田水利法、市易法等方法來調節幾個與農民切身利益直接相關的微觀市場上的供求關係，打擊囤積糧食與高利貸盤剝，並改善了農民應付旱澇災害的能力。除此以外，王安石還採取了募役法、方田均稅法。

募役法即把原來農村主戶按戶等輪流服差役的辦法改成由州縣政府出錢募人應役。這樣一方面給予了農民是否要服役的選擇權，可以保證農業勞動力，另一方面也在一定程度上限制了那些不服差役的人戶的特役。

方田均稅法即規定由各縣派官清丈土地並按清丈後的數字重新分配原有的田賦總數。這一方法的目的與好處就在於檢查地主土地兼併的實際情況，儘量消滅有的農民土地已被兼併卻仍須負擔田賦的現象，從而減輕農民的稅賦，有利於農民的利益。

這兩個方法的主要作用就在於減輕農民的徭役與稅賦，以便改善農民的生活條件，從而激發農民安居樂業、努力從事生產的熱情，最終達到發展生產，增加供給，增加國家財富的變法目的。

◎張居正改革

明朝的統治危機始於正統年間（公元一四三六—一四四九年），形成於正德年間（公元一五〇六—一五二一年）。此間，明王朝弊端百出，進入了由盛轉衰的中期。此後又經過一百多年的風風雨雨，明王朝已是千瘡百孔，危機四伏了。皇族、貴族和地方豪強大肆兼併土地，賦役不均，封建剝削日益嚴重，農民起義此起彼伏。瓦剌貴族也先率軍攻明，在「土木堡之變」中俘虜明英宗；而後韃靼俺答率軍攻入古北口，直抵北京城下，燒殺劫掠，史稱「庚戌之變」。國內民族矛盾日益激化，南方爆發土司叛亂。天下騷動，國用匱乏，財政危機。此情此景，「變通」呼聲日漲。公元一五七二年，張居正接任首輔，一人之下，萬人之上，執掌政權，開始了全面改革，一時挽救了明朝危機。

張居正打著「恪守祖制」的宣言，開始了他的政治改革。穩定政局、統一朝政意見，是張居正政治改革的第一步。只有穩定的政局，才能讓他一展宏圖。首先，他花費了極大的精力協調宮廷和政府之間的關係，爭取神宗、李太后、宦官馮保的支持，實現了宮府一體化，避免了代表最高決策層的宮廷與代表行使權的政府之間的衝突。其次，他著力爭取同僚的支持。本著有才者必用，害政者必除的原則，妥善處理各派的矛盾，儘量爭取各派官僚，尤其是前任首輔高拱派的支持。至此，形成「宮府一體，白辟成風」的局面，奠定了全面改革的基礎。

張居正認為治國首要在於整肅吏治，提高行政效率，造就一個得心應手的工具，再去革除百弊，振興王朝。為此，他建議用人唯賢，放棄用人唯資、輕視外官的作法，對於授官之後的官員，惟考其政績，而不問其出身，只有真正德才兼備者方可提升。其次，實行考成法，推行部、院監督督撫、巡按、內閣監督六科的公文檢查制度，以改變以往「禁而不止，令而不行」的局面，大大地提高了行政效率。

接著，張居正開始整頓學政，培養人才，要求學生除了學習四書五經外，還需研習《性理大全》、《資治通鑑綱目》等書及朝廷法令和規章制度等。目的是「通曉古今，適於世用」，免受八股文之苦。同時還慎選考官，勉勵教職，培養師資隊伍，反對舉人、監生寧願老死科場，也不願擔任教職的作法。

在整頓財政方面，提倡「放水養魚」，輕徭薄役，促進生產的做法，同時也允許商業按一定比例發展。爲了國庫的雄厚、人民負擔的減輕，張居正開始裁減冗員，改變人浮於事的現象，一方面提高了行政效率，另一方面也減少了官俸，接著開始整頓驛站，規定凡官員人等，非奉公差，不許藉行勘名，以減少各驛站開支及當地百姓負擔。同時還派專人治理漕河以利運輸，清丈土地以緩和社會矛盾。

安頓邊疆，也是張居正全面改革的一個大部分。他採取和親、開放邊疆互市等手段安撫俺答等部落，取得了極大的成效。在其治國期間，蒙古部落從不侵犯明王朝，有的還願意每年納貢，實見張居正外交之高明。

張居正臨危受命，卻能有條不紊地開展其全面改革，改革涉及政治體制、經濟建設、文化建設、外交等方面，不愧是個真正的改革家。張居正的改革思路、措施在今天都值得藉鑑。

2 農商並重

◎管仲相齊

管仲（約公元前七三〇年——前六四五年），名夷吾，字仲或敬仲，潁上（今屬安徽）人，是春秋時期一位傑出的經濟改革家、政治家和理財家。他早年因家道中落，境遇困頓，與好友鮑叔牙一起以經商爲業。在經歷了齊國中衰、齊襄公被殺和二公子奔喪爭位之後，齊國政治極爲混亂，政權岌岌可危。鮑叔牙向齊桓公力薦管仲，桓公破格錄用，「厚禮以爲大夫」，尊之爲「仲爺」，「任政相齊」。

管仲擔任齊國丞相之後，不負厚望，進行了一系列綜合改革，以致齊國「霸諸侯，一臣天下，民到於今受其賜」，一躍成爲春秋五霸之首。針對當時由於齊襄公「不聽國政，卑聖侮士，而唯女是崇」，致使「國家不日引，不月長」的衰落景象，他首先對農業生產進行大刀闊斧的改革，拯救危機已日益深重的農業，改革措施包括「租地而衰徵」等，從而調整了農業生產關係，改進了生產工具，理順了流通秩序並增加了財政收入。在工業生產中，他從提高生產者積極性和主動性出發，拋棄原來製鹽業和鑄鐵業中鹽鐵生產官營的做法，而把鹽鐵生產下放民營，官府統一收購並從中收取一定的實物租稅，此舉爲「官山海」。另外，管仲的商人出身造就他強烈的商業意識，他發展商業的主要措施包括「通輕重之權」等，就是主張由國家來經營商業、掌握貨幣、平衡物價和調劑供求。爲繁榮市場，他還極力主張發展境外貿易，「使關市譏而不徵」，「以爲諸侯利」。《史記》有記載說，齊國向有「冠帶衣履天下」之稱，「其後中衰，管子修之」。管仲相齊之時，「天下之商賈歸齊若流水」。對於人才的培養以及技術水準的提高，管仲主張將各類人才進行專業化培養，分士、農、工、商四大類，認爲分工愈細則技術愈精且勞動效果愈好。

管仲有句名言，即「倉廩實，則知禮節；衣食足，則知榮辱」，這句名言的貫徹反映了他發展經濟至上的治國思想。在政治軍事改革上，管仲也有其獨到之處。軍事上主張寓兵於民，實現軍隊地方化，同時嚴密地方各級行政組織以強化統治，即所謂的「參其國而五其鄙」之舉。政治上則主張「三選法」而擢用官吏，使得「匹夫有善，可得以舉也；匹夫有不善，可得以誅也」。同時，他開創戰國時代官吏「上計」之先河，成爲我國古代中央集權政體的開創者和奠基人，意義極爲深遠。他還十分強調體察民情，重視社會調查，認爲這是制定各項政策的先決前提，他的相齊實踐也充分展示其尊重實際、重視調查的一貫作風。

管仲相齊，齊國國富兵強，政通人和，「大國之君，莫之能禦」。《史記》記載說：「其為政也，善因禍得福，轉敗而為功……桓公以霸，管仲之謀也。」他在政治、經濟、軍事、外交等領域所運用的一系列高超治國管理技巧至今仍廣為後人所頌揚，仍舊具有藉鑑意義。

激勵工農業生產，理順工農關係

工農業是國民經濟的支柱產業，無農不穩，無工不富，因而，振興經濟的第一步必須從發展工農業生產開始，激發民眾從事工農業生產的積極性，同時，理順和協調工農業關係，以此創建雄厚經濟基礎，迎接經濟騰飛。

管仲的農業改革措施主要是透過「相地而衰徵」的政策實施，它包括「均地分力」和「與之分貨」兩個主要內容。當時齊國農村的井田耕者雖已由共同耕作的集體奴隸轉為分戶而耕的份地農奴，但領主們仍然保持勞役地租的剝削形式，責成耕者於耕種自己的小塊土地之先，要治理好公田。而先公田上的徭役勞動者消極怠工，以致「無田甫田，維莠驕驕」，公田上雜草叢生。農業生產嚴重凋敝。管仲認為「不務天時則財不生，不務地利則倉廩不實」（《管子・牧民》），「欲為其國者，必重用其民；欲為其民者，必重盡其民力」（《管子・權修》）。因而，他將改革重點集中到爭取民心上來，創造性地打破了私田與公田的界限，實行「均地分力」，即把公田和各戶原有私田集中起來重新按勞動力平均，直接分配給各戶，作爲份地分散經營和個體生產。這樣不僅增加了各戶所佔有的份地數量，而且耕者由被動變爲主動，大大激發了生產的積極性和責任心。「與之分貨」則是在「均地分力」基礎上，按土地質量測定作物的產量，實行分等收租。好地常徵，次地輕徵，把一部分實物交給土地所有者，其餘則歸勞動者自己支配和享用。這種實物地租分成制，分成比例固定，豐年不增租率，歉年不減租率，多產多得，因而勞動者即使沒有監督也自然會很好地去安排生產，盡自己最大努力增加產量。所以說，「相地而衰徵」極大地鼓舞和激勵勞動者的勞動熱情，提高了農業生產的勞動生產率，促進當時齊國農業的全面發展。

農業生產力的提高一方面靠勞動者生產積極性的調動，另一方面則要靠勞動工具的改善。管仲是大力試驗、推廣鑄鐵農具的第一人。他一方面制令輕罪可以鐵贖刑，另一方面將鐵業生產權下放給人民，由官府向生產者徵收一筆實物租稅，並統一收購。這樣可以使「民疾作而爲上虜矣」（《管子・輕重乙》），解決了鐵的來源，爲推廣使用鑄鐵農具提供了充足的物質條件。鑄鐵農具的推廣使用，擴大了可耕地的面積，爲開墾荒地提供了可能性，使本來地多斥鹵（斥鹵，土地含有過多的鹽鹹成分，不宜耕種）的齊國，一變而有「膏壤千里」之稱。這不僅提高了土地的利用率，而且還提高了勞動生產率，與分田到一家一戶的耕作方式相適應，直接和間接地發展了農業生產力。

在工業生產中，當時齊國的工業生產主要包括煮海水製鹽和採礦製鐵兩個行業，管仲從提高生產者的積極性和主動性出發，拋棄原來鹽鐵生產官營的做法，而把鹽鐵生產下放民營，官府只是從中收取一定的實物租稅，並統一收購，以嚴格控制流通領域。這對勞動者而言，比之全由官府壟斷生產和經營畢竟多了一條生財之途徑，鼓舞了勞動者生產鹽鐵的士氣，有效地促進鹽鐵的生產。

爲實現工農業穩步發展，合理配置勞動資源，管仲決定「以時令禁發而不正」（《管子・戒》），他甚至還從政策上將煮鹽時間統一安排在農閒季節，其他時間則下禁令「北海之眾無得聚庸而煮鹽」（《管子・輕重甲》），從而在工業發展的同時也保障了農業生產的發展。

這種從充分調動勞動者生產積極性的角度出發而實施的工農業政策改革，在當前仍具有相當的主導地位。生產力包括生產工具和勞動力兩個方面的內容，唯有充分挖掘勞動者生產潛能，並輔以生產工具的不斷創新和改進，工農業生產的發展並最終實現經濟的繁榮才能成爲一種可以觸摸的現實。

無商不活，無市則民乏

重農抑工商，是歷代封建統治者的共同國策。管仲第一個將工商與士農並列，肯定士、農、工、商四民同屬「國之石（碩）民」（《管子・小匡》）。這在封建社會是十分罕見的。據此，他主張發展工商業與發展農業並舉，提出「竱本肇末」的著名觀點。在強調糧食是「王者之本」、

「民之所歸」的同時，充分認識到「無市則民乏」（《管子‧乘馬》），發展工商業，同樣爲社會所必需。爲促進商品流通，繁榮市場，管仲的改革舉措有「官山海」、「通輕重之權」、發展境外貿易等。

「官山海」政策的主要內容就是透過實行鹽鐵國家專賣，國家嚴格控制鹽鐵的流通環節，實現鹽鐵商業利潤的擴大，保證了國家財政收入的提高。這是一種收稅於無形之中的辦法，實質上也是現代經濟中徵收消費稅的雛形，既避免了許多棘手的麻煩，又保證了政府充足的財政收入，以供國家具體操作流通市場和其他之用。「輕重」乃指商品之貴賤，而所謂「通輕重之權」就是由國家來經營商業，掌握貨幣，平衡物價，調劑供求。貨幣在商品流通中有著舉足輕重的地位，基於此，管仲將鑄幣權和發行權集中於政府，一方面鑄造含銅量合乎標準的足值良幣，不輕易濫鑄錢幣，另一方面則嚴格控制投放到市場上流通的貨幣數量。這從貨幣的質量和數量上保證了物價的穩定，保障了商品在市場中的正常流通。

發展對外貿易，與他國之間互通有無，實現資源互補，這是經濟發展的必經之路，至今已經深爲人們所認同。管仲在採取國家干預國內商業的政策的同時，採取了十分寬鬆靈活的國際貿易政策。他允許並鼓勵商人發揮本國資源優勢，將魚鹽和手工業品輸往國外，「使關市譏而不徵」，「以爲諸侯利」（《齊語》），促進內外交流更趨活躍。爲招徠境外商人來齊國做買賣，管仲爲之提供了諸多方便和優待。一時，「天下之商賈歸齊若流水」（《管子‧輕重乙》）。此外，他還結合政治力量，爲對外貿易舖平道路。如利用葵邱之盟，規定相互之間「毋忘賓旅」、「毋遏糴」。在另外兩次會盟中還分別規定了降低關稅、「修道路，同度量，一稱數，藪澤以時禁發之」（《管子・幼官》）等內容。

直至今日，國內貿易中的物價問題、貨幣供求問題等，以及對外貿易中的關稅問題、貿易自由化問題等仍舊是我們關注的熱點。管仲早在兩千多年前就將它們視爲經濟改革的節點並針對當時的實際尋找解決的辦法，意義就顯得特別的深遠。

科學技術也是生產力

「無農不穩，無工不富，無商不活」，這是經濟發展的主旋律，但是，要從根本上發展農、工、商，人才的培養、技術的進步是關鍵。科學技術也是生產力，甚至是第一生產力，當它轉化爲生產工具的改進和勞動者勞動技能的進步並直接用來促進生產力水準的提高時，它對整個國民經濟發展所能作出的貢獻將是十分的顯著。

管仲認爲，技術愈精，勞動效率越高。爲了提高技術水準，他首先將全體居民按士、農、工、商分成四類，實行各類人員專業化。他認爲分工是技術進步的前提，分工之後，按照不同專業特點，安排不同的工作環境，「處士就閒燕，處工就官府，處商就市井，處農就田野」，以此能夠更爲有效地促進他們更好地掌握專業知識和技術。至於人才培養，他主張自小由專業化家庭培養。他說：「少而習焉，其心安焉，不見異物而遷焉。是故其父兄之教，不肅而成；其子弟之學，不勞而能。」另外，在尊重知識、尊重人才方面，《史記・齊太公世家》評論管仲為「祿賢能，齊人皆悅」，可見其厚待英才的英明策略。

當前，技術對經濟發展的貢獻遠比以前任何時代更為直接、更為關鍵。經濟發展，科技先行，這在任何一個年代都是一條至真不變的信條。

社會調查是決策的依據

所謂「社會調查」，就是透過搜集、記錄、整理和分析政治的、軍事的、經濟的、科技的等各條戰線、各個行業的情況，瞭解社會的歷史和現狀，找出其發展變化的規律。這種調查是為預測未來服務的，也是為社會發展提供決策的科學依據。

管仲一向重視社會調查，強調社會調查的重要性。他認為正確的預測是制定正確決策的前提和條件，而社會調查是預測的基礎。管仲相齊期間，他的一系列關於發展工農商業和重視科技的經濟改革都是基於他具體分析了春秋時期各國的基本國情，一切從實際出發而有的放矢地制定出來的。他的這種務實精神充分表現了我國古代管理實踐中尊重實際、重視調查的優良傳統。

◎文景之治

西漢王朝自建立後，漢高祖、惠帝、呂后都十分重視農業生產，致力於穩定封建統治秩序，收到了顯著的成效。那時民安國富，諸侯順達。文、景兩帝繼位後，又在此基礎上進一步發展，採取了「輕徭薄賦，與民休息」的政策，在兩代四十多年的時間內，政通人和，百業俱興。

漢文帝劉恒是高祖劉邦的第四個兒子，母為薄姬。公元前一六九年（高祖十一年）受封為代王。公元前一八〇年呂后死，呂氏家族作亂奪權，丞相陳平、太尉周勃與朱虛侯劉章等宗室大臣共起討伐諸呂，迎立劉恒為文帝，在位二十三年。漢景帝劉啓是文帝長子，母為竇后。公元前一五七年即位，在位十六年。

文景兩帝十分重視農業生產，在位期間多次下詔勸課農桑，按戶口比例設置三老、孝悌、力田等若干，經常給予它們賞賜，以鼓勵農業，發展生產。同時還注意減輕人民負擔，文帝前二年（公元前一七八年）和前十二年，曾下詔兩次「除田租稅之半」，即租率減為三十稅一，前十三年免去田租。以後，三十稅一遂成為漢代定制。文帝時，稅賦也由每人每年一百二十錢減至每人每年四十錢，徭役則減至每三年服役一次。景帝三年（公元前一五四年），又把秦時十七歲傅籍給公家徭役的制度改二十歲始傅，而漢代定律的傅籍年齡則為二十三歲。此外，兩帝還頒發「弛山澤之禁，廢過關用傳」等制度，開放原歸國有的山林川澤，從而促進了農民的副業生產和與國計民生有重大關係的鹽鐵生產事業的發展。各地關卡的開放爲商品流通創造了條件，加強了地區間經濟的聯繫。

文、景兩帝對歷代使用的刑法也做了重要改革。他們先後廢除了秦代株連家族的相妥以坐律令和黥、劓、刖、宮等四種酷刑，重新制定法律；根據犯罪情節輕重，規定服刑期限；罪人服刑期滿，免爲庶人。這些改革有著重要的意義。文、景時期許多官吏斷獄從輕、主持政務寬厚仁慈，使得人民所受的壓迫比秦朝時有了顯著的減輕。

文、景兩代對周邊少數民族也不輕易動兵，盡力維持相安關係。先後與匈奴訂立和親之約，並派使出往南越，使之歸附漢王朝。

由於上述一系列的措施，使當時社會經濟獲得顯著的發展，封建統治秩序也日臻鞏固。西漢初年，大侯封國不過萬家，小的只有五、六百戶；到了文、景之世，流民還歸田園，戶口迅速繁息。據漢書《食貨志》記載，當時由於國內政治安定，只要不遇水旱之災，百姓總是人給家足，郡國的倉廩堆滿了糧食。大倉裡的糧食由於陳陳相因，至腐爛而不可食，政府的清倉有餘財，京師的錢有千百萬，連串錢的繩子都朽斷了。這一封建社會的盛世史稱「文景之治」。

「無爲而治」的管理思想

管理是人類共同勞動和人類共同經濟活動的客觀要求。馬克思在《資本論》中分析協作對相對剩餘價值產生的意義時，闡述了管理的必然性理論。按照他的說法，無論是那一種社會形態的社會，凡是共同勞動，凡是直接由許多人結合在一起的生產過程，都需要指揮、協調和監督，這是管理的一般職能。可見管理是和一定的社會意識形態、物質形態相聯繫的，不同社會歷史發展階段決定了不同的管理思想。文景之治是同當時崇奉「黃老之學」的管理思想有著內在因果聯繫的。

黃老之學，即道學，有兩個主要流派，一是《老子》即《道德經》；一是戰國末僞托「黃帝言」的諸書。黃老之學的最高哲學範疇是「道」，這個道是自然無爲的。它按自身的規律運動，並在運動中不受任何意志和意識所左右。既然宇宙間的一切事物都是由道所生，那麼，他們都必須像道那樣自然而然的運行、變化。人的活動（包括國家的政治經濟活動）也是如此，只能順應自然，而不允許違背自然，在自然運行的軌道外另有作爲。人不違反自然而另求作爲即老派道家提倡的「無爲」。反之，如果人們行事不順應自然，而是憑自己的主觀意願違背自然而強爲，那就只會干擾、妨礙道的自然運行而招致失敗。

「無爲而治」是黃老之學管理思想的最高原則，它具有以下幾個鮮明的特點：

第一，它是一個普遍適用於任何管理過程的原則，不論是軍事管理、政治管理、經濟管理等都不例外。道家首先是把「無爲」作爲政治管理的原則提出來的。他們認爲：國家政權爲管理人民而制定、頒發的法令、規章越多，人們爲規避、利用這些法令、規章而採取的手段也越多；國家使用的刑罰越繁苛，人們的反抗越強烈，社會越亂、越不安寧：「民不畏死，奈何以死俱之？」因此，他主張在治國的問題上「政簡刑清」，反對以繁複苛重的政治、法律手段治國。

第二，它適用於一切人，但首先是對統治者、君主的要求。只有君主率先實行「無爲」，不但在政治上儘量省減活動，而且帶頭過一種質樸、簡陋、低下的生活，那麼整個社會就會形成一種「無爲」的風氣。即「以德率明，以化民從善」。

第三，它要求國家活動對私人（尤其是經濟活動）採取不干預、少干預的態度。透過減少政治對私人的束縛，促使私人有更多的自由從事自己所願從事的活動，調動他們的活力和積極性，從而使社會經濟和文化的發展出現更加活躍的局面。

從「無爲而治」這個最高原則又派生出幾個管理原理：

其一是「清靜」。要使管理活動能順應道之自然，必須首先以清靜、持重的態度處事，克服輕率、躁憂的弊病，看準時機果斷採取行動。尤其是最高統治者的君主，若輕舉妄動，朝令夕改，必會全面紛伐混亂。「清靜爲天下正」，「我如靜而民自正」，「治大國若烹小鮮」，這些話都極精練地揭示了一個普遍的管理原則：所管理的範圍越大，情況越複雜，管理工作越發要鎮定持重、有條不紊。下面若亂是局部的，而上面一亂則波及全局。

其二是「寡欲」。這是實現「無爲而治」的先決條件。「我無欲而民自樸」，「不欲以靜，天下將自定。」君主自身寡欲和崇儉，社會上行下效，在整個社會中形成一個人人安於樸素生活的社會風氣。

其三是「下民」。即透過實行某些減賦省刑以及「禮賢下士」之類的改良措施，緩和統治者與被統治者間的矛盾。「下民」是爲了「上民」和「使天下樂推而不厭」，把它作爲鞏固自身統治地位的手段。實行這些措施正是「無爲而治」的內容。

文、景兩帝正是尊崇了「無爲而治」的思想，把它作爲中央王朝的主導思想。因民之欲，推行無爲政治，淸心省事，薄斂緩獄，繼續高祖以來的漢革秦政。史稱兩帝「修奏餘政、輕刑事少」，「思安百姓」，「專務以德化民」，兩帝都以儉約節欲自封、謙遜克己，終使其統治的社會穩定，天下安定，民風淳厚，政權鞏固。

「無爲而治」的管理思想對現代經濟管理也是很能提供教益或藉鑑的。它關於順應道之自然，不可強爲的思想，對於在經濟管理中堅持實事求是、反對主觀臆測是有啓發和幫助的；它的以靜制躁、遇事持重的思想，對於管理者時刻自誡以應付多變的經濟形式，維持有條不紊的經濟工作秩序是十分重要的；它的「治大國若烹小鮮」的強調重決策、令出即行的思想，對於經濟管理工作中按章辦理、保持規章制度的連續性、穩定性是有指導意義的；它減少國家干預的思想，恰當地運用於經濟管理工作中，有利於發揮生產、經營單位的積極性、主動精神，有助於激勵職工的創造性，對於目前的經濟體制改革具有藉鑑意義。

「與民休息」的經濟政策

宏觀經濟管理的根本目的是使國民經濟能得到協調穩定的發展。這就必須要求統治者根據當時的具體情況，制定正確的經濟發展戰略，推行有效的經濟改良措施。因此，經濟發展戰略對於做好經濟管理、促進經濟發展和社會發展是有著極爲重要的指導作用的。

「與民休息」就是西漢初期曾被數度執行過的一項重要經濟政策，到了文、景兩帝更是對它備加推崇。他們本著黃老之學「無爲而治」這一基本的指導思想和政治原則，實行了持續四十多年的「與民休息」的政策。所謂「與民休息」就是讓人民得到休養生息，它是漢代的一項基本國策。它具體在經濟上的表現爲「復員軍制、輕徭薄賦、招撫流亡、重農寬商」等政策，使得漢初出現了安定和平的局面，爲社會經濟的恢復和發展創造了有利的客觀環境和條件；它不僅增加了農業勞動力，促進了勞動者與生產資料（土地）的結合，而且減輕了農民的負擔，刺激了他們從事生產的積極性，使得農業得到大力發展，商業也越發繁榮，出現了文、景時代的富庶景象。

「與民休息」的經濟思想對我們今天發展社會主義市場經濟來說也是具有藉鑑和參考價值的。它的招撫流亡以補充勞動力、輕徭薄賦以提高生產積極性的思想，對於我們今天在經濟發展中如何激發人的創造性、活力，解放生產力，提高勞動生產率是有影響的；它的「重農寬商」的思想、「海內爲一、開關梁、弛山澤之禁」的思想，對於我們現在如何在社會主義市場經濟條件下，進一步優化資源配置、疏通流通渠道、減少流通環節、培育完備的市場體系等也是有參考價值的。

3 集權分權

◎貞觀之治

隋朝末年，朝廷對百姓橫徵暴斂，大興土木，窮兵黷武，動不動就使用殘酷的刑罰，百姓們苦不堪言，農民起義風起雲湧。這時，太原留守李淵趁機以攻打高麗爲名，大招兵馬，秘密地殺死了隋煬帝親信、太原副留守王威和高君雅，於公元六一七年在晉陽起義。在統一全國的過程中，李世民率領輕騎驍將，在黃河流域指揮進行了具有決定意義的戰爭。他先後鎮壓消滅了蘭州的薛仁果，馬邑（今山西朔縣）的劉武周，洛陽的王世充，河北的竇建德，河北的劉黑闥和兗州的徐圓朗等。公元六二六年夏，李世民爲了爭奪皇位繼承權，在長安宮城玄武門發動了玄武門事變，殺了他的長兄太子建成和四弟元吉。不久又逼高祖退位，於公元六二七年，李世民正式登基做了皇帝，號唐太宗。唐太宗君臣常以亡隋爲戒，積極納諫，招才納賢，整頓朝廷機構，致力於恢復和發展農業，減輕租賦徭役，減少宮殿的豪華裝飾和外出巡行時的鋪張，緩和刑罰，在政治、軍事、經濟、文化等方面進行了改革和整頓，天下安寧，百姓們安居樂業，官吏們大都廉潔奉公，即使是曾爲非作歹的一些王公貴族、富豪劣紳也都因畏服於王法的威嚴而收斂了剝削行爲，不再敢隨意欺壓佃民、百姓。偷盜、搶劫的事很少有發生的。田野上自由放牧著各家的牛、馬，人們出門時房門也不用上鎖。糧食豐收，米價便宜，人民生活十分富足，人人都非常好客。外出旅行的人都不用自帶糧食，只要沿途隨取就可以了。途經村落的時候，一定會受到村民優厚的款待，有時甚至出發時，還有村民贈送禮物，讓旅客帶上。這些景象，都是前所未有，前所未聞的。這就是歷史上有名的「貞觀之治」。由此可見，當時吏治良好，刑罰緩和，經濟發展，社會安定。這樣一個政治修明的歷史盛況正是源於唐太宗君臣諸多有效管理的方法與策略。正如「貞觀之治」直至今天仍爲天下之人廣爲傳誦一樣，這裡面包含的許多管理思想在今天依然可引爲藉鑑之用。

廣開言路，兼聽則明

諫，指的是一種建議、意見。納諫，就是採納臣下、民眾的意見。在封建時代，皇帝擁有至高無上的權力，觸犯皇權，當時稱爲「犯龍鱗」，必招殺身之禍。所以，雖然歷代皇帝都設有諫官，但金鑾寶殿上總是鴉雀無聲。唐太宗時政治開明，諫諍蔚然成風，是與太宗本人從諫如流，位極人主而兼聽納下分不開的。正如魏徵所說的，「陛下積極主張臣民們進諫，臣民們才敢進諫，如果陛下不聽臣民的意見甚至因此發怒的話，那又有誰敢『犯龍鱗』呢？唐太宗一向主張「主納忠諫，臣進直言」，因此，形成了一種共商國事的政局，上自宰相、御史，下至縣令、小吏，無論是朝廷元老，還是上任新官，甚至宮廷女官，都有人敢於上諫勸諫。試想，魏徵的勇氣和膽量固然可欽可佩，但如果唐太宗專橫跋扈，縱有十個「犯顏進諫」的魏徵，也早已成爲刀下鬼、階下囚了。作爲一個領導者、管理者，唐太宗的氣度和胸懷著實可嘉。而且，他對群臣的各種建議，「上書奏事」，即使繁多，也不厭其煩地一一過目，甚至將它們黏貼在屋裡的牆上，隨時觀看、思考，一絲不苟地對待每一條建議。

太宗在這一點上，還主張君臣相輔，共治天下的君臣論，視君臣之間爲魚水關係，跳出了君尊臣卑，君爲臣綱的傳統窠臼。他常說：「人要看自己，必須照明亮的鏡子；君主要知道自己的過失，就必須靠忠臣來提醒」，「只有君臣在一起如同魚與水的關係，那樣國家才會安定繁榮。我雖然不聰明，但幸好諸多有才學的人直言諫議，才使天下太平的。」貞觀四年，唐太宗下令徵發役卒，修洛陽乾元殿。張元素上書諫諍，批評太宗說：「現在百姓剛剛過著安居樂業的生活，許多事業還有待發展，在這個時候您卻花費巨資，勞民傷財，以前帝王的教訓還不夠嗎？恐怕，這樣下去，與煬帝的結局相差不大了。」太宗聽了這樣逆耳的忠言，非但沒有發怒，還反而自嘲說，「我沒有好好地考慮一下，才做出這樣的傻事。」於是停止了所有的工程。

有時，唐太宗對在朝廷上與他據理力爭的直諫也會有發火的時候。有一次，罷朝之後，唐太宗怒道：「每次上朝，魏徵總是令我難堪，非要殺了他不可。」長孫皇后聽了卻對之表示祝賀，她說：「我聽說主明臣直的道理，魏徵敢直言，正說明陛下的開明。」這句話十分在理，君昏臣難直；稍勸輒怒，忠諫即斬，誰還敢直言呢？治理國家，管理組織，要想形成「共相切磋，以成治道」的局面，領導者首先應該從自身做起，廣開言路，放下領導者至尊無上的架子，多聽取來自各方的各種意見，「兼聽則明，偏聽則暗」的道理是十分明顯的。

現在，許多企業、組織早已展開「合理化建議」活動，這也是一種很好的鼓勵諍諫的方法。用精神、物質的獎勵來充分調動組織成員的積極性和聰明才智，可以使組織具有更強的競爭力、戰鬥力。同時，也可以增強職工們的主人翁感，使企業的利益與職工的利益更好地結合起來。

「納諫」的管理方法不僅可以集思廣益，發動最大最廣的力量向一個共同的目標奮進，而且有助於提高組織內部的凝聚力，使每個組織成員更加地對組織有認同感與歸屬感，對培養其使命感與責任感也是有利無弊的。當然，這也對領導者提出了較高的要求，要求領導者本身要博學多才，這樣才能更好地理解和評價各種建議，對不同的意見都能因時、因地、實事求是地給予考察、分析、決定取捨，甚至要在此基礎上綜合出最優化的方案，即在「群策群力」之後，領導者應該起好調節、協調作用，並全面衡量局勢，最後作出決策。

集權與分權相結合

集權與分權，是組織結構上的一個重要問題。集權的管理，集中，易於控制，也容易協調，但往往因諸多決策事項紛繁複雜，如果領導者事必躬親的話，那麼，勢必受時間、精力的限制，使其在宏觀調節上的作用不能得以較好的發揮。分權，就是將決策權下放到各個部門，甚至更下一層的管理機構中去。這樣，可以讓各項事務由專人、專門部門負責，最高領導層不必事事關照。但若分權過度，而無較好的協調功能和決策的集中管理，就容易引起各部門間意見不一，甚至出現嚴重分歧，卻仍各行其是的局面，對企業的全面管理十分不利。由此可見，集權與分權怎樣更好地結合，組織結構將受哪些因素的影響，也是一個十分關鍵的問題。

貞觀五年，國家治理得十分好，百姓生活安定富足，對外也無戰爭。這時，唐太宗對臣民們說「這不是我一個人的功勞，這是大家共同輔佐才成的大業。」他認爲，「天下之廣，怎麼可以一個人來獨斷呢？」「日理萬機，一人聽斷，雖然很勞累盡心，但又怎麼能做得很好呢？」他有意識地將有才能的部下因才施用，將權力下放到各個部門，讓具有不同才能的人共同治理國家；而他自己仍然有著統籌全局且不可缺少的作用。

由此可見，在現代企業管理中，集權與分權的協調作用是十分重要的。它的具體策略選擇取決於它的規模大小、行業特點等具體的情況。

用才在於發現，不可求全責備

人各有所長，各有所短。只有發現人才的「才」之所在，才能使才盡其用。唐太宗在選用人才方面，突破因循守舊的框框，改革吏治，選任賢能。他選擇人才的方法、途徑都比以前各代有所發展。他從舊人、新人、疏人甚至敵人中搜羅各類文武賢才，大膽提拔，破格錄用，越級升遷。剛正不阿、敢於諫諍的魏徵，早年參加過瓦崗軍，後來又是李世民的政敵李建成的屬官，但太宗不計前嫌，委以重任。當貞觀七年，魏徵「深俱滿盈」，以病請辭時，太宗懇詞挽留，並以礦金自比，將魏徵比作良匠，懇請他留下。他不避親戚，唯才是舉。長孫無忌是長孫皇后的哥哥、太宗的舊友，他仍封長孫無忌為司空，高士廉勸阻他說，「把外戚任命為三公，有人會說陛下您的閒話的」，太宗不以為然，說：「我任命官員是靠才能定奪的，因為他文武雙全，我才任用他。」他不問貧富尊卑，唯才錄用。馬周從小失去父母，是中郎將常何的門客，因為他有才，太宗仍然封他為監察御史。

另外，為了按才能任命官吏，太宗取消了宗室的世襲制度，並首先把宗室郡王都降為縣公，只有少數幾個有功有才之人才不降。「上品無寒門，下品無士族」的士族門閥制度是阻礙社會發展的保守勢力。太宗採取措施打擊舊士族，重新修訂了《氏族志》，比如將山東士族崔氏降為三等，也使一些有功有才的人取得了士族地位。限制宗室，一方面可防止藩王之亂，另一方面也鍛鍊了宗室人才，打擊了士族；一方面培植了新的統治集團，另一方面縮小了士庶族的差別，給庶族人才以進階之機，人才來源更加廣泛合理。而且，太宗除了科舉之外，還用制舉與自舉來招才納賢（制舉就是官員們向皇帝推薦賢才，由皇帝特詔舉行考試。自舉即自薦），爲有真才實學而被科舉貽誤的人開闢了用武之地。

由以上可見，人才其實很多，關鍵在於如何去發現，尋找他們的長處。即使是看起來很平庸或是氣質十分特異的人，總是有他的優點、長處的。如何很好地使用他們，用其長，避其短，才是管理人才的關鍵所在。對於人才，不可以求全責備，因爲常常有這樣的情形：優點越突出的人，其缺點常常也表現得越突出。我們不可以因爲其有大的缺點就棄之不用，而應給之以合適的位置與工作任務，讓他的長處得以充分的發揮。因此，作爲一個領導者，任務之一就是不斷發現周圍的人才，不斷創造機會，讓他們有效地表現和運用自己的才能。

創建精簡高效的組織機構

精簡高效的組織機構，已越來越爲現代化的組織所追求。這裡，人員的素質、質量要求得到很好的保證。具有各種才能的人的有效配置，良好組合，是高效組織機構必不可少的條件。

唐太宗時期，爲整治歷代官僚機構臃腫，遇事互相推諉，行政效率低下之流弊，太宗提出「官在得人，不在員多」的方針，「寧願少而精，不願多而濫」，裁減冗員，精簡機構。貞觀元年，唐朝廷各部門的文武官員比隋朝及以後的開元年間的數字少了四分之三。爲加強制度和法律保證，《職官令》對各級政府機構、官員設置作了明確規定，而在《唐律・職制》中對各級主管官員私自「超編」規定了懲罰性條款。太宗還說：「若得到良才，即使少也足夠了，如果是無用之人，即便多又能幹什麼呢？」在效率提高方面，太宗也制定了許多法律上的懲罰性條款。運用了以上諸多措施之後，大唐的上下官員均兢兢業業，十分盡職，政治清明，勤於職守，效率很高。

由於競爭的加劇，市場的日益活躍，高效的組織機構日益受到重視。只有高效才能更好地把握時機，抓住市場機遇，更靈活迅速地對市場的變化作出反應。只有高效才能使組織產生更高的盈利率。因此，選擇高素質的人才成爲組織成員，並加以激勵或利用賞罰分明的規定，培養他們高效、認真、投入的工作態度，並達到迅速無誤的工作效果，這對提高企業的競爭力、適應力是大有裨益的。

前車之鑑，後事之師

唐太宗的很多管理思想、策略，實際上都是源自於對前代滅亡教訓的總結之上的。首先，唐太宗一即位就以亡隋爲戒，進行多方改革、整頓；在納諫上，深知以前諸多君王動輒怒斬直言進諫者，造成了金鑾寶殿無人敢語的局面，他便引導臣民多進言；在用才方面，他指出隋文帝「性至察而心不明」，致使認爲群下不可以信任，結果什麼事都自己幹，雖勞神苦形，但卻不能把各件事都辦好，於是太宗建議選天下之才，治理天下政務，委任他職位，讓他負責某方面的事務，各盡其用，等等。以上都可以看出太宗「以古爲鏡，可以知興替」這一思想淵源。可見前人的經驗、教訓，無論成功和失敗，都會對後人產生很大的影響，給予後人很大的啓迪與幫助。今天，我們就可以從「貞觀之治」中學到很多管理思想。對於一個企業而言，其他企業、組織的管理經驗、教訓也可以爲其開拓管理新思路、尋找管理新方法以一定的提示和啓發。

◎宋太祖杯酒釋兵權

宋太祖趙匡胤是宋朝的開國皇帝，他也是著名的政治家與謀略家，對治理國家很有辦法。宋太祖雖是武夫出身，卻精於謀劃，善於指揮，他一生中的諸多事件都表現出這一特質。許多奇謀大略對他奪取天下、鞏固趙宋王朝的統治都產生了極大的作用。其中，宋太祖杯酒釋兵權的事件以及以此爲開端所施行的一系列措施，加強了封建專制主義中央集權，建立了由皇帝直接掌握的龐大的軍隊和官僚機構，使之成爲加強封建社會中央集權的歷史轉折點。在此次事件中，宋太祖深諳管理中集權制與分權制的利弊，避免了重蹈唐、五代節度使作亂的覆轍，並在處理過程中充分表現了他高超的領導藝術，與現代管理中的領導原理相契合，給我們樹立了一個足智多謀，進退有度的統治者形象。

自唐安史之亂以來，藩鎭割據，朝代更迭，烽火連天，國無寧日，人民飽受戰亂之苦，都盼望有個安寧平定的生活環境。宋太祖得天下後，爲了使自己的天下不至於成爲五代之後第六個短命王朝，他開始了潛心策劃。宋太祖視謀士趙普如左右手，曾問策於他：「自李唐以來數十年，帝王凡易八姓，鬥志不息，生民塗炭，其故何也？」據說趙普對曰：「陛下言及此，天地人神之福也。」並獻策：「此非他故，方鎭（即藩鎭）太重，君弱臣強而已。稍奪其權，制其錢糧，收其精兵，則天下自安。」於是，宋太祖導演了下面令史學家拍案叫絕的一幕。

乾德（公元九六三—九六七年）初年，宋太祖延續晚期，並與曾幫助他奪權的禁軍高級將領石守信等一起飲酒。醉意濃厚，君臣相對之時，太祖忽然感慨道：「如果沒有諸位，我便沒有今天的地位，但我做了皇帝後，卻還不如當節度使時那樣快樂，我每天都不能安穩踏實地睡覺。」石守信等人急忙跪地而拜，勸慰說：「如今天下已定，哪個人還敢有異心，陛下爲何說出這種話？」太祖就憂慮地說：「誰人不喜歡榮華富貴，一旦又有人將皇帝的龍袍穿戴在你們身上，在眾人的擁立下，你們雖不想那麼做，又怎麼可能呢？」這些將軍謝罪說：「我們天資愚鈍，到不了這個地步，只希望陛下能憐憫我們。」太祖說：「人的一生猶如白駒過隙，你們不如多積金銀，廣買田宅，好把富貴留給子孫。在歌兒舞女的陪伴下終養天年，君臣之間不用再相互猜忌，這不是很好嗎？」石守信感謝說：「陛下爲我們設想，安排得如此仔細，對我們的恩情真好比使死者復生，使白骨長新肉啊！」第二天，參加宴會的人都聲稱身體有病，乞求解除自己的兵權。太祖答應了他們的要求。石守信等人都以高品級的散官回歸自己的府第，太祖對他們的賞賜十分豐厚。就這樣，宋太祖以優厚的俸祿爲條件，解除了曾經與他結盟的十兄弟和石守信等資望甚高而又擁有重兵的大將的兵權，消除了對宋王朝的潛在威脅。之後，宋太祖趁熱打鐵，積極地進行了一系列改革，把中央軍事大權集中到自己一人手中。宋太祖從「資治」出發，削奪節度使的軍事、經濟、司法大權，裁抑武夫。這些措施對地方軍閥的形成和壯大無疑有很大的限制作用，對於社會發展和人民生活確有積極意義，順應了歷史發展的大趨勢。

從宋太祖對這一事件的處理中，我們不難領會其中集權與分權的管理思想，並爲宋太祖的領導藝術所折服。

集權制與分權制

集中領導與分權管理這同一問題的兩個方面無論是在國家政治組織結構中還是在企業經營管理中的都是一個重要的問題。處理得當，國家安定繁榮、國富民強，企業效益顯著、秩序井然；處理失當，無論國家還是企業，都會出現「一統就死，一放就亂」的失衡狀態，遺患無窮。按照現代管理原理，集權制與分權制是組建織管理的一種類型。集權制指一切重大問題的決定均集中於上級領導，下屬必須依據上級的決定和指示辦事。集中領導與統一指揮，是現代化大生產所必需的。這一必要性無論從技術上、經濟上還是歷史上來看，都是顯而易見的。如無集中領導，成千上萬人的統一意志就無法形成，從而也就不會形成統一目標，而沒有統一目標，當然也就沒有統一行動。現代化大生產如果離開統一指揮和統一行動，生產過程和經營過程就會因爲嚴重脫節而無法繼續，組織體系就有瓦解的危險。集權制的優點就在於權力集中，政令統一，上下一致，能夠統籌全局，謀劃長遠。

對於一個國家而言，想要維護安寧統一的局面，權力一定程度的集中是必要的；反之，則有四分五裂的危險。打個比喻，一個國家就像一棵大樹，君主是主幹，藩鎭是旁枝。弱幹強支則國危，強幹弱枝則國強。所謂強幹弱枝即加強中央集權，削弱藩鎭勢力，以防武力割據。否則，藩鎭刀大勢盛，尾大不掉，危害天下。歷史證明，凡是實行分封制的王朝，如夏、商、周等，沒一個不是以諸侯混戰告終。這是因爲地方割據勢力擁財、政、軍大權，必起與中央對抗，以窺伺社稷之大器。地方勢力危害中央爲甚者，莫過於唐、五代。唐開元、天寶年間，藩鎭勢力日強，安祿山以節度使起兵，幾乎傾覆唐朝。可惜安史之亂平定後，唐朝統治者並未總結教訓，反而又分封了勤王的大批武夫戰將爲節度使。從此後二百年內，藩鎭之亂愈演愈烈，國家名號也似走馬燈般的更換，國無寧日，民不聊生，根本原因在於藩鎭割據。

宋太祖趙匡胤從小軍官到殿前都點檢，又從殿前都點檢躍到皇帝寶座，十分懂得軍事力量的重要作用。范浚在《五代論》中指出：「兵權所在，則隨以興；兵權所去，則隨以亡。」揭示了唐末五代以來，在政治局面的變換中，兵權所起的決定性作用。藩鎮之所以能夠與中央皇室對抗，主要在他們「既有其土地，又有其人民，又有其甲兵，又有其財賦」。於是，以「杯酒釋兵權」為開端，宋太祖採取了趙普的一系列建議：

其一，削奪其權。為削弱節度使的行政權力，使節度使駐地以外的州郡——支郡直屬於京師。同時派遣中央政府的文臣出任知州、知縣。「列郡各得自達於京師，以京官權知。」節度使名義雖保留了，卻已降為某一州郡的長官，後來甚至不到節度使駐地赴任，以致徒具虛名。即便如此，宋太祖仍恐州郡長官專權，一面採取三年一易的辦法，一面又設置通判這個職位，以分知州之權，使兩者相互制約，防止偏離中央政府的統治軌道。

其二，制其錢穀。於各路設立轉運使，將一路所屬州縣財賦，除「諸州度支經費」外，全部運輸至宋統治中心開封。以前藩鎮以「留州」、「留使」等名目截留的財物，一律收歸中央。

其三，收其精兵。宋太祖派遣使臣到各地，選拔藩鎮轄屬的軍隊，「凡其材力技藝有過人者，皆收補禁兵，聚之京師，以備宿衛」，把藩鎮精練之兵都送至闕下，由皇帝掌管，削弱藩鎮兵力。與此同時，又下令拆毀江南、荊湖、川峽諸地的城牆，於是可能被藩鎮用來抗拒中央的城防也被撤除了。

至此，全國各地的「兵也收了，財也收了，賞罰刑政一切收了」，從而極大地加強了中央政府的統治力量。就宋代行政體制看：「收鄉長、鎮將之權悉歸於縣，收縣之權悉歸於州，收州之權悉歸於監司，收監司之權悉歸於朝廷。」「以大繫小，絲繩相牽，總合於上」。把中央集權強化到空前未有的程度，藩鎮勢力被完全剷除，在宋朝統治三百餘年中造成一個「無心腹之患」的統一政治局面。

但是，集權領導並不意味著一定要實行絕對的集權制。爲了保證集中統一領導，一定程度的集權是必要的，但這又是相對的，是與分權相聯繫的，兩者相輔相成。分權制指下級領導機關在自己管轄的範圍內，有權獨立自主地解決問題。它的優點是權力分散，能因地制宜地發揮個性與特長，下級領導者可獨立自主地處理問題，有利於提高工作效率；缺陷是政令不統一，政出多門，易導致混亂，各部門間缺乏相互協調。作爲總覽全局的領導者，一個重要的領導方法就是大權獨攬，小權分散，否則，主要領導忙於具體事務，既不能發揮下級的才幹，又不利於騰出時間考慮大事。

宋太祖作爲皇帝，縱然把財、政、軍大權集於一身，他也做不到事必躬親。君主管理好官吏，也就治理好民眾了，因而他還須依靠官僚機構和軍隊來維護中央集權制的實行。古代慎到（戰國時趙國人）曾說：「臣有事而君無事，君逸樂而臣任勞。」君逸臣勞成了封建統治階級駕馭臣下的一種統治謀略之術。就是說君主治理國家，應儘量發揮臣下的作用，讓他們把事辦好，君主坐收其利；如果君主包攬一切事務，臣下無事可做，就把君主降到臣下的位置，臣下的精力移到注視君主的行動上，一旦君主有了差錯反倒受到臣下的指責和怨恨。但是，另一方面如果「大臣操柄持國政」，君主失勢，大權旁落，對皇帝的寶位就形成極大威脅。因而官吏爲了滿足君主的需要而存在，君主又要時常防範臣下。於是，宋太祖在依賴軍隊和官僚來進行他的統治的同時，又制定了以下諸多政策和措施，來分散臣子的權力，嚴加防範，以進一步鞏固趙宋王朝的統治：

其一，兵權分散。宋太祖提拔一些資歷較淺、容易駕馭的人充當禁軍將領，又根據五代將禁軍分為殿前司馬與侍衛司馬的兩支體制，進一步將其劃為殿前司、侍衛馬軍司、侍衛步軍司。三衙將領自身無發兵權且互不相屬，而由樞密院掌管軍隊的調動、訓練、遷補等軍政大權，擁有發兵權卻不統率軍隊，調兵權與領兵權析而為二，各自獨立，互相牽制。「天下之兵，本於樞密，有發兵之權，而無握兵之重；京師之兵，總於三帥，有握兵之重而無發兵之權。」

其二，內外相維。宋太祖又把軍隊一分為二，一半屯駐京畿，一半戍守各地。並實行更戍法，定期換防，使將不得專其兵，而士卒不至於驕惰。宋神宗趙頊對上述做法解釋為：「藝祖養兵二十二萬，京師十萬餘，諸道十萬餘。使京師之兵足以制諸道，則無外亂；合諸道之兵足以當京師，則無內變。內外相制，無偏重之患。」

其三，削弱相權。歷代宰相居中央政府首位，具有「事無不統」的大權。宋代的相權卻遠不如昔，因為宋太祖唯恐宰相權柄過重，不利於皇帝專制，就採用分化事權的辦法削弱相權。軍政大權歸樞密院掌握，財政大權則由三司使掌管，宰相所掌僅限於民政了。同時各部門又設置了副使以進行牽制。

從上述一系列措施看，宋太祖的分權是為其集權服務的，它充分表現了權力制衡的原則。這些措施，極大地加強了宋朝的中央集權制，造成了統一的政治局面，爲經濟文化的高度發展創造了良好條件。

高超的領導藝術

根據領導原理，領導必須有二個要素：權力和指揮。權力的基礎有五個方面：強制、獎勵、法定地位、專長和個人影響。前三項是個人在組織中的地位決定的，後兩項是個人性格決定的，這五項權力基礎再加上指揮功能就能實行完整的領導。宋太祖貴爲皇帝，其法定地位是至高無上的，握有生殺予奪大權；他是武將出身，與這些將軍曾是義兄義弟，其中許多人參與了陳橋兵變，可以說，他對這些人都有很強的個人影響力。在削奪這些將軍兵權的處理方式上，他有多種方案可供選擇，但他卻用一種文明舉動，解除權臣之權，奪權之後，指示富貴之途，出守大藩，安排得所，不使爲亂。於酒席之間，杯酒之奉，即可收權於中央，防微杜漸，消患於未然，可謂善於先發制人。於此我們可以領會到宋太祖高超的領導藝術。

其一，以術馭人。古代人研究的「術」，即管理和運用政權之法。見《韓非子・憲法》篇云：「術者，因任而授官，循名而責實，操生殺之柄，課群臣之能也，此人主所執也。」韓非子主張使用權力管理政權；「術者，人君之所密用，群下不可妄窺。」並且「君無術則弊於上」。領導者靠權力推行自己的政策，但權力發揮效果的最佳時期，往往在實際行使之前，所以運用事先誘導，事先警告」的方式預防越軌行爲的作用更大。宋太祖爲防患於未然，先以「多積金錢，厚自娛樂」誘導，又以「君臣之間，而無猜疑，上下相安，不亦善乎」警告，使石守信等自動辭職，兵不刃血，就解決了一件棘手之事。另外，領導者行使權力時，要注意用自己的影響去推動工作，這樣做的效果比單純憑藉權力要好得多。因爲靠影響力推動工作不會使下屬有被驅使的感覺，反而會感到是自己決定自己的行動，會產生一種自我決心，心悅誠服地按指令辦事。這裡涉及領導者的權威問題，一般說來，影響力大，權威高；影響力小，權威低；沒有影響，也就沒有權威。沒有權威的領導者，是難以推動事業前進的；具有較高權威的領導者，一般都有高超的領導藝術。宋太祖威重權高，影響力大，才能使臣下慴服。

其二，居安思危，當機立斷。事物往往是這樣，沒有問題時，正預示著問題即將發生。一位有進取心的領導者，當他感到沒有問題時，會坐立不安，一定會主動去發現問題，尋找病因。那種守株待兔、推一下動一下的領導者幻想無事，實際上問題會越積越多，積重難返，最終會導致組織的崩潰。碰到問題，就要及時做出正確的處置，不及時處理就可能貽誤戰機，追悔莫及。能迅速做出決定是需要魄力的，因爲任何決定都是有風險的，重大決定就有重大風險。拖延決定是不是沒有風險了呢？實際上拖延的過程中可能產生更多的風險。一個不願或不能作出承擔風險決定的人，絕對不能成爲優秀的領導者。據《資治通鑑·宋記》載：「時石守信，王審琦，皆帝故人，各典禁衛。趙普數言於帝，請授以他職，帝曰：『彼等必不吾叛，卿何憂？』。普曰：『吾亦不憂其叛也，然熟觀數人者，皆非統御才，恐不能制天下。萬一軍伍作孽，彼亦不得自由耳。』，帝悟，乃召石守信等飲。」宋太祖本就擔心兵權在握的大將不服管束，趙普的提醒，使他唯恐黃袍加身的事變重演，於是當機立斷，巧妙地解除了諸將兵權。

宋太祖作爲一代開國君主，有非常人之智慧，非常人之作爲，使宋朝的一套「管理方法」有許多值得後人藉鑑的地方，明、清兩代政治制度皆有效仿宋代之處。

4 政體改革

◎諸葛亮治蜀

東漢末，諸葛亮隱居襄陽隆中鄉下，潛心讀書，留心世事。公元二〇七年，在劉備三顧茅廬的感召下，他出山輔佐劉備重整漢室。公元二二一年，他協助劉備建立蜀漢，官拜丞相。劉禪繼位後，被封爲武鄉侯，領益州牧，並承擔起托孤輔政的大任。諸葛亮一生輔佐劉備、劉禪父子重整漢室，功在社稷。他的建蜀治國方略，凝聚著橫溢的才華及非凡的智慧。

諸葛亮素有「神機妙算」之美譽。他出山從政之時，精闢地分析了當時群雄爭霸、敵強我弱的天下形勢，主張應先佔據荆、益兩州，站穩腳跟，然後北伐曹魏，東聯孫吳，有計劃分步驟地實現最終目標——恢復漢室，建立蜀漢政權。他認爲「操已擁有百萬之眾，挾天下以令諸侯，此誠不可與爭鋒，孫權據有江東，已歷三世，國險而民附，賢能爲之用，此可以爲援而不可圖

也」。同時，他指出：「荊州北據漢、沔，利盡南海，東連吳會，西通巴、蜀，此用武之國……益州險塞，沃野千里，天府之土，高祖因之以成帝業。」為此，他的治蜀方針在外交策略上表現為「西和諸戎，南撫夷越，外結好孫權」，內部策略表現為「跨有荊、益，保其岩阻……內修理政」。

諸葛亮治蜀一向鼓吹履行法治。當時原屬劉璋的蜀中地區，「德政不舉，威刑不肅」，法制極為混亂鬆弛，加上少數民族地主陰謀叛亂，國勢極為不穩，為此他主張「科教嚴明，賞罰必信」，對促進社會穩定，實現國強民富作出了積極的貢獻。另外，他認，水利是農業之本。為發展農業，保障糧食供給，諸葛亮興修了著名的都江堰灌溉工程，自此以後，蜀中地帶真正成了「天府之國」，百姓安居樂業，國家繁榮穩定。

雖然身為戰爭幕僚的軍師，但是諸葛亮治蜀一向提倡「攻心為上，攻城為下；心戰為上，兵戰為下」的懷柔政策，他七擒七縱孟獲，並幫助少數民族發展經濟和生產，主張在與南中諸部落和平共處的前提下來促進共同進步，並謀求蜀國的繁榮富強。

諸葛亮治蜀的指導思想大都是源於先秦諸子學說，但他從不拘泥於一家之言，而是博覽百家之書，「觀其大略」，取其精華，互為補充，為己所用。其主要特點是善於審時度勢，根據實際形勢決定對策，因時因地制宜，以達到預期目標。這一治國思想的形成過程以及治國思想本身，對於我們後人都具有很高的參考價值。

「用兵之要，計爲先」

孫子說：「用兵之要，計爲先」。「計」就是計劃、規劃。治理國家是一項龐大的宏觀管理課題，因此擬定出可行的發展計劃，然後按計劃、分步驟來進行綜合治理在這裡顯得尤其重要。

計劃管理的內容包括對整個國家及各層部門的人力資源、物質資源、財政收支、對外聯繫等各個方面的統一規劃，以進行組織和協調，實現整體的既定目標。原則上必須遵循客觀規律，從基本國情出發，實事求是，量力而行。它按計劃時間長短可分爲長期計劃、中期計劃和短期計劃三種，規定整個國家各部門各地區的發展方向、規模、比例、速度以及其主要實現手段。

計劃在管理活動中的重要性表現在：首先，它是決策的依據之一，並透過決策的執行貫徹於整個管理過程之中；其次，它是實現資源有效配置的最佳途徑之一，國家無論大小也不論貧困或富裕，資源有餘有缺，透過計劃可以減少富足資源的無謂耗費並削弱短缺資源的瓶頸制約作用；第三，它是一種組織和協調的工具，它直接促發了各個部門爲實現同一計劃目標而形成一種強烈的凝聚力，以全局觀點指揮其日常管理活動，減少內耗，在有次序狀態中謀求共同發展。

諸葛亮治蜀的成功在很大程度上就是得益於其計劃管理的成功。首先他遵循從實際出發、實事求是的計劃原則，在軍事上，他在精闢分析天下群雄爭霸形勢的基礎上，加上對蜀國軍事力量的透徹理解，從而提出佔據荊、益兩州的中期計劃目標以及恢復漢室、建立蜀漢政權的長期目標，而目標的實現手段是東聯孫吳、北伐曹魏。在經濟上，他樹立了農業爲本的全局發展觀點，不惜犧牲短期利益以求長期經濟穩定發展。在政治上則以社會穩定、國強民富爲最終目標，以「科教嚴明、賞罰必信」爲實施手段。在外交上更不追求一蹴而就的霸權外交，他的「攻心爲上」策略充分表現了其「和爲貴」爲主旋律的有計劃有步驟的漸進式推進的外交思想。計劃性是其治蜀方案中的最明顯特徵，計劃的充分、完善則成了他治蜀成功的根本保證，從而他隨著短期計劃、中期計劃的目標的逐步實現，最終實現了蜀國的國泰民安大計，在封建社會治國史上留下成功的一頁。

當前社會，不管社會性質如何，在資本主義市場經濟、社會主義市場經濟以及社會主義計劃經濟下，計劃都成了國家宏觀調控的有力手段，它保證了國民經濟的有序的穩定發展。隨著社會化生產的擴大，計劃在管理活動中的舉足輕重的作用正日益被人們所認識。

嚴刑峻法和仁德感化的揉合

管理的最佳原則是「情、理、法」三者有機結合。在管理過程中，首先要動之以情，用仁德感化的方式來打動對方，如若不行，則要嚴肅地曉之以理，向對方把道理說透，再不行，則決不姑息手軟，要毫不留情地依照法紀法規加以處理。合情、合理、合法是管理者必須遵循的原則。反映在治國管理過程中，首先，管理者「正人必先正己」，要注重自身的行爲修養，樹立仁德威望，還要深入基層，了解國民心態。《孫子兵法》有言：「人情之理，不可不察」。用自己德高望重的聲譽感化國民，創建祥和、進步的社會氣氛。其次，「家有家規，國有國法」，法制手段是管理者治國安邦不可或缺的工具，必須嚴刑峻法，對於損害國家利益、破壞社會安定的不法行爲，要堅決從嚴懲處，做到「有法可依，有法必依，執法必嚴，違法必究」，唯有打擊落後才能更好地扶植先進，促進整個國家的長治久安，繁榮富強。

諸葛亮治蜀過程中的「七擒孟獲」史例就是他仁德感化政策取得成功的典範。他放棄武力征服而採取懷柔策略，七擒七縱孟獲，終於使之心悅誠服。另外，他根據蜀中地帶「德政不舉，威刑不肅」致使蜀中官民「專權自恣」，國家沒有權威、法令難以實行的局面，制定了「科教嚴明、賞刑必信」的政策，有罪必罰，有功必賞，使得蜀中出現了「人懷自勵」，「風化肅然」的景象，這又表現了他嚴刑峻法的堅決、徹底。同時，爲使賞罰成爲一種有效的治理手段，他詳細地提出了四點具體要求：一是賞罰標準要公平合理，相對穩定；二是反覆申明，廣爲宣傳；三是不憑一時喜怒濫行賞罰；四是秉公執法，以身正人。他本人就曾經因爲街亭失敗而自貶三等。

管理的現代行爲學派認爲，激勵是利用外部誘因去調動人的積極性和創造性，就是使外部的刺激內化爲個人的自覺的行動過程，透過獎勵性刺激使某種行爲得以保持或增加其出現的頻率

（正強化），透過懲罰這種刺激使不良行爲受到抑制（負強化）。諸葛亮的賞罰分明、嚴刑峻法和仁德感化的結合同時收到了正負強化的效果。貶謫不守法的李嚴和廖立是負強化，提升有功有才的王平和蔣琬是正強化。同樣的，管理者自身爲人表率是一種榜樣力量，構築仁德感化這種精神激勵機制，以達「修己安人」之功效。爲此，諸葛亮本身一方面博覽群書以提高自身素養，另一方面處處身先士卒，自己帶頭恪守法紀，這爲他治蜀的成功奠定了堅實的基礎。

博採眾長，開創政通人和新局面

治國管理的思想和方式總是深刻地反映出其社會的歷史淵源以及當前背景。儘管由於不同時代或不同地域的國家所處的歷史背景或當前基本國情會有所不同，其治國管理思想和方式也會有所差異，但是，創新並不是這種思想和方式的唯一來源，繼承和藉鑑也能造就出成功的治國之道。因此，博採眾長，充分挖掘博大精深的古代治國思想並加以繼承和創新，是謀求治國成功的一條可選途徑，由此可以在新的時代裡開創出一個政通人和的新局面。

諸葛亮充分領悟到這種傳統管理思想的歷史價值，他遍讀諸子學說，博覽百家之書，對於每一例治國史例都能「觀其大略」，並巧妙地取其精華以應用到治蜀實踐中來。從高祖固守益州以成帝業的事例他體會出了益州是「沃野千里，天府之土」的風水寶地，並制定了相應的政策傾斜的管理方式。另外，他的仁德感化爲主的懷柔政策也大都淵源於以孔子爲代表的原始儒學的管理思想，即：「格物—致知—正心—誠意—修身—齊家—立業—治國—平天下」的這麼一條思想線路，從自我管理的修身階段出發，然後推己及人，實現治國的操作過程。凡此種種，都深刻地說明了其治蜀思想及方式的繼承性，這當然不是簡單地繼承，而是在充分考慮自身客觀實際基礎上的包含創造性在裡面的積極的繼承。

創造現代治國管理體系，開創政通人和新局面，離不開對現代時代背景和基本國情的把握和貫徹，但也離不開對優秀傳統治國思想的繼承和創新。博採眾長，取長補短，融會貫通，並且根據新的社會發展特徵不斷補充新的內容，這是我們後人治國安邦所必須恪守的信條和準則。

5 戰略設定

◎假虞滅虢

春秋時期，諸侯割據，各國紛爭。其中虞（今山西省平陸縣）、虢（念「國」，今河南省陝縣）二國原爲靠近晉國的毗鄰，山嶺相連，河流相通，可謂是唇齒相依。晉國早有併吞它們的野心。公元前六五八年，晉獻公採用了謀臣的計謀，先買了大量的名馬、寶玉等貴重東西，派人用車運到虞國，送給虞公。虞公很高興，答應晉國借虞國的道路去攻打虢國，還派兵爲晉軍充當先頭部隊。這年夏天，晉軍佔領了虢國的下陽（今山西省平陸縣東南）。到了公元前六五五年，晉獻公又向虞國借道伐虢，大夫宮之奇深知晉國的野心，以「輔車相依，唇亡齒寒」的道理，說明虞、虢兩國的利害關係，極力勸虞公應聯合虢國抵抗晉國，不要借道。虞公財迷心竅，又怕得罪晉國，故不聽大夫宮之奇的忠言，再次許諾晉國借道伐虢。宮之奇看到虞國危在旦夕，痛心疾首，道：「虞和虢將同歸於盡，等不到過年就會滅亡了。」隨即帶上家眷逃離虞國。果然，農曆十二月，晉軍滅掉虢國，虢公逃到洛陽。晉軍凱旋回師，路經虞國，駐紮在那兒，乘虞國毫無準備，突然發動了襲擊，虞國措手不及，軍隊潰不成軍，很快就被打敗了。這樣，晉國就輕而易舉地滅掉了虞國。

洞察外部環境

所有管理者，不論他們是管理一個企業、一個政府機構、一座教堂或一個慈善基金會，都必須在不同程度上考慮外部環境的種種因素與力量，然後在此基礎上作出相應的決策。現代任何組織的管理者都面臨經濟環境的挑戰，經濟組織與經濟環境的相互作用更是密切。在市場經濟中，經濟環境主要是市場問題。市場問題關係到任何組織的輸入和輸出。其要素包括：資金、勞動力、價格水準、競爭對手、稅收政策、買主的生活水準及偏好等，管理者如果不善於分析上述經濟環境因素的變化，就不能取得經濟實力，而沒有經濟實力的組織是沒有發展前景的，同時，社會上的政治環境和倫理道德環境也是影響管理者決策的重要因素。

管理者要使自己所管理的組織與外部環境保持協調一致，首要的一點就是認識環境。認識環境的意義不僅在於它是組織決定發展方向和途徑的重要參考依據，而且在於可以透過環境的制約作用對組織內部進行改造。管理者要認識環境，必須首先做好市場預測工作，對本組織輸入與輸出的資源情況，對市場的價格、稅率、匯率、利息率、資金流、物資流、人員流等情況，要瞭如指掌。其次，管理者要熟悉和掌握國家政策、法律和發展方針。最後，管理者還要了解社會行爲規範和倫理道德規範等。面對變化的外部環境，管理者增強組織的彈性，設置靈敏的資訊情報網絡，使搜集來的資訊不會滯後於現實，又要建立各種資源的「預備隊」。任何組織在進行活動時都不能「竭澤而漁」，必須在人、財、物、技術等方面保持必要的寬餘度，以及時應變。

推進目標實現

在「假虞伐虢」這個史例中，荀息提出「先攻虢國，後打虞國」，而不「先打近鄰，後攻遠邦的虢國」，這個策略有它的一定的社會背景。只有深入了解當時虞、虢和晉三國的各方面情況後，再加上一定的外交手段相配合，才能使此策略成功實現。外交手段是保持外部環境的變化對自己組織的決策目標有利，與組織內部相協調，幫助決策的實現。當時，晉國是在這三者之中國力處於明顯的優勢，並有侵呑兩個鄰國的野心。這是晉國要實現的目標。荀息分析了虞、虢兩國的情況，其中虞國因爲虞公不理朝政，貪圖享受，又剛愎自用，目光短淺，因而政治腐敗、忠言塞路，對強國阿諛奉承，極力討好，缺乏自主獨立。而反觀虢國，國家雖小，卻國君賢明，經濟繁榮，人民安居樂業，全國上下一條心。荀息據此得出的結果是晉國所面臨的真正外部對手是虢國而不是虞國，應把虢國作爲進攻的主要對象。因此在謀劃時，採取了相應的對策。考慮虞國的政治態勢，荀息提出利用虞公的立場不堅定且又好財的弱點，先把虞國拉攏到晉國這邊來，這樣，就避免了因攻虞國而造成虞、虢結盟這種不利於晉國實現戰略目標的結果，從外交上斷絕了虢國的外援之道，使他處於孤立無助的處境。而如果採用了「遠交近攻」的策略，因爲虢國的國內謀士眾多，再則虢公善聽忠言，一定知道「輔車相依，唇亡齒寒」的道理，一定不會順利達到「遠交」的目的，反而過早暴露晉國的企圖，這是不能採用「遠交近攻」的原因所在。但荀息採用「近交遠攻」也有十分不利的因素，有很大的風險性。「近交遠攻」意味著晉國要勞師遠征，造成軍事形勢上很大的不利。結果是遠師孤立，國內空虛。一旦虞公突然翻臉，斷絕晉軍的歸路，與虢國首尾夾攻，晉軍豈不成爲「甕中之鱉」，或者虞國突然派師襲擊晉國的國都，兩種情形都可能導致晉軍一敗塗地，後果不堪設想。因此，在「近攻遠交」背後也潛伏著極大的危險，消除這個危險的關鍵就是要牢牢籠住虞公的心，實行誘騙同時威迫，使之就範，而不聽眾臣的救國之言。因此，此史例中，外交手段起著非常重要的作用，決定著整個謀略的成敗。

總之，一個組織在實行自己的戰略目標時，不能單把目光放在組織內部，而要把組織的外部環境深入摸透，實行相應的對策和必要的公關手段，使目標早日實現。

◎城濮之戰

齊霸業衰落後，楚國力日益強大，楚成王銳意北進。晉國崛起於西北，與楚國北定中原的戰略發生矛盾，歷史步入晉、楚爭霸時期。

周襄王十六年（公元前六三六年），流亡在外的晉公子重耳得秦穆公援助，回到晉國，立爲晉文公。文公持政後，修明政治，廣用人才，整軍經武，樹立威信，興修水利，減關稅，通稅寬農，崇儉省用。數年之間，晉國政治、經濟、軍事實力均有長足發展，針對當時戰略格局，晉國統帥部制定了「尊王攘夷」，和戎狄，聯齊、秦的政治和外交路線，爲問鼎中原打下基礎。而宋、楚泓水之戰後，中原的衛、鄭、曹、陳、蔡諸國皆依附於楚，形成以楚爲核心的軍事集團。

周襄王十九年（公元前六三三年），晉文公就楚王率領陳、蔡等聯軍攻宋，作出「報施救患，取威定霸」的戰略決策。針對宋遠而曹、衛近晉卻親楚的情況，謀士狐偃提出「楚始得曹，而新昏於衛，若伐曹、衛，楚必救之，則齊、宋免矣。」（《左傳‧僖公二十七年》）的計策，調動楚軍北上，使晉國反客爲主，掌握了戰爭主動權；針對實力上楚強晉弱，元帥先軫又設下陷阱：「使宋捨我而賂齊、秦，藉之告楚。我執曹君，而分曹、衛之田以賜宋人。楚愛曹、衛，必不許也。喜賂怒頑，能無戰乎？」將齊、秦迫上晉國的戰車，因而從根本上改變了戰略態勢，形成了齊、秦、晉、宋對楚、陳、蔡聯軍的局面，中原形勢不利於楚。

楚成王審時度勢，決定退兵卻戰，靜以待機，但楚軍主帥子玉驕傲自負，執意決戰，激怒了楚成王，只給他少量增援。

楚成王的援軍，堅定了子玉作戰的決心。爲了尋找決戰的藉口，派宛春向晉文公提出了一個晉許曹、衛復國，楚解宋國之圍的休戰條件。這個條件，晉文公既不能答應，又不能拒絕。因爲晉國出兵的本意，主要不在救宋，而在於打擊楚國勢力。深謀遠慮的先軫又對局勢作了冷靜的分析：「定人之謂禮，楚一言而定三國，我一言而亡之，我則無禮，何以戰乎！不許楚言，是棄宋也；救而棄之，謂諸侯何！楚有三施，我有三怨，怨仇已多，將何以戰？」於是進奇計，扣留楚使宛春，以激怒子玉；暗中拉攏曹、衛，以復國爲餌，唆使其與楚絕交，削楚軍羽翼。子玉果然一怒進軍曹都陶丘。

周襄王二十年（公元前六三二年）夏，楚軍尚佔優勢，晉軍「退避三舍（三舍，九十里）」，子玉兵臨城濮，逼迫晉軍，放言：「今日必無晉矣」（《左傳・僖公二十八年》）。晉文公又慎重地考慮了決戰的利弊：「戰而捷，必得諸侯；若其不捷，表里山河，必無害也。」春秋前期最大的一次戰略決戰爆發了。

晉軍左翼下軍胥臣部以虎皮蒙在馬上，直衝向楚軍的薄弱環節——楚軍右翼陳、蔡軍，一舉而潰之。然後，晉上軍僞退，誘楚左軍輕出，暴露其側翼，晉回下軍合中軍夾擊之，又將其擊敗。子玉兵退連谷，羞愧自殺。晉文公一戰定霸，使追隨楚國的魯、曹、衛、陳、鄭等諸國回到中原集團。自此，晉國與楚國抗衡達百年之久。

戰略運籌

城濮之戰是春秋爭霸關鍵性的一戰。它扼制了楚國向中原進攻的情勢，影響其後一百多年中原地區政治、軍事格局。晉國君臣爲準備這場戰爭，完成其「取威定霸」的戰略，作了一系列的戰略運籌，從中我們可以管窺晉文公的戰略管理思想。

(1)富國強兵，以實力爲依託。在修明政治、發展經濟、整軍經武的基礎上，晉文公將「教民」作爲提高實力的重要手段。出定襄王，入務利民，使民知義；伐原以示信；大蒐以示之禮，作執秩以正其官，使民知禮。在晉國形成了守信、重義、知禮的社會風尚，民風的改變必然帶來士氣的提高。

(2)尊王攘夷，政治上取得主動。周、鄭繻葛之戰後，周室日趨衰微，至文公即位時，列強蜂起，戎狄爲禍；南方楚國勢力蹂躪了整個中原，黃河下游大國，如齊、宋皆爲楚侵略，魯、衛、鄭、陳、蔡等國降楚，甚至狄兵也攻入王畿，逼周天子蒙塵，內憂外患，「南夷與北狄交侵，中原不絕如縷」，在外流浪多年的文公深知時弊，所以他順乎潮流適時地打起了「尊王攘夷」的旗幟。

歷史又偏愛有心人。周襄王十七年，當秦穆公擬派兵護送出逃的周天子返國時，文公抓住時機，採納了狐偃「勤王立信」的策略，挾天子以令諸侯，不僅在諸侯中確立了威信，而且獲得周室分封的「南陽之田」，打通了通向黃河的戰略要道。

(3)報施救患，爭取與國。文公君臣深知，僅以新興之晉是無法與積盛之楚抗衡的，爭取齊、秦參戰就成了左右戰爭進程的關鍵。謀略家先軫展示了他卓越的外交才能，利用曹、衛、宋的資源去賄賂齊秦，誘使其出面調停，暗中「執曹君而分曹、衛之田以賜宋人」，激怒楚王，使其拒絕調停，激化了楚國與齊、秦的矛盾，使他們的利益與這場戰爭聯繫起來，從而由猶豫、觀望轉變成自覺的參戰行動。

「屈諸侯者以害，役諸侯者以業，趨諸侯者以利」（《孫子兵法‧九變篇》），晉文公及其幕僚的外交謀略和操作藝術構成了他們戰略管理思想中最爲光彩奪目的一章。

(4)唯才是舉，知人善任。人的管理在戰略管理中佔有舉足輕重的地位，人才的使用在晉文公的爭霸過程中也起了決定性的作用。

早在文公流亡時，身邊就吸引了趙衰、狐偃、介之推等一批忠臣良將，文公回國後，這些人都成了股肱之臣；在整軍經武過程中，文公又提拔了郤縠、郤臻、欒枝、先軫、荀林父、胥臣等一干能臣，使晉國成爲諸侯中人才最爲鼎盛的國家。

在人才的使用上，文公也是可圈可點。趙衰仕原、先軫謀帥均是知人善任的傑作。先軫更是春秋戰史上與管仲、伍員、孫武一時瑜亮的人物。

君臣協和，新興之晉戰勝了積盛的楚國。文公死後，晉國仍能保有百餘年的霸主地位，其根源正在於晉文公在世時培養出一個卓越的智囊團，與管仲死後，齊國霸業迅速衰落形成鮮明對照。

戰略適應

成功戰略的本質在於戰略的適應性。從晉、楚爭霸過程中雙方力量消長可以看出：環境、資源、組織是戰略三個非常重要的因素。各種要素和戰略之間應有適應的關係，即環境適應、資源適應、組織適應，只有在三個適應同時具備的條件下，戰略才能成功。

(1)環境適應。所謂環境適應是指戰略的內容與環境變化的動向相適應。一般來說，環境是組織不可控因素，爲了發現機會，窺避風險，必須對環境進行分析。晉國君臣對中原爭霸環境的分析主要從三個層次上展開：①全局性的一般環境分析。主要分析文公立國伊始整個中國（中原、南蠻、北狄、西戎、東夷）的政治格局，找出當時主要社會矛盾，制定了「尊王攘夷」的策略。②重要地區和國家的主要環境分析。晉、楚爭霸中矛盾主要集中於晉、楚、齊、秦、宋、曹、衛等七個諸侯之間，這七個地區在歷史上與文公均有割捨不斷的聯繫，又對當時中原軍事格局有重大影響，文公君臣在分析了七國之間的利益與糾紛之後，提出爭取齊、秦，報答宋國，分化曹、衛，孤立楚國的方針。③特定國家、特定地區、具體操作環境的分析。比如在決戰過程中，文公君臣對兩軍士氣、曲直，乃至戰場的分析，作出「退避三舍」的決策。

(2)資源適應。組織的資源有限，且特點不同，認真考慮資源的限度，制定出具有特色的戰略，是戰略的資源適應。從本質上來說，它包括三方面內容：①在戰略的實行上是否有必要的資源保證？②戰略是否能有效地利用組織的資源？③戰略是否能有效地積蓄資源？

資源的積蓄決定著組織的戰略實行能力，而戰略實行的過程也是資源的積蓄過程。實力弱於楚的晉國之所以能最終戰勝強敵，正是因爲採用正確的戰略，在實行的中間積蓄了資源，便雙方力量反向消長，最終發生質的改變。

分析晉國實力的增長，不得不提到「看不見的資產」的理論。所謂「看不見的資產」，在這裡是指政治優勢、情報系統、組織形象、組織文化、公共關係等等人們用眼睛不能直接看到的資源，也可以說是增強組織競爭力的最終的源泉。這種資源根據組織採取的戰略，透過各種波及效果被積蓄、被利用，然後再被改變。晉國所擁有的看不見資產包括透過「尊王攘夷」所取得的挾天子以令諸侯的特權，經由「報施救患」樹立起來的重義守信的形象，以及文公教民三部曲所創設的重義、守信、知禮的社會文化，正是這些看不見的資產在爭霸過程中逐漸轉化爲周室的封地、諸侯的援助、戰鬥力的提高等有形資源，才重創了楚軍。

(3)組織適應。組織是指決策中人的集團。即在戰略中重視和強調「人」。它包括兩方面內容：①強有力的決策群體及群體內成員健康的心理欲求。②所有與戰略相關的人員（組織成員、競爭者、戰略爭取對象）對戰略的心理反應。

晉文公建立了一個強大的決策集團，而且君臣協和，「少長有禮」，所以能科學而全面地分析形勢，制定出正確的戰略決策。反觀楚軍，決策者失誤和決策人員之間意見相左給戰爭帶來巨大陰影。楚成王明知子玉的對手「險阻艱難，備嘗之矣。民之情僞，盡知之」，老謀深算，「有德不可敵」（《左傳・僖公二十八年》），又了解到子玉出兵的目的是「非敢必有功也，願以間執讒慝之口」，不但不嚴令禁止，卻抱僥倖心理，派去援兵，又不派出主力，進退失據，終致決戰失敗。「主不可怒而興師，將不可慍而致戰」，戰略的組織適應對決策者有著嚴格的要求。

另一方面，戰略的實行不僅是制定戰略的少數人的事，而且要依靠金字塔形的組織和全體人員的努力，集體的力量決定著戰略的成敗與否，如果戰略內容必須要發動組織全體成員去努力實現，那麼在實施戰略時就必須注意到組織的控制。周襄王二十年，文公破曹之後，顛頡滅僖負羈一門，嚴重威脅到「報施救患」戰略的實行，文公不惜殺顛頡循師，正是有鑑於此。

綜上所述，環境適應、資源適應是從經濟分析的角度考察戰略之優劣，而任何戰略的制定、實行無不出於人的思想、行爲，所以，組織分析更是戰略管理中本質的因素。好的戰略應是環境適應、資源適應和組織適應動態均衡的統一體。

◎草船借箭

赤壁大戰時期，周瑜請諸葛亮共商軍事。周瑜問諸葛亮，「在水上交戰，用什麼兵器最好？」諸葛亮回答說，「弓箭最好。」於是周瑜提出，「現在軍中缺箭，請先生你負責趕造十萬支。」諸葛亮當場表態說，「如果三天造不好，我甘願受罰。」周瑜聽了頗爲不服，想藉此機會來整治諸葛亮。周瑜走後，諸葛亮對魯肅說，「希望你能藉給我二十隻船，每隻船上要三十個軍士，船要用青布幔子遮起來，還要一千多個草把子，排在船的兩邊。」至於有什麼用處，諸葛亮並不詳提。魯肅於是背著周瑜撥了二十隻船，並且按照諸葛亮的吩咐，做好了準備，聽候調度。一天、兩天過去了，卻不見諸葛亮的動靜，一直到第三天四更時分，諸葛亮才把魯肅請到船裡一起去取箭，二十隻船用繩索連接起來，朝北岸駛去。

這時，江中大霧彌漫，船靠近了曹營水寨，諸葛亮命令船上軍士擂鼓吶喊。魯肅擔心地說：「如果曹兵出來怎麼辦？」諸葛亮笑著說：「霧這麼大，曹操一定不敢派兵出來。我們只管飲酒取樂，天亮了就回去。」果然，曹操聽到鼓聲與吶喊聲，不敢輕易出兵，就急忙調來六千名弩手，一齊朝江中放箭。不一會兒，諸葛亮下令把船頭掉過來，繼續擂鼓吶喊，逼近曹軍水寨去受箭。天亮時，船兩邊的草把子插滿了箭，諸葛亮吩咐軍士齊聲高喊：「謝謝曹丞相送箭。」接著二十隻船駛回南岸，曹操知道上了當，可是諸葛亮的船順風順水，飛一般地駛出二十多里，追也

來不及了。

船靠南岸，周瑜派五百名軍士來取箭，每隻船約有五、六千支箭，總共十萬支。周瑜知道了借箭經過，說：「諸葛亮神機妙算，我真不如他。」

在今天看來，這個膾炙人口的故事，不僅僅只是「神機妙算」，而且蘊含了深刻豐富的管理思想。

他山之石可以攻玉

草船借箭的可貴之處首先在於一個「借」字。同樣是三天以內需要十萬支箭，周瑜想到的是「造箭」，諸葛亮卻想到「借箭」。依當時的情況看來，造十萬支箭需要的原料、人力、時間都是無法達到的，手中擁有的資源是非常有限的，可是需求卻不會因此而減少。「造箭」不成之時，「借箭」不失爲一條難得的思路：自己擁有的資源固然少，可是周圍的環境中，對手手中擁有較多這樣的資源，如何利用他們來爲自己的需求目標服務，這便是「借箭」思想的由來。在現代企業經營中，資源的短缺（包括生產資源、能源、勞動力、時間、人才資源等諸多方面）是一個普遍的現象。資源是有限量的，隨著市場的不斷開拓，商品需求的不斷增加，局部與整體的資源短缺不可避免。面對整體的資源短缺，我們可以仿效「把蛋糕做大」的做法加以彌補，而作爲一個單個的企業而言，面臨的是一種局部的資源短缺。這時，企業最好的處理方法就是有意識有目的地運用一定的技巧，促成所在市場、所處環境中的資源流向本企業，即從企業本身入手，增強企業的吸引力，提高企業信譽，積極地引導資源流向。傳統的「小而全，大而全」模式已經越來越不符合市場經濟的要求，在一味「造箭」已不能滿足企業的需求以及經營的經濟性時，市場競爭的日趨激烈也要求管理者們從一味「造箭」的思維框架中走出，拓出一條「借箭」的思路。

資訊與預測是管理決策的基礎

萬事萬物都處在複雜的系統之中，企業也是一個複雜的系統。在企業的生產經營過程中有兩種「流」在起作用，一是物流，二是經濟資訊流。資訊作爲客觀世界中各種事物的變化和特徵的反映，是客觀事物之間聯繫的表徵，其範圍十分廣泛。整個管理資訊系統也是一個容量很大的系統：天文、地理、數學、心理學、社會學、經濟學、行爲分析理論等方面的思想都可以包含其中。諸葛亮草船借箭之所以會取得巨大成功，就是因爲他在事前已經對氣候（取箭之日大江上大霧彌漫）、地理條件（江心）、人的心理（曹軍聽到江上的鼓聲與吶喊聲後可能作出的反應）等都已經有所了解，並作了正確的預測。整個過程實際上是資訊的搜集、推理，繼而作出良好決策以致成功的過程。於是，資訊與預測對一個良好決策的作用可見一斑了。在現代社會中，科技日新月異，電腦技術已被日益廣泛地應用到經濟管理的各個領域，對企業經營活動所需的各種資訊的搜集、歸類、存貯、傳遞、運用等處理的手段也越來越多，由於市場活躍，經濟資訊本身帶有不確定性，只有真實、及時、全面的資訊，才能幫助管理者進行科學的預測，相反，錯誤的、過時的、片面的資訊卻常常會起到誤導作用。因此，準確的資訊和科學的預測是達到既定目標的重要保證，只有善於根據客觀實際情況進行預測，才能在複雜的競爭中取得主動權，達到預期的目的。

心理分析在管理活動中的作用

草船借箭中有兩個心理活動及分析過程：其一是諸葛亮與周瑜之間的心理交鋒，周瑜妒賢忌能，本想藉造箭之機整治諸葛亮。諸葛亮對此心知肚明便避開與周瑜的正面衝突，而讓魯肅背著周瑜備草船。諸葛亮這裡的用心是良苦的。草船借箭的目的是爲了得到十萬支箭以供軍需，若內部（諸葛亮與周瑜之間）發生矛盾，將會影響到戰事的成敗。故諸葛亮從大局出發，不將借箭之策說出，避開了與周瑜的矛盾衝突，並藉此表現了自己的才能，讓周瑜口服心服。其二便是諸葛亮對曹操用兵的心理揣測：江上霧大，而且鼓聲、吶喊聲遍起，曹軍無法判知敵方兵力，故不敢輕易出兵。

這兩次心理活動，都對草船借箭的成功有著非常重要的作用。只要有人存在的地方，便有心理活動的存在。人處於社會的相互聯繫之中，心理上的交鋒、碰撞，乃至心理分析，互相的心理揣摩，都交織在組織的內部關係與外部聯繫中，心理學與管理學已經日益顯出不可分割、相輔相成的關係。生產經營上的競爭，很大程度上包含了心理戰。對競爭對手心理預測的正確與否，對組織內部的心理協調是否恰到好處都將影響到組織的凝聚力和競爭力；組織內部的人員組合，組織規範，以及領導者協調關係的方式方法，都會對組織的外在形象與內在素質起作用，研究並運用好管理心理學，已成爲現代企業走向成功必不可少的一節。

◎明安九邊

明朝是在推翻蒙古族統治的基礎上建立起來的。明王朝建立後，蒙古勢力雖然失去了在中原的統治，但其分裂的各部只在明初的長期戰爭後才先後臣服於明朝的。到了明正統年間，蒙古的瓦剌部落逐漸強大起來而成爲明之勁敵，並於正統十四年（公元一四四九年），在土木堡俘虜了明英宗，史稱「土木之變」。從此，明王朝失去了對蒙戰爭的主動。至嘉靖年間，蒙古俺答汗部成爲各部中勢力最強者，其次還有河套的吉囊部和遼東的土蠻部，他們都曾多次騷擾明邊界。

爲了抵抗蒙古軍隊，明朝在遼東至甘肅的邊防線上設立了遼東、薊鎮、宣府、大同、山西、延綏、陝西、寧夏、甘肅等九個邊鎮，合稱「九邊」。邊軍，以及駐守北京的京軍是用來對抗蒙古的主要軍事力量。但是，由於邊備久廢，國庫空虛，明軍的戰鬥力非常弱，明王朝無法用武力解決邊境上的困境。「九邊」自此烽煙不息，蒙古軍不斷地入侵內地，給明朝的北方地區甚至京師造成嚴重的破壞和威脅。

蒙古軍隊的入侵，使明王朝意識到若不妥善解決這一問題，將會重蹈宋、元之覆轍，經過分析，明王朝九邊危機的發生，其根本原因在於明軍極爲低靡的戰鬥力，以及久廢的邊備，時值明中葉，高中級軍官多爲世襲，他們不懂得操練士兵，再加上軍官虐待士兵造成士兵的逃跑，使得京軍與邊軍的編制嚴重不足，雖然號稱百萬之眾，實則精兵莫過數萬人。於是從嘉靖三十七年便開始整軍備戰，在薊遼總督楊博及張居正的主持下，鞏固邊防政策得以很好的實施。一方面，他們獎功罰罪，撫恤陣亡者，極大地提高了士氣，激發了他們的戰鬥力；另一方面，大力督促邊將修繕邊防工事，修建牛心諸堡、烽堠、壕溝等邊防設備抵禦蒙古騎兵的衝擊；再者，重用、提拔善於帶兵的將帥，如戚繼光、譚綸等。邊防的鞏固阻遏了蒙古貴族入侵的勢力，也使明王朝在和平談判中佔據了主動地位。

發展邊貿、換取和平，是明王朝的又一措施。明王朝相繼在隆慶四年、五年，陸續在大同、宣府、山西諸邊開市，並批准了俺答、吉囊等部的封貢互市請求。在互市中，蒙古與明朝都取得了很大的經濟利益。蒙古透過互市取得了草原上急需品，如鹽、茶、鐵、布等物資，明朝則獲得了大量戰馬及牛、騾、羊等牲畜。透過互市，換來了和平，省卻了烽火中的財政負擔，也省卻了百姓在轉運軍餉，連年征戰中的痛苦，實爲英明之策。

除以上兩方面外，明王朝還從各個方面穩定與蒙古貴族之間的和平關係，以換取九邊的安寧。

隆慶六年十二月將被扣押的蒙古使節交還俺答，同時對俺答之子賓兔台吉的騷擾也以開放甘涼互市而換取友好的關係，除了對俺答部落的安撫外，明王朝還利用戰場上的勝利安撫土蠻、女真、朵顏等部。其中，明朝一面不惜重金進行招撫，如在萬歷元年七月，撥給薊鎭招安費達八千餘兩；再者對挑起邊釁而不悔過的部落酋長既往不咎，使他們甘心歸附明朝；第三對破壞和好關係的明朝官吏嚴加懲罰。

由於明王朝的安撫措施，一環緊扣一環，步步銜接和推進，使九邊終得安寧。明王朝的策略，給後人留下了很深的啓示。

戰略推移——戰略決策的第三要素

戰略決策歷來爲治國齊家者所重視，因爲它有牽一髮而動全身的功用，戰略上的成功是最大的成功，這需要戰略決策者的眼光和判斷力。戰略是基於現實，爲了達到未來目標而作的。戰略決策受內外環境影響很大，一成不變的戰略是無法達到最終目標的，特別是中長期戰略中，我們更應該注意對原先戰略的修正和推進，從而使戰略更適合於環境，呈現出靈活性和階段性。

通常情況下，在經營實表現有環境與挑選的經營範圍之間，有一條不大不小的鴻溝。由於時間和條件不同，填平這條鴻溝會遇到各種障礙，而經營實體在處理這些障礙時，又會受到人才、資金、現有外界關係和其他資源方面的限制。因此，避開障礙，實行戰略的推移就成了決策的重點。

戰略推移，首先在於戰略的移動和變換。明王朝安撫九邊的整個過程就是如此，從整頓國防、增強實力入手，而後又採取開放互市，發展貿易，換取和平的策略，最後又採取安撫關鍵人物的策略。策略的變換是歷史的必然，如果明王朝只停留在整頓國防這一層次上，未能從心底裡徹底地安撫九邊，雖然可免受入侵之苦，但要在防範蒙古的隨時騷擾上下大力氣，增加軍餉，增加財政負擔，轉而增加百姓賦稅、徭役之苦就不可避免了；而戰略一旦轉變爲主動爭取和平，既可免去戰爭之苦，財政負擔也減輕了不少，關鍵的是還可以從雙邊貿易中獲取經濟利益，真是一舉多得的事。

戰略推移，不是盲目的移動，而是朝有利於自身發展的方向推動，是主動的去推而不是被迫修改策略，偏離了原先的方向、目標。仍以明王朝爲例，戰略上鞏固國防→發展貿易，若改爲鞏固國防→發動戰爭，征服蒙古，效果會是怎樣的呢？散落的蒙古部落也許會聯合起來，共同抗擊明朝，使明朝九邊不得安寧，連年征戰，國庫空虛，民不聊生。由此可見，戰略的推移，應該有方向、有重點。這是研究戰略推移過程中，最難決定的一個問題。

戰略推移方向是什麼，重點又在哪裡？這是一個企業、國家面臨環境變化，或者即便環境不變而自身要求進一步發展時都要考慮的問題。對這個問題的回答是由不得半點的草率和主觀臆斷的。必須重新考慮組織目標是拓展，還是維持，抑或撤退，同時還要考慮企業在原先選定的競爭範圍中是否仍有優勢，以及戰略推移可能有的幾個方向，對每個新的方向，企業、組織要在內、外環境中採取哪些步驟，這些步驟是不是涉及企業、組織的重大變革，有沒有阻力，是不是可行。唯有經過全面、仔細的考慮，戰略推移的重點才能很好地被確定。

忽視戰略計劃的既定組成部分——戰略推移，就會偏離選定的方向，失去使戰略從思維到行動的「聯繫環節」。戰略推移除了要考慮方向外，還要考慮推移的時間和程序，在太多太快、太少太慢之間運籌得當、駕馭自如。明王朝若把發展貿易擺在鞏固邊防之前，就無法在談判桌上佔有利局勢，就無法發展真正的便利於雙方的貿易。一些行爲必須先行一步，例如兼併土地必須在廠房建築之前完成，購買證交所磁卡必須在投資股票之前完成。當推移的程序設計好後，就要決定推移的速度。如新產品進入新市場的時間，換代產品進入市場的時間。過早進入市場，若不是引不起注意，要不就是會使舊顧客拋棄仍有生命力的舊產品，而過早地將目光轉向新產品，對企業的銷售都不能產生最佳效果。過遲進入市場，若在原有產品完全退出市場，市場出現很大一段空白後進入，不但給競爭者造成了可乘之機，而且還引不起新舊顧客群的注意。當然，也有反其道而行之，並取得成功的例子，這些都說明我們要注意戰略推移的時間概念和程序選擇，以幫助完成戰略的實施。

關鍵角色——一個新的資源

從更深的意義講，一個企業的生存和成功不是依靠於所處環境中關鍵角色的支持，就是取決於各種關鍵角色挑選中給我們帶來的好處。我們生活在相互依賴、相互依託的世界，風雲變幻的世界航船需要我們具有敏銳的眼光，洞察關係我們命運的關鍵人物的一舉一動。

對一個企業而言，關係其經營效益的因素很多，資源提供者和顧客、競爭對手、政府立法機構都是企業要密切關注的關鍵角色和對象。資源提供者和顧客是企業要討好的對象，而競爭對手是企業要對付的對象，政府立法機構則是企業要拉攏和尋求幫助的對象。分析這些關鍵角色的行爲準則、心理需求以及未來行動，預測他們在自身採取某一行動後的反應，都是企業成功的必備條件。

抓住了關鍵角色、關鍵人物，事情往往會迎刃而解。明王朝對內治理過程中，抓住了戚繼光這個關鍵人物，因其用兵威名震寰宇，讓戚繼光守重鎭，可保萬無一失，後來事實也證實了這一點。在安撫散落的蒙古各部落中，明王朝始終抓住一切機會與最強者俺答部落保持好關係，多次以誠示之。如隆慶四年，俺答之孫把漢那吉因婚事不遂賭氣出走，明朝宣大總督王崇古力主優待把漢那吉，並伺機將其送還俺答以示誠意，這一行動大大感動了俺答，並主動與吉囊等部一起向明朝請求封貢互市。在後來的多次衝突中，俺答都極力約束其他部落，在萬歷四年還責成侵擾明朝邊境的打喇明安部銀定台吉及其子賓兔台吉向明政府謝罪。

把關鍵角色當作一種新的資源，也就是說企業主動地在人際關係中尋求合作的夥伴，並使關鍵角色爲其服務。爲達到這一點，就要做到相對權力的平衡，一個企業總有優於其關鍵角色的權力範圍，這個範圍不可能是無限制的，有限制的權力範圍就是相對權力。在分析了關鍵角色的相對權力後，企業要拿出與之相抗衡的相對權力才能使關鍵角色爲其服務。顧客有選擇產品的相對權力，而當企業了解了這一相對權力，若能生產出優質、有效的產品，就擁有了抗衡的相對權力，顧客就會選購你的產品，爲企業的發展提供了支持。對競爭者亦如此，企業若能從其當前行爲中預測出其將來的策略，以及正確推斷出競爭者對企業行爲的反應，就有了相抗衡的相對權力，就能駕馭競爭者，成爲商場的勝者。

忽視關鍵角色的作用，如同失去了靈魂，而只有把其看作前進發展中的一種資源，才會如魚得水，無往而不勝也。

6 國國交往

◎齊桓公九合諸侯

東周時期，周室日趨衰敗，歷史進入了諸侯霸權爭奪的時期。在當時的諸侯之中，實力較強的有：鄭，原建國在陝西，隨周室東遷至河南新鄭一帶；晉，在今山西南部，土地肥沃，戎狄雜處，國力漸長；秦雖初建，但在與戎族鬥爭過程中發展起來；齊居山東；楚有江漢地區及河南大片土地。諸侯各屬其地，累積實力，伺機圖霸。而齊桓公對內勵精圖治，對外積極有為，終於先著一鞭，成為春秋歷史上首位霸主。

齊桓公任用政治家管仲為相，推行富國強兵的政策，並在國門前張榜，徵集治國方略，無論大小，「次第行之」。三年之後，國力大增。於是，齊桓公乃派遣大司行（猶今外交部長）隰朋向周王室求婚，周王許婚並命魯莊公主婚將王姬下嫁，此舉不僅密切了齊國和周王室的關係，為桓公取得了王婿的榮譽，而且和奉王命主婚的魯莊公言和，從而化解了齊、魯兩國因長勺之戰而結下的仇怨，有一箭雙雕的作用。

有實力作後盾，齊桓公加緊圖霸。管仲勸他抓住周王這面旗幟，因爲周室雖然衰弱，它終歸是天下人唯一認可的最高權威。只有「奉天子以令諸侯」，「列國之中，衰弱者扶之，強橫者抑之，昏亂不共命者，率諸侯討之」，這樣使各國臣服，儘量不透過軍事力量而謀得霸權。桓公採納了管仲的思想，在王命的旗號下，和各國諸侯舉行了一系列的盟會，終於被周王朝賜予「方伯」之稱，成就了霸業。桓公曾自稱：「……寡人兵車之會三，衣裳之會六，九合諸侯，一匡天下。」這句話形象地說出了該戰略的效果。

茲將齊桓公圖霸過程中重要的盟會列示如下：

■爲宋君定位而初合諸侯於北杏。到會者有宋、陳、蔡、鄭、齊五國。起因是宋國內亂，新君即位而位猶未穩，因而齊奉王命，合諸侯以表示對宋國新君的承認。

■周惠王十年，鄭國請求與齊結盟，齊乃召集宋、魯、陳、鄭四君，同盟於幽。其後齊爲周室賜爲「方伯」。

■召陵之盟，該盟會上增加了一個重要的國家，即地處偏僻而實力強大、野心勃勃的楚國，它在齊國集合宋、魯、陳、衛等七國大軍的威懾下，不得已而請盟。至此，齊桓公威及江漢等偏遠地區。

■首止會盟。齊桓公集中八國諸侯在首止與周王室的世子鄭相會，作出各國諸侯擁戴未來王位繼承人的姿態，使當政的周惠王更立世子的打算無法實現，避免了殘酷的宮廷鬥爭，而且市恩於世子，以圖往日之報。

■會盟於洮擁戴世子爲王。周惠王病死之後，齊合八國諸侯於洮，出力扶世子鄭爲王，是爲襄王。

■葵邱之盟。周王表彰桓公擁戴之功，命太宰親至齊國面謝，齊桓公大張其事，大會諸侯於葵邱。這次盛會標誌著齊桓公的事業達到頂峰，齊國無論是實力還是威望，均成爲當之無愧的霸主。

現代公共關係理論

公共關係理論是現代管理學理論的重要組成部分，它是企業經濟效益和社會效益相結合以謀求發展的理論，是企業經營管理從企業內部管理控制延伸到企業外部環境的表現。這裡援引英國公共關係研究會的定義：公共關係工作是某個組織爲其公眾建立和保持相互理解而採取的經過深思熟慮的、有計劃和持久的努力。它既包括組織爲建立和保持與組織外部公眾的相互理解而採取的努力，又包括組織爲建立和保持與其內部人員的相互理解而採取的努力。前者可稱爲對外公共關係，後者可稱作對內公共關係。

任何一個組織，它必定存在於一定的環境之中（包括內部環境和外部環境），它必定和環境發生各種各樣的關係，因而組織必須充分認識自己的環境，並依據對環境的認識有意識地規劃自己的行動，抓住有利條件，減少甚至避免不利因素的影響，最後達到組織目標。從這個方面看來，任何組織的公共關係工作都是有意義的。不僅企業等盈利性組織要設法做好公共關係，其他非盈利性組織，只要希望達到一定的目標，都同樣應有公共關係工作，專業社團、福利機構、武裝部隊、甚至一國政府都應自覺地在這方面努力以取得主動權。

齊桓公九合諸侯是國與國之間公關的範例

在東周初年的諸侯國之中，齊國並不是一個實力超群的強國。在齊桓公大合諸侯之前，齊、魯兩國之間發生了「長勺之戰」，在謀士曹劌的幫助下魯軍重創齊軍。齊桓公初問計於管仲時，管仲曾客觀地評價道：「當今諸侯，強於齊者甚眾。南有荆楚，西有秦、晉。」而齊國「立盟定伯」（即稱霸諸侯）的戰略目標已定，採用何種方法去實現組織目標呢？靠打硬仗顯然會頭破血流，唯一的道路是以實力爲依託，在爭取人心上做文章，因此管仲助齊桓公定下了策略：「奉天子之命以令諸侯，內尊王室，外攘四夷……海內諸侯，皆知我之無私，必相率而朝於齊。不動兵車，而霸可成矣。」因此，簡而言之，齊桓公爲了實現組織目標，選擇了以公共關係爲突破口的道路。在周王室的旗號下，大肆進行國與國之間的公共關係，這是從這個事例裡看到的第一點。

從這個歷史故事裡看到的第二點，是齊桓公在管仲幫助下制定公關戰略以後，立即著手實施，排除了許多干擾因素，實施起來非常堅決。北杏之盟爲宋君穩固了統治，齊國有了初步的追隨者，但是有許多應邀而未至的諸侯，如魯國莊公就是受邀而不至的諸侯之一。齊桓公毫不猶豫地率與會國同盟軍壓境問罪，使之屈服，並答應會盟以後就適時地退兵。地處南國的楚開始有圖謀中原的企圖的時候，齊桓公假天子之命，集諸侯聯軍南下擊楚，因楚是主地作戰，兼之國力雄厚，且得少數民族相助，故戰端一起，諸侯聯軍實無必勝把握，更絕無速勝的可能。齊桓公在「口服」、「心服」兩者之間選擇了讓楚「口服」，在列數楚的罪狀時避重就輕，不提及楚的大罪（僭號稱王，因爲當時唯周主可稱王），只責問其小錯（每年應進貢給周王的包茅沒有進貢），在顧全楚的面子的前提下讓其屈服。類似的例子還很多，這說明齊桓公將實力和公共關係手段巧妙地結合在一起。戰爭會消耗實力，所以雖然在必要時候以軍力輔助公關，但只要能達到目的，使敵人屈服，就儘量避免大戰。齊桓公的公關戰略其實是直接服務於其國家戰略的。

從這個歷史故事裡看到的第三點，是齊桓公以實力爲保證、以公共關係爲突破口的策略是一個整體，不可分割。前面我們介紹過，齊桓公任用管仲秉政，國家實力得到了加強，他在國與國之間大肆進行公共關係的同時，沒有忘記國家內部的公共關係。從善如流，使下層的意見都有實現的機會；舉賢任能，使人才慶幸能大展宏圖。內外兼治，焉能不霸？

從這個歷史故事可以看到第四點，就是在公關上尋突破的策略既定以後，齊桓公抓住一些機會在諸侯之間佈德。他打出周王的旗號，爲當時衰弱的周王室所樂見，也符合當時忠君的道德；北杏會盟爲宋君定位，不唯取悅於宋君，且在諸侯之前建立了形象；集中諸侯國力量爲遭戰亂的衛、荆修築城鎮居室，使遇難的兩國君民感激涕零；桓公也不在小國諸侯前自傲，一次燕侯送他通過燕境的時候，爲了表示恭敬而送入了齊境六十里地，齊桓公覺察了以後命令將這六十里土地割讓給燕國以示自責。齊桓公在交往中始終注意自己以德服人的形象，終於贏得了廣泛的尊敬。連敵國的臣子都感嘆：君若以德綏諸侯，誰敢不服？

齊桓公九合諸侯故事的引申

這樣一個歷史故事具有一些比以上分析更深一步的內涵，對之作更深一步的分析，對於組織公共關係的實踐者無疑是有藉鑑意義的。

要做好公共關係，必須做到價值、英雄、儀式三者的結合，這是優秀的公共關係活動的三個必備要素，三者缺一不可。

(1)價值。就是一個組織所倡揚的價值觀，它認爲什麼是正確的，什麼是錯誤的。如在本例中，齊桓公抓住傳統道德中「忠君」的價值觀，在諸侯之間倡揚，奉天子以令諸侯，使自己在公共關係中形象鮮明，穩居主動地位。在企業公共關係實務中。也應該注意塑造企業鮮明的公關形象，讓公眾能夠輕易了解、熟悉並進而接受你的價值觀。沒有價值觀，就不可能有鮮明的企業形象，這也是公共關係工作的大敵。舉凡注重公共關係的企業，企業文化建設必走在前面，必定要有明確的價值觀。

(2)英雄。要清晰地表達組織價值觀並使之具有影響力，必須使價值觀人化，或者物化，或者儀式化。重要方法之一就是宣揚一個或多個能代表所倡揚的價值觀的理想人物，從而把價值觀具體化、人格化。在本例中，齊桓公成功地將自己塑造成了英雄，他治國有爲，尊崇王室，仁義待人，和齊國國際公關中倡揚的價值觀十分吻合，這又豈能不成功?在企業公共關係實踐中，或者將企業的領導者，或者將企業的其他代表人物塑造成可圈可點的人物，可以使公眾更好地理解本企業的價值觀，產生認同感，拉近距離。

(3)儀式。將價值觀以一定的形式表現出來，是強化一種價值觀、促使公眾理解並接受一種價值觀的另一種重要的方式。價值觀如果僅停留在語言或文字表述的階段，而缺乏情境化的、具體的表達方式，它就必然只是乾巴巴的，難以使公眾自然而然地接受，恰當的儀式就完成了這種功能，因此，恰當的儀式是必不可少的。在本例中，齊桓公透過精心策劃，組織了諸侯間的九次會盟（當然，也可能「九」字只是言其次數之多，並非實指次數，因爲沒有找到確切的資料歷數全部的盟會），每次儀式都取得了應有的效果。這就讓我們想起日本的一些企業，爲統一員工理念而規定有晨誦社訓的儀式，它對於激起員工工作熱情、促使員工理解企業哲學的作用是非常明顯的。

作爲企業以及其他任何組織的公共關係的策劃者和實施者，從價值、英雄、儀式三方面來策劃及實施，這樣在思路上顯得清晰，在品位上比較高，實踐效果也比較好。應注意這三方面的聯繫，不可偏廢任何一個方面。

◎晏子使楚

晏子（？——前五〇〇年），名嬰，春秋時期齊國夷維（今山東省高密縣）人。他博聞強記，善於辭令，曾任齊國相國，以儉樸著稱，主張以禮治國，力諫齊景公輕賦省刑，是當時有名的政治家、外交家。有人把晏子與春秋初年著名政治家管仲相提並論。

春秋時期，諸侯稱雄爭霸，外交上的勝負，成爲當時兼併戰爭的重要輔助手段。晏子就是在這種背景下出使楚國的。

晏子將要出使楚國，消息傳到楚國。楚王對左右大臣說：「晏嬰是齊國中的善於辭令者，等他來後，我想找個法子侮辱他。」左右侍臣回答說：「在他來到時，請允許我們綑綁一個人，經過大王面前。於是大王問我們：『此人是幹什麼的？』，我們回答說：「『是齊國人。』大王再問：『犯了什麼罪？』我們繼續回答：『犯了偷竊罪。』」

晏子來到楚國，楚王爲晏子擺席接風。當酒喝到盡興的時候，兩位差吏綁了一個人來見楚王。楚王見後忙問：「綁著的人是幹什麼的？」差吏答道：「是一個齊國人，犯了偷盜的罪。」楚王看著晏子說：「齊國人原來是善於偷盜的嗎？」晏子離開座席回答說：「我聽說，橘子樹長在淮河以南就結橘子，長在淮河以北就結枳，橘和枳僅僅是葉子相似，它們的果實味道卻不同。所以這樣的原因是什麼呢？是水土不同。現在生活在齊國的百姓不偷盜，而來到楚國就會偷盜了，莫不是楚國的風俗人情能使人善於偷盜？」楚王聽了，笑著對晏子說：「聖人可真是不好捉弄的，我反而自討沒趣了。」

晏子折服楚王的這段話雖然不長，但卻有理有節，既維護了本國的利益，又說服了楚王，避免了爭論甚至更壞的結果，表現了晏子作爲傑出政治家、外交家的良好素質和應變才智。在這個經典案例中，可以得到很有益的啓發，比如，我們在進行國際公共關係活動時，其目標及原則如何確定，危機公共關係背景下應注意哪些談判技巧等。

國際公共關係

國際公共關係是指一個社會組織，如政府部門、企業或事業單位等，在與他國公眾的交往中，透過國際間各種資訊傳播活動，增進本組織與他國公眾之間的了解和信任，維護和發展本組織的良好形象。國際公共關係與國內公共關係不同，它是對外交往中的公共關係，是一種跨國界的活動。由於它面臨比一國複雜得多的他國公眾及公眾系統，因此不是國內公共關係的簡單延伸，它是一項複雜又高級的公關活動。

國際公共關係目標是國際公共關係的核心，指的是在一定時期內能控制一個社會組織的公共關係活動全過程的總目標和指導實施方案中各個具體目標。組織的公關活動將圍繞並爲實現這些目標而運營。國際公關目標與國內公關目標相比，更重視和強調跨國界的目標。國際公共關係的目標一般有長期目標、近期目標、一般目標和特殊目標。可以根據組織的目標系統列出目標體系圖表，然後確定相應的公關重點和所採取的策略。

確立目標的原則既有一般性，又有特殊性。首先要進行調查研究。如果是企業組織的國際公關，要對目標國的有關法律、規定，特別是海關稅率規定、利潤分成辦法、外匯管理體制、原料來源、勞動力狀況、工資水準及市場預測等諸方面進行全面調查了解。其次要確定重點公眾。爲確立目標，需研究有關國家公眾，但應有重點地進行。晏子善辯，反應機敏，楚王及其左右對晏子的特點做了重點研究。重點公眾應放在那些有代表性的公眾和組織面臨嚴重問題的公眾。還有就是要注意國際公關目標與組織整體利益目標的一致性。作爲企業或公司來說，國際公關活動的目標就是樹立企業在國外的信譽，發展和佔領國際市場，這與企業要獲取最大利潤的整體目標是一致的。楚王選擇「吾欲辱之」的公關目標與齊國生存發展的大目標相對立，晏子當然毫不示弱，予以反擊。

本世紀九〇年代以來，世界經濟、政治的格局發生了相應的變化。從全球經濟、貿易、科技發展的趨勢來看，從世界範圍內的政治形勢來看，投資國際化、生產國際化、經營國際化等經濟一體化發展，使一國經濟不可能超然於世界經貿之上，參與國際競爭是一國和企業發展的關鍵。在這種情況下，爲適應國際競爭的需要，國際公共關係作爲現代國際經營的重要手段，日益受到普遍的關注。

危機公共關係中的談判技巧

危機公關是在組織面臨危機時，所開展的專門性公共關係活動。而在這種背景下的談判則是相當困難的。要求談判者不僅要了解對手的談判動機和需求心理，而且要對談判的全過程，即從導入、概說、明示、交鋒直到最後雙方妥協達成協議都要有詳細的準備。但在其間貫穿始終的卻是一些談判技巧問題。談判的技巧很多，這裡主要闡述勸說的技巧和否定的技巧。

(1)勸說的技巧。談判中的勸說很重要，而危機背景下談判的勸說就更重要了。成功的勸說，不僅能消除誤解，還能達到談判目的。下面是一些勸說技巧：

以退爲進。在危機背景下談判，經常會遇到一些問題，使雙方陷於僵局，停止不前。此時不妨繞開話題，或作適當的讓步。這樣可能消除對立，使談判緩和。然後因勢利導，曉以利害，即所謂「將欲取之，必先與之」，這就是以退爲進。

類比藉喻。談判時，巧妙地使用類比藉喻等勸說技巧，提出一個看似無關，但卻能幫助你說服對方的話題來，等到對方參與甚至贊成談話結果時，再回到談判軌道上。楚王爲了羞辱晏嬰，以偏概全，霸道地認爲「齊人善盜」。晏子並不是與之針鋒相對，而是以一種坦然的語氣講述「橘」

與「枳」的同異，並藉用這一類比暗喻楚之水土使民善盜。

邏輯誘導。在相當多的危機談判中，談判的雙方並不是一味地無理取鬧，而是相反，爲了尋求雙方態度接近或一致，其有效途徑恰好是勸說的有效性。符合邏輯的勸說增加勸說的有效性。邏輯誘導勸說，也就是設定勸說內容的邏輯前提，並運用邏輯推理，導出邏輯結論，這對減弱對方戒備心理，化解對立情緒，增進彼此相互的理解是很重要的。「橘」與「枳」爲同一種植物，由於生長環境的改變，它在不同的地方生長，其果實的味道也就不同。晏子藉此說明，條件變化會使事物也發生相應的變化。在這個前提下，晏子接著指出齊人在齊國不盜，在楚國卻「善盜」，不正是楚地使人善盜嗎！這種符合邏輯地勸說，使得楚王馬上承認自己失禮，並表示了歉意。

(2)否定的技巧。在危機談判中，有時用勸說方式不能使雙方達成一致，而且在原則問題上又不能讓步，這就必須否定對方的某些要求和觀點。但是簡單粗暴的否定只能使談判更加緊張，更加充滿火藥味，甚至導致談判破裂。在一般情況下，這是雙方都想避免的。所以，否定對方也應有相應的技巧。

首先，應選擇適當的談話環境和氣氛。不同的環境對談話的心理會產生不同的影響，可能導致不同的結果。一般來說，優美、典雅、舒適的環境會使人減少煩惱憂慮，使人感到愉快、輕鬆、充滿友好的氣氛會漸漸消除對立情緒。當然也應因人而異。其次，否定對方之前，也應先贊揚對方值得贊揚的某些長處，這些長處可能是雙方的共同點、相似點，而不宜開門見山地擺出分歧。這樣，對方會認爲你站在他的立場上看問題，往往容易得到對方的認同，從而改變態度。再次，否認對方，要使對方有台階可下。應儘量說明自己這一方的情況，獲得對方的諒解，也許對方會換一個角度、一條途徑，或做出某些讓步，使談判繼續下去。如果一味責備對方，讓對方感到自尊心受到傷害，或簡單地直截了當地否定對方，使對方沒有迴旋餘地，談判極可能就此中斷。

在現代社會中，各種各樣的利益衝突越來越多，各式各樣的利益合作也越來越多，談判技巧也就越來越多，越來越高。晏子雖然生活在春秋時期，他出使楚國所使用的高超的談判技巧，我們提供了經典的範例。

◎劉邦進咸陽

秦二世元年（公元前二〇九年），陳勝、吳廣舉旗反秦，劉邦也在蕭何、樊噲等幫助下宣布起義。之後，他因性格寬厚仁愛，順利當上西征軍統帥，由於他戰略正確，戰術靈活，使他率領的西征軍很快攻入秦朝的都城咸陽。秦朝最後一個皇帝子嬰坐著白馬拉的車子，脖子上繫著繩索，手裡捧著已封存的秦國玉璽、兵符等在道路旁向沛公劉邦投降。就這樣，秦朝宣告滅亡。

劉邦進入咸陽城內，看到秦朝宮室華美，美女如雲，就想留在宮中居住，後經樊噲、張良勸諫，馬上醒悟過來，知道現在還不是享樂的時候，於是下令把秦國皇宮裡的各種珍貴物品封藏在府庫裡，自己率領軍隊回到壩上駐紮。

秦二世三年（公元前二〇七年）十一月，劉邦召集了各縣較有勢力、有影響的人物，向他們作了一次「公開演講」。他說：「父老們受暴秦的苛刻法令殘害已甚久了，說一句對朝廷不滿的話就要誅滅九族，兩人相對說悄悄話就要被殺頭。我和諸侯們有約在前，先進入關中的就在那裡做王，所以我在漢中稱王是應當的。我現在跟父老們就約定以下三章法律：殺人的處以死刑，打傷人及偷盜的受相應處罰，其餘秦法一概廢除。官員百姓都一如既往，要安居樂業。我到關中來的目的，是爲父老兄弟們剷除禍害，不是來侵擾百姓，大家用不著擔驚受怕。而且我之所以駐軍壩上，也只是爲了等待各路諸侯軍到來，共同定下規章。」接著，沛公又派人與秦朝的官員一起到各縣、鄉、邑去向民眾宣告講明。秦朝百姓都非常高興，爭先恐後地拿著東西慰勞軍士，劉邦辭讓不受，還告訴大家：「倉裡的糧食很多，不打算破費百姓。」百姓更加高興，惟恐劉邦不願在秦國逗留做王。

劉邦進入咸陽固然是由各種歷史條件促成的，如秦統治集團內部分崩離析；秦朝酷政喪失民心；以項羽爲代表的諸侯軍殲滅了秦軍主力。但劉邦取得勝利後，卻能不爲暫時的太平景象所迷惑，而是居安思危，趁熱打鐵，及時收買民心，贏得人民支持，表現了一位政治家的遠見卓識。回顧劉邦入咸陽的所作所爲，我們不禁深深爲劉邦目的明確、填密周到的公關戰略所折服。

公關對象確認

現代的公共關係，是一種特殊的管理活動。它透過一系列有組織的活動和政策影響公共輿論，確保自己的政策與行爲和公眾利益保持一致。它用以認定、建立和維持某個組織與各類公眾之間的互利關係，而各類公眾則是決定組織成敗的關鍵。因而公共關係活動有助於建立和維護一個組織與其公眾之間的相互溝通、理解、接受與合作。在劇烈變動的社會經濟環境中，如果一個組織要完成安全、平穩的行程，那麼認真、正確地評判不斷變化的輿論非常必要。一個組織要想達到目標，就必須監督、分析和影響公眾輿論。在秦末的動亂年代，劉邦從小小一個亭長變爲一名將領，根基不牢，初入咸陽，情況不明，立足未穩，如何盡快擴大自己的影響力，使自己的軍隊、政策得到百姓的擁護呢？「約法三章」實質就是劉邦爲達到此目的而進行的一次成功的公關活動。此舉及時鞏固了劉邦勝利的成果，加強並提高了他的威望，獲取了關中百姓的支持與愛戴，打下了牢固的群眾基礎。

公共關係活動以溝通爲基礎，透過溝通轉換、傳送和接受思想與資訊。溝通有三種基本要素：資訊源或溝通者、資訊、溝通對象。有效的溝通要求這三種要素都很好地發揮各自的作用。在這裡，劉邦是溝通者，他要宣傳的政策是資訊，民眾是溝通對象即資訊接受者。一個組織的溝通能力如何決定它的社會影響及輻射範圍，要進行有效溝通，就要考察溝通的各基本要素。

溝通者的信譽度取決於他的動機、信用歷史和專業水準，因爲這些品質標準爲目標公衆所掌握。溝通者較高的信譽度增加了公衆態度向有利於組織一面轉化的可能性，相反，較低的信譽度則減少了這種可能性。溝通者的知名度愈高，他的目標公衆就愈有可能傾向於將自己的信仰朝溝通者所倡導的方向轉化。

劉邦素以寬厚仁愛著稱。他曾押送戍卒去驪山服役，但他對刑徒的逃亡不是嚴加防範，而是「解縱所送徒曰：『公等皆去，吾亦從此逝矣。』」（《史記・高祖本紀》）結果獲得了「徒中壯士」的擁護。他之所以能當上西征軍統帥就因爲那些起義隊伍中的元老認爲他「仁而愛人」。在嚴酷少恩的環境中，他的這種性格很容易得到別人的擁護。同時，他在挺進咸陽的行軍途中，通令全軍，嚴禁搶掠。當時不僅秦朝官軍到處殘害人民，不少反秦義軍也常擾民。劉邦注意軍紀，保護居民，收到了「秦民喜」的效果。因此，劉邦在秦民的心目中已享有較高的信譽度，他的言行是能夠讓人信任的。

安民以定邦

劉邦的才能是傑出的。他有政治家的頭腦，面對紛紜複雜、風雲變幻的政治局勢，他能做出正確的判斷和把握；在方針大計上，他有長遠的安排和英明的決斷。他能以政治家的頭腦抓住問題關鍵，擊中要害，並卓有成效地處理與解決。告關中父老之語不愧是一篇絕妙的演說辭，簡明深刻，短短幾句話，既擺出了利益關係，又指出了解決方法。既交待了自己的政策以安民心，又不忘「放長線釣大魚」的好處，從中獲取百姓的信任。在關中父老紛紛前往軍營犒勞士兵時，他又堅決推辭，表明不願給百姓增加麻煩，處處爲民著想，顯示自己愛民如子的作風。此舉效果顯著，迅速籠絡了人心，給人們造成了他必做關中王，並能給百姓帶來安寧幸福生活的好印象。

資訊的內容非常重要，它必須對接受者具有意義，必須與接受者原有價值觀念具有同質性。一般來講，人們只接受那些能給他們帶來更大回贈的資訊，資訊的內容決定了公眾的態度。資訊還必須用簡明的語言來描述，使溝通對象容易理解，只有共同的利益與經驗才能提供相互溝適的橋梁，因而它還必須與接受者自身利益有關，以促使他們作出反應。

劉邦制定的政策是經過精心考慮的。因爲秦朝正是因爲苛政酷刑、殘忍暴虐而引起天下共誅之的。秦始皇很強調刑法的作用，秦二世統治時期，更是繁刑嚴誅。不僅窮苦人民，連許多有產之家和官吏也遭到刑罰，以致受刑戮者相望於道，激起國人對秦帝的痛恨。劉邦的高明之處在於他懂得推翻一個王朝，必須找出這個王朝失敗的根本原因，然後反其道而行之。在當時的歷史條件下，要想爭取人心，關鍵在於實行寬簡政策，以仁義之心待人。「得民者昌，逆民者亡」是千百年的歷史證明了的道理。

故而劉邦的政策極具針對性。「餘悉除去秦法」是針對「父老苦秦苛政久矣」提出的；「殺人者死」是針對「誹謗者族」提出的，秦時連誹謗都要滅族，我則廢此苛刑，只處死殺人者；「傷人及盜抵罪」針對「偶語者棄市」提出的，私語都被殺，我則按罪量刑。試想這怎能不受到關中百姓歡迎？所以劉邦一旦宣布廢除秦之苛法和旨在維持社會秩序的約法三章，就深得各階層民眾的擁護。在當時政局動亂的情況下明顯起了安定人心，爭取民心的作用。以後的事實也證明了這一點，後來楚漢相爭時劉邦幾次被項羽所困，都是由於「關中卒益出」而反敗為勝的。而項羽雖勇，卻只知燒殺搶擄，「所過之處無不殘破」，難怪秦人「大失所望」了。

溝通對象，作為訊息接受者是比較被動的，但他們對所接受的訊息可進行主動的選擇，一個資訊的接受與否完全在接受者的控制之中。人們樂於接受那些和他們原來的信仰與觀點相一致的思想，他們對某個問題愈關心，就愈有可能進行這樣的選擇。最容易接受資訊的溝通對象是那些自身的思想、觀點、要求、希望、態度和期望與資訊的內容有一致性的人們。一旦人們選擇了一種立場，那麼他的信仰就成為一道屏障，很難改變。

關中百姓飽受秦朝苛政酷刑之苦，性命朝不保夕，天天提心吊膽地過日子，生怕哪一天不慎觸犯法律而丟掉性命，他們的子弟被押送到全國各地服役，許多人戰死、累死，造成百姓家破人亡，流離失所。權臣當道，指鹿為馬、黑白莫辨。在這樣的高壓統治下，百姓敢怒不敢言，可是，他們內心多麼盼望有一位能維護百姓利益的代言人。劉邦曾打起反秦旗號，「天下苦秦久矣」，這正是廣大民眾的呼聲，從而獲得了熱情的支持，許多人加入了起義隊伍。他又宣布廢秦苛政，實行開明政策，一語中的，解除了關中百姓對劉邦軍隊的恐懼和擔憂，掀起了他們對秦朝苛政的同仇敵愾之心。又使官民各在其位，安居樂業，保證了社會秩序的穩定，這正是百姓急切嚮往的境界。這樣的政策得到百姓的由衷歡迎。劉邦召集的與會者，都是各地有影響的人物，他們的言行、好惡傾向對其他人有舉足輕重的影響，爭取了這些人也就爭取了大部分民眾。被派到各地的官吏也擴大了資訊的傳播範圍，在人民心中造成先入爲主的觀念：即劉邦必做漢中王，他是維護百姓利益的。從而對後來的諸侯產生排斥心理。

縱觀整個溝通過程，劉邦始終堅持了公關中最重要的一條原則：公眾利益原則。公眾利益，即爲大眾的意見和態度，還包括大眾的需要和價值觀。此原則把接受意見，改變態度，滿足需要，實現價值觀作爲企業公關活動的目標導向。它要求公共關係活動必須把公眾利益作爲最重要的因素予以考慮，把滿足目標公眾的利益作爲衡量公關效果的依據。

順應民心，才能獲得人民支持。當劉邦欲與項羽爭奪天下，問計於韓信時，韓信馬上指出劉邦的優勢：「大王你進入武關之後，秋毫無犯，免除了秦的苛刑，約法三章，秦中的百姓沒有不想您去秦地當王的。根據諸侯協議也該你做漢中王，對此關中百姓盡人皆知，現在百姓對你不在關中深深遺憾。大王若舉兵，關中之地只要你發一安民告示，就可拿下來。」這就是公關的力量。

劉邦的年代離我們很遠了，但他的做法對我們很有啓示。公共關係，的確是一門不能被忽視的學問。

7 集賢用賢

◎燕昭王求賢

戰國時期，各諸侯國的情況發生了變化，強大的晉國分裂成韓、趙、魏三個獨立的國家，而田氏家族也奪取了齊國的政權，這四個國家加上秦、楚、燕，歷史上稱為「戰國七雄」。七雄之間的爭鬥此起彼伏，相形之下，周王室的地位更見低下，淪為很小的國家。

公元前三一四年，燕國內亂，齊湣王任命匡章為大將率兵攻燕，在沒有遇到什麼抵抗的情況下長驅直入，一直進入燕國都城，殺燕王噲，並駐軍燕國。第二年，燕人擁立太子職為王，是為燕昭王。燕昭王復國之後，勵精圖治，決心報滅國之仇。

要治國，首先需要人才；要治軍，首先也需要將才。燕昭王復興燕國的第一步就是卑身厚幣，招攬人才。他對相國郭隗說：「齊國乘人之危使燕國蒙恥，我一定要報這個仇。然而我深知燕國人

才太少；難以如願，因此我想招賢士共治國家，先生能否介紹或者告訴我如何招致賢才？」郭隗說：「大王若果真要招賢，就請您拿我做受厚待的賢人的例子，比我才資高強得多的人就會聞風而來了。」於是燕王為郭隗修築宮室，待他以老師的禮節，聽教時請老師坐在尊位，每頓飯都親自進奉，恭敬到了極點。他又於易水旁邊修築高台，積黃金於其上，招徠四方賢才，命名為招賢台，又稱黃金台。於是燕王尊重人才求賢若渴的聲名傳遍四方，應者如雲。著名的有：劇辛自趙趕來，蘇代自周來，鄒衍自齊來，屈景自衛來，昭王均拜為高級參謀，讓他們參與國家大事。最著名的是自魏赴燕的樂毅，在燕國勵精圖治二十八年之後，他受命以上將軍率軍伐齊，濟水一戰殺得齊軍血流成渠，然後長驅直入齊境，齊湣王被迫棄國出逃，齊國除兩座小城以外，都歸入燕的管轄。「燕昭王求賢」的故事是一個典型的招賢、用才以求得事業成功的例子。它反映了以下管理思想：

(1)人才是事業成功的關鍵。燕昭王身受滅國之痛，復國以後，極思復仇，然而以當時燕國的實力，要和曾經是諸侯國霸主的齊國硬幹是沒有獲勝機會的——這實在是一項大的事業，要實現它，必須有卓越的人才來輔佐。燕昭王認識到了這一點，所以他言辭懇切地求賢，甚至說出了「可與共圖齊事者，孤願以身事之」這樣的話，實在是達到了「求賢若渴」的境界。從這個故事引申出去，遍觀中國歷史，凡有大成就的帝王，他們的身後無不聚集著一群有雄才大略的助手，漢高祖劉邦的帝業是在張良、韓信、蕭何的輔佐下成就的，蜀漢劉備的事業離開了諸葛亮恐怕無法想像，曹操的大業靠的是他身邊眾多的文臣武士的撐持，其他的，如唐太宗、宋太祖……有誰能夠憑著一腔熱血單槍匹馬試圖征服天下？由此可見，事業的關鍵因素是人才因素，有了人才，就可以規劃未來，創造條件，成就大業。這就是「得人者興」的道理，也就是「能以人事補天時地利之窮」的道理。

(2)不拘一格地選拔、任用人才。燕昭王的復仇計劃可以看作是燕國的戰略，戰略既定，需要一批賢才來實現它，於是燕昭王決定招賢。這次招賢有兩個特點：一是公開招納，二是不拘國別身分，五湖四海之士，多多益善。這些措施收效甚著，羅致了不少賢士。人才既至，必須加以任用，燕昭王在任用上不拘一格，對投奔他的蘇代、劇辛、鄒衍等都委任爲高級顧問（客卿），對自魏國攜家來投奔自己的樂毅，更是果決地把他提拔到副宰相（亞卿）的顯要位置上去，讓他有更大的天地可以施展經天緯地之才，這種勇氣是令人欽佩的。後來樂毅的功業也表明這個決策的英明。沒有眼光的領導者，常常在需要人才的時候感嘆沒有人才，就如羅蘭夫人在法國大革命高潮之際感嘆「法國沒有人才，遍地都是侏儒」一樣，其實人才怎麼會少呢？「十室之邑，必有忠信」，問題是如何恰當地選拔人才，讓人才脫穎而出。這個例子裡提到的選拔人才的方式有舉薦、公開招賢等。選拔以後，怎樣任用關係到能否發揮人才的效能，燕昭王不拘一格，量才任用，充分表現出了用人的膽略。

(3)要有禮敬賢才的態度，要重視對人才的激勵。燕昭王不惜重金，築黃金台招徠賢士，賢士招致以後，爲他們修築宮室，俸祿豐厚，在物質上盡可能地給予滿足，這就成功地進行了基本的激勵（或稱低層次的激勵）。在此基礎上，他還十分重視對知識分子進行自我價值等精神方面的激勵。比如他對郭隗「執弟子之禮，北面聽教，親供飲食，極其恭敬」（《東周列國志》），就很好地樹立了他禮敬賢才的榜樣。又如他對待樂毅。樂毅剛從魏至燕，是以魏國使臣的名義見燕昭王的，燕昭王以國賓的禮節來接待他，使他感激涕零，情願舉家投燕。以上兩個例子都說明了燕昭王不僅愛才，而且禮敬人才，真正做到「禮賢下士」。「禮賢下士」是善用人才的領導者的又一特點。因為真正的人才通常有強烈的自尊、自信和自我實現的需要，他們的需要突出地表現在精神方面，因此，要調動他們的積極性，僅有優厚的待遇還不夠，還要有尊重和對他們成就的承認，只有這樣，才能使他們全心全意，鞠躬盡瘁。精神激勵的作用是深遠的，諸葛亮在上給蜀漢後主劉禪的《出師表》中有一段話說得很清楚：「先帝不以臣卑鄙，猥自枉屈，三顧臣於草廬之中，諮臣以當世之事，由是感激，遂許先帝以驅馳。」簡言之，就是劉備「禮賢下士」的姿態引發了他的知遇之感，於是就以一生鞠躬盡瘁來報答，精神激勵的威力可想而知。

(4)要識人而用，一旦任用，就應用人不疑。中國古語云：用人不疑，疑人不用。這句話實際上說了兩方面的意思，一是作為領導者，要善於識人，找到那些有謀略又有投入感的人來加以任用；而在這些人發揮自己的聰明才智大展宏圖的時候，不能疑神疑鬼，對之多加掣肘，更不能忌賢妒能，使之功虧一簣。燕昭王對待樂毅的態度就堪為典範。他與作為魏使臣的樂毅一番晤談之後，敬愛樂毅的才識，所以當樂毅舉家離魏奔燕的時候，燕昭王立即拜為亞卿，恩寵有加，大事小事時常向樂毅請教。當樂毅率燕國大軍大敗齊軍，在齊境內編制郡縣，進行管理的時候，燕太子樂資將聽到的流言告訴燕昭王，意謂樂毅之所以沒有盡全力攻下齊國莒和即墨兩座城從而完全滅齊，是因爲樂毅有市惠齊人，欲自立爲王的野心。燕昭王怒斥了自己的兒子，對樂毅更加厚待，以至於「毅感泣，以死自誓」。在對待樂毅的態度上，燕昭王父子兩代君王的態度截然不同，他們勝敗的形勢逆轉也是完全可以預料的。燕昭王死後，其子樂資即位，是爲惠王。惠王即位後，惑於流言，派將軍騎劫代替樂毅的職位，樂毅俱誅奔趙。樂毅離開以後，齊境內形勢逆轉，騎劫不是齊國大將田單的對手，兵敗身亡，齊國終於復國。對待人才的態度不同導致結局迴異，人才的重要性可見一斑。

(5)從這個故事中，考察整個戰國時期人才輩出，大展宏圖的原因，恐怕也有藉鑑意義。戰國時期人才濟濟，耀眼奪目，樂毅、張儀、蘇秦、孫臏、吳起……究其原因不外乎三點：一是社會變革造就大批傑出人才，人才在事業中成長並脫穎而出，本例中燕昭王復仇興國的大業，就集中了大量的人才，並使其中佼佼者脫穎而出；二是人才起於草野，沒有學校制度，因而人才流動極爲頻繁，朝爲秦臣，暮爲楚士的事例屢見不鮮，所以諸侯要想稱霸，必須網羅人才，在競爭之中，得士者昌，失士者亡；三是文化上的百家爭鳴，使人才思路開闊，創造性地貢獻自己的才華。這也是我們從這個故事所看到的人才和社會背景的關係。

「燕昭王求賢」這個故事表現了中國古代管理思想中「以人爲本」的思想，在這裡我們可以看到中國管理所追求的君臣相得、如魚得水的境界，可以看到中國古代管理思想中對人才的重視、任用和激勵，這些都可資藉鑑。

◎楚漢之爭

公元前二二一年，秦王嬴政在先後吞滅韓、趙、魏、楚、燕、齊六國之後，建立了中國歷史上第一個多民族統一的中央集權封建國家，並自號始皇帝。建國後，秦始皇爲了鞏固統一政權，實行了一系列政策和措施，發展了封建經濟和文化，但他的暴虐統治給人民帶來了深重的災難，使得民不聊生，怨聲載道。秦王朝的統治僅僅傳至秦二世（公元前二〇七年），即被風起雲湧的農民起義推翻了。

推翻秦政權的鬥爭，是以公元前二〇九年暴發的陳勝、吳廣領導的農民起義爲先導。同年九月，原楚將項燕之子項梁及其侄項籍在吳（今蘇州）起兵響應，原爲秦之亭長的劉邦也在沛城起事。秦二世二年，項梁敗死定陶，其侄項羽取得了軍隊的領導權，從此便形成了劉邦、項羽這兩個當時最爲強大的軍事集團。兩大集團在秦亡之後逐鹿中原，展開了激烈的鬥爭。最後在公元前二〇二年，劉邦的漢軍與項羽的楚軍決戰垓下（今安徽境內），漢軍十面埋伏，擊潰了楚軍，項羽突出重圍，自盡於烏江，終以劉邦獲取勝利建立漢政權而告終。

秦二世三年十二月，章邯投降項羽，劉邦則沿黃河南岸向西進攻，破武關，繞過嶢關而攻入咸陽，秦王朝就此解體，而楚漢之爭也就由此揭開了序幕。

劉邦攻入咸陽之後，項羽也相繼入咸陽，項羽遂尊楚懷王爲義帝，以彭城爲都，自立爲西楚霸王，大封諸侯及諸將。劉邦入關後欲稱王關中，但因慮及項羽強大的勢力而不得不暫作屈服，從蕭何之策，接受項羽漢王之封而就漢中，而後即在巴蜀之地安撫民心，收取賢才，以圖天下。項羽大封諸侯後不久，就相繼發生了齊、趙之亂。田榮殺齊王田都後自立爲王，並收彭越擊敗濟北王田安，盡收三齊之地，成爲項羽北方之大患；大將陳餘藉兵於田榮擊敗常山王張耳，結齊爲盟，與楚抗衡。劉邦乘此機會，採納大將韓信的建議，一面令蕭何留守漢中負責後勤，一面則舉兵襲雍王章邯。章邯軍大敗，被圍於廢丘（今陝西興平縣）。與此同時，塞王司馬欣、翟王董翳相繼降漢，漢軍兵出武關。項羽遣兵拒漢軍於陽夏（今河南太康）。劉邦謀臣張良爲使劉邦在關中獲得充裕的時間與項羽對抗，並分散項羽兵力，致書項羽，詐稱漢軍只欲取關中之地，而不會再東進。項羽輕信挾良，於是傾全力擊齊，並殺了義帝。秦滅後第二年，項羽擊敗田榮，而劉邦則趁此機會控制了韓、魏等地。同年，劉邦以爲義帝發喪的名義，集諸侯軍五十六萬伐楚，此時，項羽正與田榮之子田廣作戰於齊地，劉邦乘虛而入彭城。項羽急速回兵，大破漢軍。此役劉邦幾乎全軍覆沒，僅與幾十騎突圍而出。彭城潰敗後，劉邦收拾殘部，開始退據滎陽一帶，採取戰略守勢，休養生息，以備持久作戰。在楚漢相持的時期裡，劉邦大力鞏固其關中策源地，並使韓信取魏伐趙、齊等地，又說降了九江王英布，逐漸完成了對楚的戰略包圍之勢。在漢實力日益俱增，戰略上逐漸開始佔上風之時，項羽卻因其剛愎自用，輕信自足而日益處於眾叛親離的困境。劉邦巧妙運用離間之計並獲成功，更使項羽勢力大減，劉邦漢軍的正面進攻與彭越在項羽北部的侵擾使楚軍疲於奔命。公元前二〇二年，項羽至垓下，兵少糧盡，與漢軍追兵作戰不勝，於是入營壘以自守。劉邦合諸侯兵三十萬將十萬楚軍重重包圍，並以楚歌行心理攻勢。楚軍軍心大亂，終於潰敗，而項羽突圍至烏江後，也自盡身亡。

楚漢之爭雖已成為歷史，但劉邦、項羽二者的成敗得失卻給人們留下了深刻的教訓和寶貴的經驗，個中緣故固然可以從很多角度加以分析，然而僅僅以劉邦、項羽作為指揮者應具備的素質考慮，則主要有以下三個經驗教訓。

任人唯賢，廣開言路

古今中外，遵循「任人唯賢，廣開言路」原則，最終得以獲取成功或奠定基業的事例可謂屢見不鮮，可以想像，運用這一至關重要原則，獲取成功並非純屬偶然，實際上卻存在著其必然的因素。一個領導者或指揮者如若能真正做到對屬下知而用之，用而任之，任而信之，不猜疑，不忌妒刻薄，那麼天下賢才不請自來，希望為他效勞，不用太久，就會人才濟濟。同時，領導者處處謙虛謹慎，廣泛徵求和採納有價值的建議和意見，發揮集體的智慧，爭取民心，那麼既得民心則必得天下。「任人唯賢，廣開言路」之所以能促進事業的成功，是因為這一原則能使志士仁人感受到被重視，感覺到受尊重，滿足了他們精神上的這一需要，從而充分激發他們的主觀能動性，積極發揮他們的才能，他們可以不計私利，處處以大局為重，敢於直言不諱，勇於出謀劃策。相反，如若領導者自尊自大，剛愎自用，一方面以一個獨裁者絕對的權威來壓制屬下，絕不採納屬下的逆耳良言，另一方面不僅猜疑忌妒刻薄屬下的忠心耿耿，卻又輕信對方的謠言，使自己自始至終受到蒙蔽，失去民心，失民心則必然走向衰亡。所謂「智者千慮必有一失」，妄自尊大未必能有萬全之策，可以這麼說，一個領導者若以絕對的權威來對待屬下，只管發號施令，不容良言相諫，那麼他離失敗也就只是寸步之遙了。更何況，其屬下會有懷才不遇之感，而耿耿於懷，最終遠走他鄉，尋找他的用武之地。楚漢之爭，劉邦取勝，項羽告敗的事例，強有力地說明了這一點。

從歷史的記載中，我們可以看出，項羽之所以會敗在劉邦手下，最關鍵的一點是，項羽不能像劉邦那樣知人善任，從善如流，廣開言路。項羽剛愎自用，過於自矜其能，因此對屬下的建議往往置若罔聞。劉邦的得力謀士陳平及大將韓信，原來都是項羽的部屬。韓信曾數次給項羽出謀劃策，但項羽卻一點也不賞識其韜略，韓信因此而投奔劉邦，一躍成為大將。他把項羽的為人弱點盡數告訴給劉邦，使劉邦能夠制定對付項羽的具體對策。陳平也是因為不能為項羽所用而投漢，並將項羽之內幕盡數告訴劉邦，使劉邦有備無患，其卓越的智謀又為劉邦立下汗馬功勞。而劉邦則在滅秦入關之時，一聽張良之計而取南陽，再聽張良之計而繞過嶢關（今陝西藍田一帶），終於先於諸侯而滅秦。面對項羽強大的勢力時，又採納蕭何的計策就國漢中，一面積極備戰，一面麻痺項羽。劉邦用韓信之謀而復出中原，納三老董公的建議而爲義帝發喪，號召天下諸侯。彭城大敗後，劉邦又採納眾議之策而定持久戰略；用張良計而收用彭越、英布，使楚軍疲於奔命，永無寧日，用陳平計離間楚君臣，用張良、陳平之謀，乘項羽撤軍時追擊，並得韓信、彭越及英布之軍一舉將項羽軍圍殲在垓下。劉邦能用人才，廣開言路，博採眾長，因此像蕭何、張良、陳平、韓信、英布、彭越等傑出人才皆樂爲其所用，真可謂「士爲知己者死」。劉邦不僅善用己方之人，而且也善用敵方之人。他利用項伯與亞父范增的分歧而拉攏了主和的項伯。項伯在鴻門宴上保護劉邦，使之得以脫險；劉邦又進而利用項伯的關係向項羽請漢中之地，得以成功。項伯雖未背叛項羽，投靠劉邦，但卻爲劉邦立下了頭功。

忠言逆耳利於行，項羽非但沒能採納屬下的真知灼見，反而輕信敵方的片面之詞，終被讒言所害。當劉邦席捲三秦之際，他竟輕信張良的一紙之書，坐視劉邦佔據關中不顧，同時又恃強輕進，結果兵力又被牽制於齊地而不能自拔，因而被劉邦乘虛而入，都城陷於敵手，致使人心浮動，國本動搖，聲威大減。這固然與項羽本身狂妄自大，驕傲自滿的性格難以分離，但其最致命的弱點便是輕信。正是由於輕信，也使劉邦的離間之計得以實施並獲成功。項羽最忠貞的部屬，如范增、鐘離昧、龍且、周殷之輩，都因爲劉邦的離間計而先後離去。陳平以金賄賂楚人，散布謠言，稱鐘離昧等因建功頗多而不能列爲王，對項羽心懷叵測而欲聯漢滅楚。項羽果然聽信了謠言而質疑於鐘離昧等諸將，致使眾人離心。楚使至漢，陳平準備了豐盛的酒席，等陳平見到使者，又故作驚訝地說：「我以為是亞父（范增）的使者，原來卻是項王的使者，快撤了酒席！」讓手下換上簡單的酒菜招待楚使，項羽得知楚使回報，對范增大起疑心。這樣，范增提出的急攻滎陽城的明智建議也未被採納。范增大怒之下，告老還鄉，中途病發而死。從此項羽又少了一個忠心耿耿的得力助手。凡此種種，無不印證了離間之計的策劃者陳平對劉邦所言之話：「項王骨鯁之臣，亞父、鐘離昧、龍且、周殷之屬，不過數人耳，大王誠能捐數萬金，行反間，間其君臣，以疑其心。項王為人意忌信讒，必內相誅，漢因舉兵而攻之，破楚必矣。」

從以上的分析中，我們可以看出，在「任人唯賢，廣開言路」這一原則上，劉邦和項羽兩種絕然相反的舉措，導致了絕然不同的結果。最關鍵的是是否爭取了其屬下的「民心」，做到內部眾人一心，眾口一詞，不致內訌不斷，分崩離析。可以深信，只要領導集團內部團結一致，那就是具備了成功的可能性。

深謀遠慮，三思而後行

現代管理的理論和實務中，客觀上要求一位優秀的指揮者或領導者具備深謀遠慮的素質。無論從事何種職業的指揮者都必須樹立長遠的、宏偉的目標，立足當前，放眼未來，戒驕戒躁，為自己的長遠目標而堅持不懈的努力，不應目光短淺，僅僅為當前所取得的局部成績而沾沾自喜，志得意滿，不因此而故步自封，停滯不前。否則，不進則退，不僅不能保持原來所取得的小小成就，甚至有可能前功盡棄，迷失自已前進的方向。這種事例無論是在現實生活中還是在歷史記載中，比比皆是，不計其數。劉邦和項羽之爭也體現了這一點。

秦朝滅亡之後，項羽放棄了關中之地，定都彭城，並自立西楚霸王，大封諸侯及諸將，這實在是由項羽「富貴不歸故鄉，如衣繡夜行，誰知之者」的低俗觀點，促成了他志得意滿，目光短淺的一面，使他缺乏遠見地放棄了關中這一塊戰略要地。而恰恰就是在這塊土地上，秦朝就是憑著它形勢優越，農業又十分發達而逐漸興起，最後一統天下。也正是因爲劉邦取得了關中這塊戰略要地，才有力量與強大的楚軍作持久的抗衡，最終擊敗了項羽，因而在一定程度上我們可以說，項羽的失敗不是敗給了劉邦，而是敗給了自己。相反，儘管劉邦在彭城得手之後，也有些志得意滿，沉溺於宴樂之中，「收楚寶貨美人，日以置酒高會」。但後來的慘敗和屬下的勸諫，使他醒悟到這一點，從此胸懷大志，能忍一時之憤，屈就項羽的封賜，不斷積蓄力量，吸取教訓，在逆境中頑強掙扎前進，以待東山再起。

由此我們可以看出，做任何事情只要目光遠大，胸懷大志，深謀遠慮，不爲一時的成績而志得意滿，也不爲一時的失利而喪失信心，那麼，他就必定能成就大事業。

順民心者昌，逆民心者亡

從上面的分析中，我們已經得出這樣的結論，即一個領導者如果能任人唯賢，廣開言路，那麼，他就可以得到其屬下的愛戴和尊敬，其領導集團內部就可以團結一致，形成強大的凝聚力，積極爲他出謀劃策，共赴前程。在這一意義上來說，他順應了民心。如果這是一種內部的民心，那麼，其外部的民心便是他所統領的所有民眾之心。一個優秀的指揮者應當根據民眾的好惡來切實做好每一件事，以達到興利除弊的目的，最終贏得民心，獲取民眾的支持，以完成他遠大宏偉的目標。否則，如果逆其民心而爲之，那麼，他必將失去民眾強大的支持力，從而使得其他所有一切都將喪失殆盡，一事無成。因此，任何一位領導者或指揮者不能不深知民心可用，順之者昌，逆之者亡的道理，對民眾應曉之以理，動之以情，不以武力或威望壓制他們。然而，劉邦與項羽兩者正是在這一點上絕然相反，也從一個側面促成了他們最終不同的結局。

當項羽入關之後，即在新安坑殺秦降卒二十萬，從而在秦地民眾之中播下了仇恨的種子。在他擊敗田榮時，又大殺降卒，從而使以後與其作戰的敵人寧死不降，增加了楚軍致勝的困難。彭城一役，漢軍被壓迫至谷水、泗水與睢水一帶，數十萬眾寧可落水而死也不向項羽投降。劉邦在潰敗之後能夠收拾殘兵，東山再起，很大程度上也是因爲項羽的暴虐所賜。正是項羽殺秦王子嬰、焚咸陽、殺義帝等種種不義之舉使百姓大失所望乃至義憤填膺，不僅四處樹敵，堵塞自己前進的道路，也使民心離散，失去了民眾的支持。而劉邦則納三老董公之建議爲義帝發喪，這種仁義之舉各路諸侯也爲之所動。更何況在彭城失利之後，就囤漢中，善養其民，以致賢人，乘田榮、彭越、陳餘等相繼反楚，而漢兵多爲山東之人，利用他們日夜企而望歸之心切，一舉而克三秦，實乃眾望所歸。

◎官渡之戰

東漢末年，桓、靈二帝失政，朝政腐敗，民不聊生。靈帝中平元年（公元一八四年）終於引致了黃巾起義的大爆發。在鎮壓黃巾起義的過程中，各地官僚以及豪強紛紛擁兵自重，形成了大大小小的軍閥割據勢力。黃巾起義最後被鎮壓下去了，但從此東漢政權也一蹶不振，皇帝的權威名存實亡，中國再一次陷入分裂之中。在這種形勢下，當時的兩大軍事集團——袁紹集團與曹操集團，爲了爭奪對北方地區的控制權，展開了激烈的交戰。官渡之戰就是決定二者存亡的大決戰。

袁紹出身於大貴族家庭。袁氏家族「門生故吏遍於天下」，有很大的政治勢力。在討伐關西軍閥董卓，擊敗割據幽州的公孫瓚之後，袁紹擁有了黃河以北的幽、青、冀、并四川之地，兵力雄厚，成爲一時的豪傑。

曹操在鎮壓黃巾軍起義的過程中壯大了自己的力量。在與軍閥割據勢力的鬥爭中，鞏固了自己在兗州的地盤。曹操出身於宦官之家，在當時不爲人看得起，他想要發展自己的力量，就要提高自己的威望，建安元年（公元一九六年），曹操聽從謀士的建議，以「匡輔王室」爲名迎納漢獻帝，從此「挾天子以令諸侯」，勢力大增。此後透過連年征戰，他佔據了兗、豫、徐三州，控制了河南、江淮以北的廣大地區，與袁紹南北對峙。

爲了消滅曹操這個日益強大的敵人，袁紹在消滅公孫瓚部之後，不顧連年征戰兵疲民困的局面，不聽沮授、田豐等部屬正確的勸導，大舉興兵南下。建安五年（公元二〇〇年）二月，袁紹以精兵十萬，戰馬萬匹，進軍黎陽（今河南浚縣），並以一部急攻曹軍白馬據點。曹操用聲東擊西之計，以佯動調開袁紹主力，順利地解了白馬之圍，並斬袁大將顏良，然後撤軍河西。接著在白馬山一戰中又大敗袁軍前鋒，斬其大將文丑。緒戰失利，袁軍的士氣受到很大打擊。八月，袁紹軍至官渡，與曹軍對壘。袁紹堅持正面進攻，但多次攻擊均告無功，兩軍在官渡相持達三個月之久不分勝負。在相持階段，曹操方面的局勢日益困難。軍隊數量不足以與袁軍相抗，而軍糧又日益減少；在袁軍勢力的威懾下，曹操後方出現了不穩定局面。在此困難情況下，曹操接受了謀士荀彧的忠告，一面堅持與敵對峙，一面加緊趕運糧草，保障後勤補給。與此同時，他針對敵軍補給線長、糧草消耗大的弱點，派軍襲擊並燒毀了袁紹的糧車數千輛，給敵人造成很大的困難。十月，袁軍重要人物許攸投曹，並提供了重要情報。曹操遂親率精騎五幹赴烏巢，大敗守軍，燒毀了袁紹一萬多車軍糧。袁紹孤注一擲攻打曹營未果，軍糧被焚又使軍心大動。結果大將張郃等倒戈，袁紹兵敗如山倒，只率數百騎倉皇逃回河北。官渡之戰以曹操的全勝而告終。

勝敗乃兵家常事，任何一場戰爭到最終必定要決出勝負，因而其結果倒反而顯得並不非常重要，重要的是後人或當事人如何從一個歷史事件中總結出其失敗、成功的各方面原因，並吸取它所留下的經驗教訓，爲以後的事業提供有力的指導和藉鑑。仔細分析官渡之戰，曹操和袁紹的所作所爲，其勝敗的原因不外乎以下幾個方面。

求賢若渴，知人善任

大凡任何一項事業的成功，並不是僅僅依靠一個人才能達到的，總是需要很多人的出謀劃策，群策群力，發揮集體的智慧和力量，把共同的目標視爲己任，最終取得成功。正是由於這個原因，在中國古代的歷史上，許多皇親國戚，達官貴人手下門客滿堂，人才濟濟，以成就他們的重大舉措，實現他們畢生的願望。而其中能成功者，又必定是一個求賢若渴，愛才如命的開明之士，絕非嫉賢妒能之輩。不僅如此，他還必定是一個知人善任，從善如流的心胸開闊之人，能做到知而用之，用而任之，任而信之，不猜疑，不忌妒刻薄，不拘貴賤，能與爲自己出謀劃策之人推誠相見。官渡之戰的結局，很大程度上是由曹操與袁紹在這方面的大相徑庭所致。

曹操「外簡易而內機明，用人無疑，唯才所宜，不問遠近」，不計前怨，善於網羅人才，並給以充分的信任。曹操對關羽和許攸的重任便是他求賢若渴的明證。關羽是曹操擊敗劉備後投降的，而此時劉備正與袁紹聯合攻曹，但曹操並不因此而棄之不用，也不因關羽統率劉備大軍攻打過曹軍而記怨，反而看重他的軍事才能，而委以重任。結果在官渡緒戰中，關羽斬殺袁軍驍將顏良，爲解白馬之圍立下了大功。許攸原本是袁紹手下一名傑出的謀士，當他棄袁投曹而來時，曹操高興得光著腳跑出大帳去迎接。也正是許攸爲曹操提供了極爲重要的軍事情報和獻計獻策，奠定了曹操在官渡之戰中獲勝的堅實基礎。

此外，曹操還樂意聽取他們下謀士的種種建議和計謀，這便是他不嫉賢妒能，胸襟開闊的一面。在官渡之戰中，謀士郭嘉、荀彧等爲曹操出謀劃策，在關鍵時刻給曹操以信心和決心。曹操因即將與袁紹會戰而擔心自己兵弱時，郭嘉以知己知彼之智提出了，紹有十敗，操有十勝的精闢見解，鼓勵了曹操的作戰決心。荀彧則在曹、袁對峙數月，曹操日益陷於窘境時安定後方，並提醒曹操要咬緊牙關，認爲最困難的時候正是「用奇之時」而「不可失也」。在荀彧的鼓勵和支持下，曹操挺過難關，終於取得了官渡之戰的勝利。

相反，袁紹卻是「外寬內忌，用人而疑之，所任唯親戚子弟」，所謂「能聚人而不能用」。沮授是袁紹的得力助手，爲滅公孫瓚立下大功，在與曹操作戰中又提出很多十分高明的計策。然而袁紹卻聽信郭圖、審配的讒言，不僅不從沮授之計，反而將其兵權一分爲三，削弱了袁軍的戰鬥力。後來，袁紹又拘繫了直諫的謀士田豐，逼走了許攸，最後甚至使大將張郃、高覽反戈降曹。用人而疑之，終於使得袁紹處於眾叛親離的局面，反而以優勢兵力潰敗於官渡一役。

由以上的分析可知，網羅人才，知人善任，並給以充分的信任，是曹操在官渡之戰中致勝的法寶，這說明了敢用能人，哪怕是其才能卓越到完全超過領導者本身的人，只要給予充分的信任並委以重任，只會使賢才對領導者忠心耿耿，不會威脅到領導者本身的地位和權限，也只有這樣，才有利於大局，有利於目標的實現、事業的成功。這對我們現實的管理者來說，不失爲一種深刻的啓示。

協調關係，增強內核

現代管理中，協調各部門的人際關係，正確處理糾紛和加強合作，增強團體內的團結和凝聚力也逐漸成爲管理科學中的一個重要分支，只有各部門的密切配合、共同協作，以極強的凝聚力團結一致，才能出色地完成既定的目標或任務，才不致出現各方爭權奪利，互相攻擊傾軋，增加內耗，節外生枝，最終導致一事無成。細析官渡之戰的前後經過，也不難發現造成官渡之戰結局的原因中有這方面的因素。

曹操「御下以道，浸潤不行」，使得手下不以個人的名利而互相傾軋，不以個人才能的大小而相互嫉妒，而是互相尊敬，互相敬重，從而保持了內部的團結與穩定，形成了一個團結積極向上的群體，一心輔佐曹操、完成大業。其中荀彧薦才便是一個典型的例子。荀彧不僅自己爲曹操出謀劃策，輔佐曹操完成大業，還積極向曹操推薦當時任侍中尙書僕射的鍾繇，曹操得鍾繇後委以重任督關中諸軍，關中因此得以安定，爲曹操與袁紹決戰提供了一個穩定堅實的後方。然而，袁紹卻極不善於御人，其內部十分不團結。正如荀彧分析的那樣，「田豐剛而犯上，許攸貪而不治，審配專而無謀，逢紀果而自用。此數人者，勢不相容，必生內變。」後來形勢的發展果不出其所料，袁紹的好大喜功，剛愎自用加劇了其集團內的不和與傾軋，最終使自己眾叛親離，陷於絕境。

妥善處理好內部矛盾，協調好內部不恰當的關係，這完全體現出領導者領導藝術的水準高低。

而曹操的御人之道，非常値得領導者藉鑑。

審時度勢，洞察是非，果斷決策

任何一個決策，都是經過對實際情況的正確考察和調查，去其表象，求其實質，在此基礎上提出許多方案，分析各種方案的風險大小才作出的，這需要決策者具備敏銳的洞察力和非凡的是非辨別力，才能到達去僞存眞，爲綜合分析提供可靠的證據。只有這樣做出的決策，其可行度也就相對較大，自然其結局也不會與預期相差甚遠。當然決策的作出，是基於一定的時間、地點相具體的歷史條件，因而其效果也必然隨這些前提條件的變化而有所變化。要使效果盡可能的理想，那麼不僅在作決策之時應果斷，而且在實施時也應毫不猶豫，當機立斷，以免貽誤時機。官渡之戰中，雙方指揮者的一些舉措也充分體現了這一點。

曹操雄才大略，作爲一位傑出的指揮者和決策者，有著非凡的洞察力和把握形勢的能力。當心懷異志的劉備反曹聯紹，而袁紹正舉兵南下之際，曹操審時度勢，在衆說紛紜之中，明辨眞僞，分析了一旦袁紹趁機急速進兵致使曹軍陷於被殲的風險，贊同郭嘉所認爲劉備新起，「衆心未附」，而袁紹則「性遲而多疑」，即便會配合劉備進攻，也「未必不速」的觀點，毅然親率將士，首先平定了劉備的叛亂，扭轉了自己兩面受敵的被動局面，以使他能全力對付袁紹，爲以後的決勝奠定了基礎。如果曹操在此猶豫不決，首施兩端，則勢必爲敵所用，導致失敗。又如在對峙的困境中，曹操曾有所動搖，欲退兵回許昌，但荀彧的提議使他重新鎮定下來，冷靜地分析了形勢，作出了正確的選擇。

與其形成鮮明對比的袁紹一方面缺乏敏銳的洞察力以明辨形勢，好大喜功，喜愛虛榮，因此，「士之好言飾者多歸之」。另一方面則又「寬而不斷，好謀而少決」。從官渡之戰戰前形勢發展和戰役發生後的情況可以看到袁紹多次當斷不斷作出錯誤決策，從而失去勝利的機會，一步步走向失敗。首先，在奉迎天子的問題上，沮授曾建議「西迎大駕」而達「挾天子以令諸侯」之勢，但郭圖等則誇誇其談，以「秦失其鹿，先得者王」等辭否定沮授的正確建議，袁紹因郭圖等人的言辭正合自己的野心，從而接受了他們這種顧小失大，脫離具體歷史條件的建議。如此對當時形勢了解不深，徬惶不定，而又野心勃勃，急於求成，終成大錯。到後來因困於曹操「挾天子以令諸侯」之勢，方猛然省悟，然而爲時已晚，他爲共有天子而提出的建議理所當然地遭到了曹操的斷然拒絕。其次，便是在是否要立即攻曹的問題上，袁紹開始對這一大好戰機舉棋不定，以兒子生病爲辭，拒絕了沮授、田豐的建議，沒有在軍事上有大的動作。這一失時使曹軍得以從容滅劉。兩個月後曹操班師回許昌，重新鞏固了對袁的防線，而在此時，袁紹卻重議進襲許昌。同樣又是田豐認爲曹操已回許昌，偷襲戰機已失，建議袁紹暫緩軍事行動，加之連年用兵征戰，百姓困疲，應令軍民修養生息，穩定經濟，充實軍力爲先。但袁紹卻不予採納，反而因田豐多次強諫而囚禁了他。而郭圖、審配等人所謂的「以明公之神武，跨河朔之強眾，以伐曹氏，譬若復手，……」逢迎之辭卻被他所採納，終釀大錯。

官渡之戰在這一方面成功的經驗和失敗的教訓，鮮明地說明了任何事物的決策，必須建立在深入的調查研究和考察，仔細冷靜和沉著地分析之上，適時的果斷的做出並施行之，同時輔以敏銳的洞察力和辨別力，才能取得成功。

◎三顧茅廬

在現代管理中，從管理目標的確定、管理過程的實施，到管理目的實現，都離不開人的活動。當今世界的競爭，是人才的競爭。有何種層次的人才就有何種水準的管理。管理要靠管理人才，而對人才的管理又是現代管理中最主要的內容。在我國數千年廣博的歷史文化寶庫中生動地記載著古人傑出的用人思想和精湛的用人技巧，它爲當代的管理所藉鑑。三國時，劉玄德三顧茅廬，請出諸葛亮爲其輔佐，從而成就霸業，得與曹魏、孫吳鼎足而立的歷史記載，在我國可謂婦孺皆知，它揭示了得士者昌、失士者亡的治政之道，更包含著以德保人，誠信用人的人才管理之術。

劉備處於動盪不安的年代，係圍剿黃巾起家，然而轉戰十餘年，未能割據一方。他半生漂泊，無處立足。雖然廣行仁義，曾經三讓徐州，文有孫乾、糜竺、簡雍爲之圖謀劃策，武有關羽、張飛、趙雲爲之衝鋒陷陣，他們也多立奇功，但由於缺少運籌帷幄，決勝千里之外的經綸濟世之士，因此接連打敗仗。從他投靠公孫瓚起，到結陶謙、歸曹操、順袁紹、依劉表，處境一直不佳。劉備為此困惑不解，怪罪於「時運不濟，命運多蹇」。公元二〇一年，劉備依附劉表，駐紮新野，徐庶前來拜訪。徐庶與博陵崔州平、穎定川石廣元、汝南孟公威均為諸葛亮密友，對諸葛亮的滿腹經綸、雄才大略有很深的了解。他向劉備舉薦了諸葛亮。《三國志》卷三十五記載了這一史實「時先主屯新野。徐庶見先主，先主器之，謂先主曰：『諸葛孔明者，臥龍也，將軍豈願見之乎？』先主曰：『與興俱來。』庶曰：『此人可就見，不可屈致也。將軍宜枉駕顧之。』由是先主遂詣亮，凡三往，乃見。」（《三國志》卷三十五）劉備為了得取「可比興周八百年之姜子牙，旺漢四百年之張子房」的大賢，親自三赴臥龍崗，求見當時只是村夫野民的諸葛亮。第一次拜訪未遇。第二次拜訪正值隆冬季節，天寒地凍，朔風凜凜，瑞雪霏霏，山如玉簇，林似銀妝，然仍未見到諸葛亮。第三次，劉備選擇吉日，齋戒三日，薰沐更衣，離諸葛孔明草廬還有半里之地，便下馬步行，得知孔明晝寢未醒時，便在階下侍立。……劉備三顧茅廬，求賢若渴，意切心誠，深深打動了諸葛孔明，感到「受皇叔三顧之恩，不容不出」。一篇隆中對策，使劉備茅塞頓開，似撥雲見日。於是與亮情好日密。關羽、張飛等不悅，先主解之曰：「孤之有孔明，猶魚之有水也。願諸君勿復言。」（《三國志》卷三十五）羽、飛乃止。果然，劉備得到並重用了孔明這樣經天緯地之才，濟世匡時之略的智囊人物，真可謂如魚得水，事業步步成功，於是聯吳破操於赤壁，遂奪荊州，後進西川，終於成就了劉備的霸業，與曹魏、孫吳鼎足而立。劉備得諸葛亮，成了劉備一生事業轉折的關鍵。而遇明主，感知遇的諸葛亮，「受任於敗軍之際，奉命於危難之間」。為復興漢室，完成一統大業，既使自身的才能得到充分發揮，也做到了鞠躬盡瘁，死而後已。

從劉備三顧茅廬，求得諸葛亮，知人善任，事業成功的事例中，我們可以看到，人才對於國家興衰、事業成敗的重大意義。任何一個事業成功者，都不會無視人才這項最重要最寶貴的戰略資源，都會盡全力把優秀人才攏到自己的周圍。然而，既然是人才，當是有識之士，有識之士自然不甘委曲求全，充當招之即來，揮之即去之物。他在接受挑選時，也挑選著對方。管仲曰：「天下不患無臣，患無君以使之。」（《管子》）因此，如何招徠人才，使用人才，是人才管理中的一個重要環節。劉備得人、用人的事例給我們今天的管理者以多方啟示。它向我們揭示了「徠賢以德、求賢以誠、用賢以信」的精湛用人技巧。

徠賢以德

劉備身處亂世，赤手空拳打天下，他對兵法、戰術並不諳熟，更談不上傑出，然而，在西蜀政權建立時，劉備麾下已人才濟濟，文有諸葛亮、龐統（當時已陣亡）、法正等謀臣，武有關羽、張飛、趙雲、馬超、黃忠、魏延等虎將。劉備之所以能延攬群雄，開創偉業，就是因為他的仁德。陳壽在《三國志》中這樣評價劉備：「先主（劉備）之弘毅寬厚，知人待士，蓋有高祖之風、英雄之器焉。」（《三國志》卷三十二）司馬遷在《史記》中把漢高祖劉邦描述為

「仁而愛人，旋而好施」，而劉備正是以這種仁德之風招徠各方人才。

古語曰：「德以合人」、「人以德使」，就是說得人者必先有德，有了德，才能聚攏人才。漢朝桓寬說過：「善治人者能自治者也。」我們說，能自治者必能攏人也。徠賢以德，所揭示的是人才招徠中的人格魅力和道德崇尚，對用人者自身提出了基本的道德素質的要求。現代管理理論賦予人才管理許多原則、標準和方法，這些原則、標準和方法的運用都離不開一個基本的前提，這就是用人者本人就應是一個德才兼備的人才，俗語說，人以群分，物以類聚。得人，必先得人心。很難想像，一個與人民為敵，奸詐狹隘，心地陰暗，道德低下之人能真正把優秀人才的心凝聚在一起，而劉備則以「弘德寬厚」取得了眾多文才武將之心，也贏得了諸葛亮的心。

徠賢以德，何謂德？這裡的德應包含德政和德行。所謂德政，就是指用人者所從事的事業是利民之道。《管子・霸言》篇中對德有這樣的注釋：「大德……，物利之謂也」。即利民曰德。《五輔》篇中把德歸結為治理好經濟、為民謀利，提出了發展農業，開發資源，疏通關市，做好水利，輕徵薄斂，救貧濟困等六項事業。件件事業均與民息息相關。這就是說，要使人才趨之若流水，用人者必須行德政，只有治理好經濟、治理好國家，為人民謀利益，才能得到人民擁護，聚攏人才。《文韜》中說：「天下非一人之天下，乃天下之天下也。同天下利者得天下，擅天下之利者則失天下。」說的也是這個道理。劉備能攏人與他所崇尚的復興漢室，完成一統大業，發展生產，利國安民恐是分不開的。在我們今天的管理中，也同樣有一個招徠人才的先決條件，這就是說，無論哪一層管理者，你所從事的事業必須是人類進步事業，必須爲人類謀利益，爲人民辦實事，有利於人民，這樣才能得到人民擁護，聚集優秀人才。所謂德行，即指用人者個人的道德品行。「無私者容眾」、「私者，亂天下也」、「王施而無私，則海內來賓矣。」說的都是用人者必須具備「如天如地」的寬宏胸懷，不謀私利，以身作則，具有高尚的道德品質和情操，那麼就能容天下之賢士。劉備所具有的那種高祖的仁德之風，正是他能網羅多士的內在魅力。在現代管理中，作爲一個管理者要真正得到人才，同樣也需要具備基本的素質要求，特別是要有較高的道德素質，做到胸懷坦蕩，中正無私，嚴以律己，克己奉公。管理者由於自身的人格所產生的吸引力往往能使人才做到自覺地追隨和聚攏，而不是簡單地服從和調度，從而真正實現得人得心的理想狀態。

求賢以誠

劉備爲求得諸葛亮這個大賢，不計地位身分差異，不畏地寒天凍阻撓，不顧二次求見不遇的難堪，也不理會結拜義弟關羽、張飛的不悅。三顧茅廬，其精誠所至，終於打動孔明，從而使孔明一生相隨劉備，直至劉備死後，又竭忠盡智，佐後主劉禪，真正做到了嘔心瀝血，死而後已。劉備以誠求賢也可爲今天的人才管理所藉鑑。作爲一個管理者，識人、知人、求人、用人具體方法可枚舉無數種，然而每一種方法都不能離開用人者必須心誠這一基本點。「心誠則靈」，心誠才能使用人者和被用者相互得到一種心理的默契和溝通。

心誠首先要求賢的態度誠懇。孟子說過：「君之視臣如手足，則臣視君如心腹；君之視臣如犬馬，則臣視君如國人；君之視臣如土芥，則臣視君如寇仇。」（《孟子・離婁上》）這就是說，用人者對人才態度誠懇，真正把人才看成是自己手足一樣不可缺少，看成是自己能力的一種延長和補充，那麼被用者才會把自己的心交給你，把你看成心目中自我價值實現的依託和追隨的偶像。而用人者求賢用人的態度誠懇不僅應表現在急需人才時，也應表現在人才得到以後；不僅表現在人才取得成績時，也應表現在人才遇到挫折時；不僅表現在人才優點的肯定上，也應表現在對人才缺點的糾正上。

心誠還要做到求賢心地純潔。三國時代的李康曾說：「木秀於林，風必摧之；堆出於岸，流必湍之；行高於人，眾必非之。」既然作為人才，一般來說，是屬於那種人群中的賢能之士，屬於那種出類拔萃，才能超群的人。正因為才能超群則往往會引起旁人的妒嫉。中國幾千年來的歷史，妒賢嫉能之風常使一些有才識的人才喟然嘆息。然而，眾人非之並不能毀掉人才，關鍵在於用人者能否有坦蕩純潔之心，有容才的度量。管理者求賢以誠很重要的一點表現在不嫉才，特別當人才超過自己時，能坦然處之，並仍能力排眾非，全力保護人才。這才真正稱得上求賢高手。美國的鋼鐵工業之父安德魯・卡內基死後，人們在他墓碑上寫了這樣的話：「這裡安葬著一個人，他擅長於把那些強過自己的人，網羅到為他服務的管理機構中。」這碑文精闢地揭示了卡內基成功的奧秘所在，也是對卡納基求賢用人「君子之風」的高度贊賞。

心誠還需做到求賢用人行爲誠摯。這就是說，用人者求賢用人心誠不僅要表現在態度上，表現在心理狀態上，還應表現在整個用人的行爲過程中。劉備對諸葛亮的重用，其行爲的誠摯是貫串始終的，三顧茅廬曾使部下關公、張飛不解，劉備予以指點；劉備與諸葛亮交往甚密，關、張不悅，劉備制止；破格重用，部下不服，劉備全力扶助；當諸葛亮以非凡的才智征服下屬，威望大增時，劉備對其仍相敬如賓，推心置腹。劉備用人的誠摯可見一般。事實證明，用人者求賢用人的行爲誠摯是對人才的人格尊重，是真正的惜才、愛才，而人才只有在自己的人格受到尊重時，才會將自己的才能真正施展出來。軍事才能平平的劉備之所以能將手下文臣武將的才能充分發掘，正是他有誠摯用人的過人之處。

用賢以信

管子在其《侈靡》篇中曰：「至誠生至信，至信生至交。」意在說明作爲用人者要與被用者誠信相交，才能發揮人才作用。劉備三顧茅廬，重任諸葛之舉，不僅生動體現了劉備徠賢以德，求賢以誠的明智之措，還體現了他用人以信的聰明之技。正因爲如此，當初勢單力薄的劉備才能聚攏手下眾多人才，達到了「百川派別、歸海而會」（《吳都賦》）的人才優勢，成就了霸業。

在現代管理中，「用賢以信」仍是管理者在人才管理中不可缺少的一環，它是揚長避短、知人善任、任人唯賢等重要用人原則的具體體現。從宏觀看，大凡一個有希望的時代，必須是人才湧流的時代。一個國家和民族的昌盛，最重要的標誌就在於它對人才的吸引力；從微觀看，一個團體對人才的吸引力，往往就在於作爲團體的管理者能否有大海般廣闊的胸懷，接納「百川派別」，用賢以信。

何爲信？一曰信任，二曰守信。信任，即對所用人才的信任感；守信，即作爲管理者應給人以「言必信，行必果」的形象，要講誠實，講信譽。用賢以信，必須貫穿於對待各種人才的使用上，從而真正達到「人能盡其才則百事興」。

其一，對未顯者挖其潛。宋代政治家王安石在《材論》一文中，對人才問題作了論證，認爲有才能的人外表與一般人沒什麼兩樣，而「惟其遇事而事治，畫策而利害得，治國而國安利」。管理者對才華未顯、業績未彰人才的信任，應表現在如何以誠信的態度，挖其潛能。當初在南陽隆中「躬耕隴畝」的諸葛亮若不是劉備三顧茅廬，恐早已淪爲隱士或農夫，中國歷史上也就不會有家喻戶曉的諸葛亮了，而管理者對未顯者的挖潛最重要的前提條件就是信，如果沒有基本的信任感，就會被人才與一般人大同小異的表象所迷惑；會被閒言碎語所動搖。有了信任感，才會撥開迷霧，使人才本來面目顯現；才能創造良好的氛圍，給人才以施展才華的條件；才能抵擋嫉才者們的流言，始終如一予人才以重任。管理者對未顯者挖潛的最重要的基礎條件也是信。宋代包拯在《論取士》中把「審人之術」歸結爲「以賢知賢，以能知能」，意爲用人者有什麼樣的德、才水準就能發掘什麼樣水準的人才。這裡，未必用人者的德才水準一定高於被用者。但是，用人者要有「守信」這一最基本的道德水準，這是無庸置疑的，如果在被用者的眼裡，你是一個言而無信，使人缺乏信任感的人，那麼，就很難使未顯者的才能真正顯現出來。

其二，對懷才者用其長。常言說：「尺有所短，寸有所長」，「金無赤足，人無完人」。任何一個人才有其傑出才能，燦爛人性的一面，也必有其孤陋寡聞，性格缺陷的一面。作家柯道南在描述福爾摩斯時說：「他知識貧乏的一面，正如他知識豐富的一面同樣驚人。」柯道南揭示了現實生活中人才的真實。作爲管理者對待懷才者的信任就應表現在充分用其所長，避其所短。所謂用其所長，也就是使人才的最佳才能得到充分的發揮。明朝王恕認爲：「人之才性不同，有優於學問而劣於政事者，亦有長於政事而短於學問者；亦有有學問而不能提調學校者，有寡學問而能提調學校者。世無全才，故人之於事，有能，有不能。」作爲管理者，應該把人才用在最能發揮其作用的位置。今天的社會，隨著生產社會化程度的提高，分工越來越細，科學技術的發展要求人們不僅具備較爲全面的綜合才能，而且對專業才能的要求越來越高，管理者要善於發現和度量人才的最佳才能、放置於最佳位置，這才體現了用盡其才。所謂避其所短，也就是能夠容忍其缺點，不計其「細故」。古語曰：「古之人有高世之才，必有遺俗之累。」人總有缺點，關鍵在於用人者如何對待缺點。宋人范仲淹主張用人應「多取氣節，闊略細故」。即對其不足的細節不要吹毛求疵。今天，我們在人才管理上對懷才者的信任同樣不僅表現在用其所長，也應表現在避其所短上，這樣，才能真正使人才備盡其能，達到「智者盡其謀，勇者竭其力，仁者播其惠，信者效其忠，文武爭馳」的最佳組合狀態。

其三，對後起者賦其責。後起者是相對於已被發掘和重用的人才而言，即後來起步者。後起者一般來說屬年輕，資短，諸葛亮被劉備任爲軍師時，資短於張飛、關公，年僅二十六歲，劉備重用了他，且位高於關、張，使他一展才能，使資深者亦自嘆不如。唐代詩人劉禹錫有詩曰：「芳林新葉催陳葉，流水前波讓後波。」揭示了自然界生生不息、變化和發展的進程。在當今世界，教育科技的發展，教育手段的更新，資訊的高度發達，使人的才智得到前所未有的開發。「一代勝一代」，成爲人才發展的趨勢，對後起者大膽重用，賦予重責成爲當代人才管理中重要舉措，也是管理者重用人才、信任人才的重要方面。對後起人才的信任就須做到「三破」：一破限年齡，即一講用人先看年齡大小，以此衡量處事老練和稚嫩、成熟與浮躁；二破循資格，以學歷經歷來衡量學識深淺，水準高低；三破講台階，以登過的台階來衡量能力大小，從而偏離了德才基本標準。

其四，對質異者還其清。俗話說：體有萬殊，物無一量。紛紜揮霍，形難爲狀。文體可千變萬化，萬物無單一度量，對人才，也難能有統一的標準去衡量。認識形式的主觀性造成在每個人的眼裡，對同一個人才會有不同的價值評判，這其中，難免會有偏頗，也不乏有有意中傷者，從而引起對人才的質異，在這種情況下，管理者對人才的信任應表現在明事理，清事實，還人才以本來面目。諸葛亮初當大任，也引起軍中非議，然劉備對其堅信不疑，對下屬無端非議予以制止。爲諸葛亮脫穎而出掃清了障礙。當然在現實生活中，對人才的質異存在兩種情況：一是本非人才之過，被人無端指責中傷。在此種情況下，管理者應辨清是非，旗幟鮮明地澄清事實，不讓人才無端遭受傷害，保護其人格。二是該人才確有某些缺點，遭至旁人議論。在這種情況下，管理者也有「還其清」的責任。這就是一方面有說服群眾如何正確對待人才的教育，另一方面有向人才指出不足，使其清潔心理，克服缺點，輕裝上陣，更好地發揮自已才能的思想工作。

8 德威並重

三國時期，據守西南的蜀國，爲爭取天下，不斷地擴大屬地，增強實力，丞相諸葛亮多次率軍親征，軍隊所到之處，節節勝利。

◎七擒孟獲

公元二二五年，諸葛亮率領蜀國軍隊征伐南中（今天雲南、四川、貴州的交界處）。聽說此地有個叫孟獲的部族首領，英勇善戰，不僅當時少數民族的百姓推崇他，就連在那裡的漢族人也信服他。出征前，諸葛亮就下令，只准活捉孟獲，不得傷害，違者要受到處罰。

在一次戰鬥中，蜀軍巧妙布陣，活捉了孟獲，諸葛亮盛情款待他，帶他參觀蜀軍的兵營。孟獲非但不感謝寬待之恩，反而口出狂言：「你們的軍隊不過如此而已！如果我早知道你們的虛實也不至於戰敗，現在承蒙你讓我觀看了你們的軍營，如果只是現在這個樣子，那我一定能戰勝你們！」諸葛亮聞聽此言，知道孟獲心裡不服，非但不惱，反而笑著說：「我現在放你走，請你重整旗鼓，我們以後再較量一次吧！」

幾天後，孟獲果然又來挑戰，結果又兵敗被捉。諸葛亮仍然網開一面，再次放了他。如此一而再、再而三，孟獲前後和蜀軍交手七次，都以失敗告終，每一次都被活捉。到了第七次被俘時，諸葛亮仍然表示孟獲可以走，但孟獲此時已心服口服，說：「諸葛丞相果真威力無比，我願意鞍前馬後跟隨您。」諸葛亮見孟獲心悅誠服了，便率領軍隊進駐滇池，平定了南中。孟獲手下的官兵全部留用在蜀軍中。

有人不贊成留用孟獲的部將，怕會引起後患。諸葛亮則自有謀略，他開導戰士們：「不任用孟獲的部隊，我們就得派兵留守在此地，要牽扯大批軍隊，而且還得留下糧草、裝備，蜀國離此千里迢迢，勢必使得後續供應難以得到保障，這是一難事。孟獲和我們交手七次，都是殊死之戰，將士傷亡很多，那些已死者的親友必定心有怨恨，對蜀軍絕不會友善相待。留守在這裡是有後患之憂的，這是二難之事。孟獲軍隊與我們刀槍相見多次，他們也自知罪過深重，一時感情上會跟我們格格不入，我們來統治他們，終究會離心離德，這是三難之事。現在我讓孟獲和他的部下繼續管理南中，可以不留軍隊，不備糧草，並且使蜀國後方也得到穩定，可以安心北伐了。」

諸葛亮「攻心爲上」的策略，七縱孟獲，爲實現蜀國更遠大的目標創造了條件，這是古代罕見的軍事和政治巧妙結合的鬥爭藝術。

「心治」與人性溝通

現代管理的核心已經由「物」、「事」的管理轉向對「人」的管理，這是對傳統管理的重大革新。馬克思主義認爲，實現社會活動的最終目標是發展生產力，而生產力的核心和主體是人。人作爲生產力主體的意義，不僅在於人是創造和使用勞動工具、改造勞動對象的主體，而且在於人及人的發展才是人們「改造客觀世界的終極目的」。這就是說，發展生產力的過程就是人在改造自然的過程中改造自身，使人的才能、個性及各種主體本質得以發揮、豐富和發展的過程。衡量管理的好壞不僅要看創造了多少財富，還須看勞動者的積極性、主動性和創造性是否得到了盡可能的實現和發展。管理工作是一種特殊的社會實踐活動，管理對象中的不同要素和管理過程中的各個不同環節，都是靠人去掌握和推動的。所以現代管理工作的核心和動力，只能是人以及人們的積極性。一個有效的管理者，必定是明確而堅定地把握住人這個核心，必然高度重視調動和發揮人的主動性、積極性這個動力。倘若把管理的注意力集中在錢、物等要素、環節上，勢必遭到敗績。

人性管理的思想成爲當代管理的一個根本特徵，它引起了一系列管理觀念的變革。從管理重心看，傳統管理以「事」爲中心，強調人的理性自然地適應制度的要求，管理者只需運用科學化方法，使一切事物制度化、系統化、程序化和標準化即可；現代管理則施以目標自動誘導；事在人爲、物在人管、財在人用，管理的重心在人，管理必須先從「人」的方面謀求效率和實現目標。從管理方式看，傳統管理採取消極的監督制裁方式，維持最低要求的工作標準；現代管理以激勵方式激發人們熱誠工作的潛能。從管理目的看，傳統管理只限於講求人員機械的效率，即以低消耗取得最大經濟效果為滿足；現代管理則將此擴大到社會的效率，即人格價值的尊重，個人精神的發揮、欲望的滿足，均已包括在效率的範圍之內了。從領導作風看，傳統管理視下屬為領導者操縱的工具，注重組織的需要，要求履行規範，以適應團體目標，是一種以工作為中心、獨裁型的領導；現代管理則講求人群關係的作用，注重個人的需要，個人與領導目標趨於合作一致，給予個人成長與發展的機會，是一種以員工為中心的、民主型的領導風格。

「心治」，即強調管理者對被管理者人心的掌握和控制，這裡講的「人心」是指被管理者在理性和情感上對管理者的認同和依從；「心治」的最終目的是取得「民心所向」，最後「得民心者得天下」。它是我國傳統管理思想中強調人性管理的最高境界。而中國傳統的管理思想，無論是它積極的內容還是消極的內容，都深深打著儒家思想的烙印，和以孔、孟為代表的儒家文化有著深刻的淵源。儒家的管理思想有自己一套獨特的思想體系，他們把「人」的因素放在一切的首位，認為要做好管理，決定一切的是充分發揮人的作用。《禮記．中庸》中所謂「為政在人」，就非常明確地表達了儒家的這種認識。既然為政、管理治國的關鍵在於「得民」，而「得民」的根本要義則是「得民心」，所謂「得其民有道，得其心斯得其民矣」。因此要成「王道之業」的「得民心者」必得天下。這與現代人性管理思想的實質內涵是不謀而合的。現代的人性管理思想認爲，既然人不是「經濟人」，更不是一般動物，要發揮人在工作中的積極性和主動精神，就不能只靠物質刺激和紀律約束，更不應靠暴力強制，而應強調「激發人的動機」，即設法激起人們的內在動力，如上進心、自尊心、創造性、自我實現的要求等等，這種儒家學說的「得民心」實際上也都是屬於激發動機的範疇。

由於民心所向直接影響到統治者能否維持自己的統治，因此在現實生活中，爭取民心就成了中國傳統管理者所信奉的實踐綱領。不僅如此，以儒家爲代表的傳統思想還得出一個重要的結論：統治理國的權力基礎，不是經濟上的富裕和軍事上的強霸，而是老百姓的精神信念。相信精神力量在管理中的決定作用，是中國傳統管理思想的一大特點。既然民心爲管理之本，必然會將「民心所向」的狀況當成評價政治活動的第一要旨。孔子就曾經明確地表明過這一點，在他看來，只有取得人民真誠擁護的政治才是好的政治。有人曾問孔子，什麼樣的統治狀況才是成功的？孔子回答說：能夠使周圍的人心悅誠服，使遠處的人趕來歸附，這樣的政治就算成功了。「近者悅，遠者來」就是深得民心的統治，就是正當合理的統治了。把「民心所向」看成政權的基礎，這是中國傳統政治管理的一個基本點，也是中國傳統政治管理的一個特殊點。歷代賢臣明君都是善於把握「民心」的管理者。「七擒孟獲」就是歷史上巧用「心治」的典型。

在平定南中的戰略中，諸葛亮正是以「心治」作爲戰略部署的基本出發點，以「用兵之道，攻心爲上，攻城爲下，心戰爲上，兵戰爲下」爲指導思想而展開的。首先，他認識到了軍事是爲政治服務的，兵戰是爲心戰服務的道理。人心所向決定戰爭的勝負，政治方法解決是上策，軍事解決是下策。在政治辦法不能解決時，不得已才採用軍事辦法。對於南中叛亂，開始諸葛亮採取「撫而不討」的方針，準備用政治方法解決，但未成功，最後才下決心使用武力。其次，諸葛亮巧妙地將「兵戰」與「心戰」有機地結合起來，以「兵戰」服從「心戰」，透過「威服」實現「心服」。在對待孟獲的問題上，不是只看到一兩次戰爭的勝利，不是僅看到擒獲了一個孟獲，而是將整個南中的穩定作爲自己最終的目的。因此，他才能運用「攻心爲上」的手段，讓孟獲對他產生「心服口服」的想法，從而達到最終的戰略目的。

恩威並舉

由此可見，民心是統治、管理的根本。如何取得民心有著一套相輔相成的環節。諸葛亮「恩威並舉」的做法正好印證了中國傳統文化總結出的一個基本規律：「爲政以德」。就是指靠管理者的品德力量就能使老百姓真心誠意地服人，心甘情願地效力，心悅誠服地接受管理者的教化。它包括三個基本的環節：

首先是「以德服人」。透過管理者本身道德品行的感召力使別人信任他，使他們接受他的道德信念，某種道德要求一旦被人們所接受，成爲人們的道德信念，人們就會產生履行這種道德要求的內在動力，自覺地追隨那些最能實現這種道德要求的模範人物——即管理者。最後達到對他們的心悅誠服、忠心依從。「以德服人」還指透過體恤民情、爲老百姓解決生活需要問題的途徑來征服人，從而鞏固自己的統治。孟子認爲取得民心的簡單方法是：「所欲與之聚之，所惡勿施爾之」。就是說，老百姓尋求的東西想法讓其滿足，他們厭惡的東西想法爲之消除，老百姓就會像水往低處流一樣，自然而然地聚集到統治者的周圍，心甘情願地追隨和擁護統治者。「以德服人」和「以才服人」並非完全矛盾的，透過軍事力量的強大維持統治也是必不可少的，「力強則霸」，但只要不在「以力取利」之後「耀武揚威」，而是「德力互補」就可以成就「王霸之業」。

其次是「以惠使眾」。這裡主要是指管理者、統治者要正確地處理與被管理者的利益關係。對於管理者來說，財富是從屬於道德的東西，是道德帶來的結果，他應當注重的，不是怎樣去搜取民財，而是怎樣提高德行。只要牢牢抓住這一點，就能綱舉目張，因德獲得。對管理者來說最有利的不是取財，而是取義。應當「散財而聚民」，這裡的「散」也不是無條件的，而只是要求統治者不取「無義之財」，要依據社會的經濟政治要求去謀取財富，有利於維持一定的經濟政治關係。這就是「以義取利」的原則，這樣即使使用了民力，如果其目的是使老百姓生活得好，那麼老百姓就會高高興興地去服役；如果施刑殺人的目的是爲了替老百姓除惡防害，那麼就是殺了人也不會引起怨言。這種從利人出發而使人的做法，就叫做「以惠使眾」。

最後是「以禮教民」。由於民心所向是管理的基礎，因此政治統治的最終成功，就不能不依靠思想教化的作用了。儒家提出了兩方面的教化措施：一是興禮樂，二是用刑罰。所謂興禮樂指透過道德教化的方式來引導人們服從社會秩序；後者指用暴力鎮壓的方式來強迫人們遵守社會秩序。他們還明確提出德教爲主、刑罰爲輔的主張，認爲「禮樂不興則刑罰不中」，要求刑罰服從德教的要求，表現德教的原則。只有在德教的前提下，根據德教的精神，才能正確地施行刑罰，否則就會出亂子。德教是管理一個國家的根本措施。

9 領導

◎西門豹治鄴

西門豹，戰國時期魏國人，複姓西門，名豹。他與李悝、吳起等人同在魏國協助魏文侯進行政治改革。公元前四〇七年，由於重臣翟璜的推薦，魏文侯決定派西門豹擔任鄴令。

戰國時魏國的鄴地，在今河南安陽以北，河北臨漳西南一帶，地處魏國和趙國的交界處，是個戰略要地，如果治理不好，不僅當地老百姓受苦遭難，對魏國的安全也是一個嚴重的威脅。因此，非得派個有才能、有魄力的人去鎮守、治理不可。西門豹在任鄴令期間，政績卓著，尤其是破除「河伯（河神名）娶妻」的迷信陋習、引漳水灌鄴這兩件事，至今仍爲人們所稱道。

古代的鄴地，漳河水流經全境。西門豹一到任，只見漳河兩岸城鎮蕭條、人煙稀少，到處是一片淒涼景象。於是約見當地父老，詢問緣故，才知是「河伯娶妻」之事所致。由於漳河水常泛濫成災，鄴地的三老、廷掾便藉機向百姓常年徵收賦稅，達數百萬之多。用其中的二、三十萬爲河伯娶媳婦，再與廟祝、巫婆一同瓜分其餘的錢。那期間，巫婆四處巡視，見到貧苦人家的女兒中長得漂亮的，就說這應該當河伯的媳婦，當即下聘禮帶走。然後，巫婆等爲搶來的少女洗澡、更衣，打扮得漂漂亮亮，獨自關在一間建在河上的屋子裡。十餘天後，把少女放在一張如同出嫁用的床上，把床放到河面上，任其漂流。床順水而下，漂流幾十里就沉沒了。許多有女兒的人家，生怕這災難降臨到自己頭上，便背井離鄉，逃至外地，所以弄得人口驟減、百姓生活困苦。西門豹聽到這種情況後，決定將計就計，剷除邪惡勢力。到了河伯娶妻的那一天，鄴地的三老、官吏、豪紳都早早到河邊相候，百姓扶老攜幼，也來觀看。西門豹命巫婆把新娘帶來觀看後，藉口新娘長得不美，要巫婆去報告河伯，改日選到漂亮的再送去，說著便把巫婆投入河中。過了一會，又說道：「巫婆怎麼一去這麼久呢？徒弟去催她一下！」再把一個徒弟扔進河裡。如此，一共扔了三個徒弟。西門豹又說：「巫婆、徒弟都是女子，看來女人不會辦事，還是煩請三老親自下河跑一趟吧！」接著，西門豹又下令把三老也投進河中。西門豹依然裝出一副恭候河伯指示的樣子，恭恭敬敬地在河邊站著。良久，又要再派人去催她們。這時，廷掾和眾豪紳及大小巫婆都一齊跪下磕頭，頭都碰破了，一個個血流滿面。西門豹見狀，就說：「諸位都起來吧！可能河伯把他們給留下了，我們回去吧！」鄴地的官吏和百姓非常害怕，從此以後，再沒有人敢提給河伯娶妻這件事了。

西門豹破除了「河伯娶妻」的迷信後，隨即發動民眾修築了十二條水渠，引漳河水灌溉鄴田。這樣一來，既減少了漳河泛濫的自然災害，又大大肥沃了兩岸的土地。據《論衡‧率性》記載，水渠修成後，原來遍布鄴地的鹽鹹地，由於開河挖溝降低了土壤含鹹成分，且引水澆灌，也起了洗鹹作用，改良了土壤，瘠薄的鹽鹹地統統變成了良田，每畝（約合現在的〇‧二五畝）產量增加到一鐘（約合現在的六十公斤），比其他地區高出四倍多。

注重溝通，明察秋毫

西門豹作為古代的一名地方官吏，他對所轄地區的管理是十分成功的，反映出他具有傑出的管理才能。在「河泊娶妻」這一事件中，西門豹首先表現出了上下溝通的能力和敏銳的觀察力。

管理通常又被視為各個部屬進行溝通的過程。管理人員必須不斷地去找尋部屬所需求的，以及探查部屬對其本身工作所具有的看法。溝通的重要性是顯而易見的。一個組織的正常運轉靠組織中各層人員的密切配合，為了保證組織的發展不出常軌，組織的戰略順利實施，組織人員有高度的工作熱情，就必須做到上情下通、下情上達。

中國歷史上提倡君王以及各級官吏須「廣納諫」，實際上就是提倡管理者須認真聽取下屬人員的意見，更好地進行溝通。「微服私訪」的方法也是為了直接接觸底層的老百姓，了解他們的真實生活，對問題做深入的調查研究。

西門豹在派往鄴地後，注意到了當地的蕭條景象：田地荒蕪、百業凋零。對此，西門豹不是武斷地下幾條命令，頒一些政策，而是深入了解，尋找問題的癥結所在。他沒有憑自己的臆想去揣測，也沒有讓當地的高級官吏來會報了事，而親自詢問了一些德高望重的百姓。他知道只有直接和鄉間百姓接觸，才能得到第一手資料，了解問題的真相。官吏們往往為了粉飾或推卸責任而歪曲事實。在封建社會，這種深入群眾的作風是很可貴的，也為百姓的下情上達開闢了一個管道。正是由於西門豹注重溝通，才得到確切訊息，即了解到使人民感到痛苦的原因，了解到「河伯娶妻」的緣由和狀況。

敏銳的觀察力是高級管理人員必須具備的基本素質之一。領導者自己要能夠注意到事物的細枝末節，對人和事都有深刻的洞察力。人們在觀察事物後，並不難看見問題，難的是如何確定問題，使問題的癥結赤裸裸地攤出來，不摻雜著雜亂的思想，使問題的性質明白確切。實踐證明，如果一個領導者有敏銳的觀察力，能明辨是非、獎懲分明，工作就會有起色。反之，如果領導者是非不分，獎懲不明，問題就會成堆。

西門豹到任後，敏銳地注意到鄴地的地理形貌頗佳，好山好水，應當是百姓安居樂業之地，然而實際狀況與推測的剛好相反，這就產生了問題。為尋找問題的癥結所在，西門豹詢訪百姓，了解到「河伯娶妻」這一陋習。從表面上看，這似乎是一項單純的民間習俗。古代，人們無法與自然相抗爭，每逢有大的天災時，多採用祭天敬神的做法，人祭的狀況也時有發生。漳河常發大水，百姓認爲這種自然災害是「河伯顯聖」，也是情有可原的。但西門豹以其深刻的觀察力，注意到了現象背後的本質所在。他沒有停留在事物的表面，而看到了「河伯娶妻」事件背後大小官吏、巫婆等藉機勒索百姓、敲詐錢財的惡行。鄴地的三老、廷掾等地方官，不但沒有動員百姓治理漳河，而且散布謠言說，只要每年選送一名美女給河伯做媳婦，就可以免除水患，使百姓安寧。打著給河伯娶妻的幌子，他們大肆徵收捐稅，把絕大部分搜掠所得據爲己有，一小部分則用來裝一下樣子。更可惡的是，清貧人家的女兒，平白無故便被強拉去做所謂的「河伯妻」，實際上就等於被活活淹死。

就此，我們可以看出，西門豹採用了「剝筍法」，對問題一層層深入分析。粗粗一看，造成鄴地民不聊生的景況是「河伯娶妻」的惡習，而更深層的原因則是大小官吏盤剝無度，「河伯娶妻」只是他們用來掩蓋斂財這個真實目的的藉口。如果西門豹沒有敏銳的觀察力和明辨是非的能力，是不能透過掩蓋得很好的表面洞悉他們的險惡用心的。

將計就計，巧妙取勝

綜觀西門豹破除「河伯娶妻」陋習的過程，其高超的領導技巧和手腕讓人由衷地佩服。

領導不僅是一門科學，也是一門藝術。領導藝術是領導學中的精華，它表現爲靈活高超的領導才能和藝術化的領導方法，是領導者厚實的科學知識和豐富實踐經驗的交融和凝聚。古人云：

「兵法之常，運用之妙，存乎一心。」「能因敵變化而取勝者謂之神。」（《孫子兵法・虛實篇》）領導藝術正是這種「妙」、「神」魅力的表現。貫穿於領導藝術中的基本原則有創造性原則、技巧性原則、適度性原則、隨機性原則。

創造性原則是領導藝術最基本的原則。它的主要思想是：在解決問題時，不拘守陳舊老套，突破一般性思維的常規慣例，超脫已有的陳腐觀念和理論框架，揚棄原有的方式方法，經過思維的創新，得出新概念、新判斷、新假設，開闢新領域，貢獻新辦法，使問題得到圓滿解決。

「河伯娶妻」習俗的破除可以說是運用創造性原則的範例。鄴地的地方官吏、大小巫婆互相勾結，以河伯的名義強取豪奪，殘害無辜，其罪可誅。若是按一般的處理方法，就是馬上逮捕法辦，發布告禁止這一行爲。然而西門豹沒有按常規的思路辦事，因爲常規方法有諸多弊端：首先，官吏、巫婆互相勾結，在當地擁有極大勢力。如果直接懲罰他們，不利之處頗多。一方面因爲對方是以神的名義進行活動的，定罪困難；另一方面西門豹把自己放到了他們的對立面，促使他們聯合起來對付敵手，且新官上任，根基不穩，以後的治理工作會遭到極大阻礙。其次，百姓大多敬神，儘管一些人被「河伯娶妻」害得家破人亡，也不乏對此十分相信的。如果冒失地直接禁止、追究，百姓可能會產生不滿，以後發生水災時，更會歸咎於天怒。鑑於這些原因，西門豹採取了非程序化的解決方法。西門豹首先掩蓋了自己無神論的傾向，表現出贊同這一習俗的假象。到了河伯娶婦這一天，他在現場的作爲更令人拍案叫絕。他下令說：「把河伯的新婦帶來，讓我看看長得美不美？」看了一下受害少女後，便藉口她長得不美，令巫婆投水告知河伯，一直到投了四個巫婆、三老後才罷休。自始至終，西門豹沒有相這些巫婆、小吏發生正面衝突，他只是利用了出人意料的創造性方法，把問題解決得乾淨俐落。

著眼於技巧是領導藝術的重要特徵，這種技巧是指巧妙地運用各種領導方法來解決領導活動中的各種矛盾，在「河伯娶妻」這一事件中，技巧的運用隨處可見。首先，西門豹對「河伯娶妻」沒有表示任何反對意見，反而主動提出要參加這項活動。他這樣做的目的是爲了麻痺對手，讓其放鬆警戒，以便於更好地後發制人。這是迷惑對手的技巧。其次，「是女子不好，煩勞大巫嫗去入報河伯，得更求好女，後日送之」，這個藉口顯然是無懈可擊的。官吏、巫婆心知肚明，河伯只是他們無中生有的神。如果他們想要避免投河的命運，就必須揭露真相，而真相正是他們的致命之處。西門豹充分利用了對手這一弱點，使他們搬起石頭砸自己的腳。再次，在懲罰了幾個爲首的作惡分子後，西門豹如何收場呢？他恭恭敬敬地在河邊等待良久，然後說是河伯要留下他們，暫不回來，讓眾人退去，把一齣好戲演到了底。西門豹以河伯的名義開場，也以河伯的名義收場，避免了劇烈的衝突，不動一刀一槍就圓滿地解決了問題。這是側面攻擊的技巧。

我們可以看到，不是所有的矛盾都要採用正面衝突的解決辦法，有時候正面解決會造成很大的損害，需要付出高昂的代價，而繞一下圈子，利用一下技巧，卻能以較低的代價更好地解決矛盾。西門豹正是這樣一個高明的領導者。

我們平常所說的「過猶不及」、「欲速不達」，是指超過了度。領導藝術在於做任何事情都能把握時機，掌握分寸，恰到好處。強調一種因素過了頭，就會形成阻力，造成負面效應。「河伯娶妻」事件中，鄴地大部分官吏、巫婆都參與了。如果真正清查追究，眾人都難逃其咎。西門豹並未藉機把所有的官吏都一概投河，加以清除。在投了幾個人後，廷掾、豪紳、巫婆都嚇得面如土色、磕頭如搗蒜。西門豹明白他的行爲已起了足夠的威懾作用，廢除陋俗的目的已達到。如果再予深究，牽涉面太廣，勢必樹敵眾多；適可而止，既達目的，又使對方摸不清其真正想法，不敢輕舉妄動。

隨機性原則的基本思想是：實事求是，從實際出發，靈活變通，勇於創新。這在西門豹處理「河伯娶妻」事件的整個過程中得到了充分表現，此處不再贅述。

百年大計，深謀遠慮

儘管「河伯娶妻」的騙局被戳穿，但引發此習俗的根本性原因沒有消除，人心不穩的隱患仍在。這就引出了漳水河的治理。

漳水河是條季節河流，加上年久失修，每年夏秋兩季暴雨後，水勢猛漲，往往泛濫成災。大水一來，一片汪洋，淹沒了田地莊稼，衝走了農具牧畜，摧毀了房屋院舍。水利問題不解決，鄴地就難以繁榮，類似「河伯娶妻」的迷信思想還會改頭換面地出現。爲此，西門豹雙管齊下，採用了治標又治本的策略。

西門豹立即召集老百姓開鑿了十二條渠道，引黃河水灌溉農田。這是一個較大型的專門灌溉工程。當時因修渠工程浩大，百姓負擔較重，許多人不願意參與，甚至還埋怨西門豹勞民傷財。西門豹並沒有因有人反對而停止不前，而是堅決貫徹相國李悝的「盡地力之教」的發展農業思想，他說：「百姓可以跟他們分享現成事物，不可跟他們商量新事物的創造。現在父老、青壯年雖然埋怨我，但是百年以後，一定會使得父老的子孫們想起我所說的話。」這段話充分顯示了西門豹高瞻遠矚的戰略眼光。

作爲一個領導者，在考慮問題時必須比旁人站得更高、看得更遠，能統觀全局，對整體性的問題深謀遠慮，有戰略眼光；而在決斷時要堅決果斷、有魄力、有主見；對決策實施過程中遇到的阻力，要有信心去克服。西門豹著眼於未來的長遠利益，不被一些現象和閒言碎語所左右，始終不渝地領導人民修築水渠。這些水渠的築成，不僅當時百姓收到了效益，而且自那以後一千多年的時間裡，這些渠道始終在發揮著作用。

經過西門豹的治理，鄴地的舊風俗、舊習慣遭到無情的打擊，同時，鄴地的農業生產則大大向前發展，使鄴地成爲魏國的東北屏障。

◎都江堰工程

都江堰在現在的四川省灌縣境內，是戰國時期秦國興建的大型水利工程。渠道總長約一千一百六十五公里，共有五百二十多條支流，有二千二百多道分堰，灌溉面積約三百多萬畝。這樣大規模的水利灌溉系統，在世界古代水利工程史上也是絕無僅有的。

在都江堰建成以前，川西人民長期遭受岷江的水害。公元前二五〇年前後，秦昭王任命李冰爲蜀郡太守。李冰到任後，了解到治理岷江，不僅是發展蜀郡農業生產的關鍵，而且是進一步鞏固秦國對蜀郡統治的當務之急，於是他就開始著手治理岷江。

李冰帶著兒子二郎，邀請了有治水經驗的農民，對岷江沿岸地形和水情作了詳細的勘察。原來，岷江是長江上游一條很大的支流，從四川北部高山地區急流而下，到了灌縣，進入平原後，流速減緩，使泥沙在沙床裡淤積起來，同時在灌縣城外有座玉壘山，矗立在岷江東岸，阻礙江水東流。每到雨季，水流量增多，往往造成西澇東旱。當地人民提議鑿開玉壘山，把江水分流成兩股，既可分洪減災，又可引水灌田，變水害爲水利。

李冰決定先鑿開玉壘山。玉壘山岩石非常堅硬，在沒有火藥不能採取爆破的情況下，開鑿工作十分困難。一位老農想出了辦法：先在岩石上鑿出一些槽線，然後在槽線和天然的石縫裡塡滿乾草和樹枝，點火燃燒，透過膨脹不均使岩石爆裂，這就大大加快了工程的速度。經過艱苦的勞動，終於鑿開寬約二十多米的山口。人們把鑿開的山口叫「寶瓶口」，把開鑿後和玉壘山分離的石堆叫「離堆」。

「寶瓶口」引水工程完成後，雖然起到分流和灌溉的作用，但效果並不明顯。洪水來時，流進寶瓶口的水量不大，原來山的東邊地勢較高，因此，洪水不易流入寶瓶口。於是，李冰決定在距玉壘山稍遠的江心裡築起一道分水堰，把岷江水流分成兩股，這樣就可以使其中的一股流入「寶瓶口」。

怎樣在江心修築分水堰呢？開始，人們把江邊的卵石搬到江心，可是，這樣築成的分水堰很不牢固，過不了幾天就被江水衝垮了。經過多次改進，最後採用了竹籠裝卵石的辦法，取得了成功。

江心分水堰築成後，像一座狹長的小島，大堰的尖頭指向岷江上游，像個大魚頭，人們稱之爲魚嘴。分水堰把岷江分成兩條水道，東邊的流入寶瓶口，叫內江，供灌溉渠系用水；西邊的叫外江，是岷江本流。分水堰修成後，基本上控制了岷江的水害。李冰給這個大堰取名叫「都安堰」，後來改稱「都江堰」。

爲了加強都江堰的分洪減災作用，又在大堰和離堆之間修建了飛沙堰，作爲溢洪道。飛沙堰是一道長約二百米的長堰，全部用竹籠和卵石堆成，坐落在「寶瓶口」的對面，堰頂比堤岸低，在內江水過多時就漫過飛沙堰，流回外江，使內江灌溉區不受水災。

爲了保證都江堰長期發揮作用，李冰父子還與勞動群眾一起創造了簡便易行的歲修方法：採用「榪杈」截水斷流，淘出河底淤積的沙泥。「榪杈」是用竹索把大木樁綁成許多三角形架，用裝滿卵石的竹籠壓住腳架，在迎著水勢的一面鋪上竹席，再敷上黏土，就可擋住水流。每年霜降季節水流量最少，先在外江用榪杈截流，使江水全部流入內江，淘出外江泥沙；到立春時節，把榪杈由外江移到內江，使江水全部流入外江，再淘出內江泥沙。到清明時節，內外江全部開堰。洪水期間，大部分水量從外江洩走，保證下游灌區的安全；枯水季節，大部分水量進入內江，保證灌溉用水。

李冰父子從勞動人民長期對都江堰的管理中，總結出「深淘灘，低作堰」的治水三字經和「遇灣截角，逢正抽心」的八字真言。並將三字經刻在內江東岸的石壁上。「深淘灘」就是把淤積在江底的泥沙挖掉，使河床保持適當的深度，保證江水暢通無阻；「低作堰」就是把飛沙堰築得低一些，以便更有效地發揮溢洪作用，避免造成水災。

都江堰築成以後，從根本上改變了蜀地的面貌，把原來水旱災害嚴重的地區，變成了「沃野千里」的富庶地區。蜀地的農業經濟迅速發展，糧食物資不斷增加，支援了秦始皇統一六國的偉大事業。由都江堰灌溉的成都平原，在全國政治經濟生活中一直居於重要的地位，並有「天府之國」的美譽。

都江堰實實在在地爲人類造福了兩千多年，而都江堰建造使用中所蘊含與孕育著的管理思想一樣地源遠流長，閃耀著它本身的光芒。

治標與治本

標，即物體的表面現象，問題的表面反映。本，即根本，也就是問題的關鍵所在，根源所在。面對著同樣一個問題，我們不能粗淺地掃視問題的表面現象，然後匆忙地動手，使問題在近期內或短期內得以暫時的解決，甚至是一種虛假的解決——即掩蓋問題本身；我們應該投入大量的人力、物力、財力，追根溯源，探尋個究竟出來，然後再尋找解決問題的根本障礙所在，想方設法去突破它，從而達到解決問題的最終目的。然而，在實際中，由於人力、物力、財力等資源的有限性，而問題、困難又常常是層出不窮的，如何才能合理得當地處理好這一矛盾呢？這就要視問題本身的性質而定。如果一個問題在諸多急待解決的問題中顯得不那麼重要，對大局的影響不太深遠，在資源緊缺的情況下，我們就儘可能地簡化之，儘快儘簡地將其解決掉，甚至可以暫時拋開不管；但如果這個問題的地位非同小可，對大局的成敗將會起到左右的作用，那麼就完全應該想方設法解決之，即治其本。

李冰剛剛接任蜀郡太守時，蜀郡農業生產的境況極爲不佳，而這種境況對整個蜀郡的治理、人民的生活、政局的安定會產生很不利的影響。於是李冰致力於分析其原因，因而了解到旱澇災害乃是農業生產收成不豐的關鍵原因。而旱澇災害又是由於不同季節岷江水量大小不一，過大或過小所造成的。因此，岷江的水流便成了這一問題的根本。況且，治理岷江也是進一步鞏固秦統治的當務之急。因此，李冰著手治理岷江實質上就是著手解決蜀郡農業生產問題的「本」，在治標與治本這一著棋上，李冰首先走對了。

變害爲利，利用資源

水害的表現在於西澇東旱，原因大致有兩點：一是淤泥，一是山阻。因此，分洪引水，旱澇相濟，不僅僅正好變害爲利，還充分利用蜀中地區豐富的水資源。這正是修建都江堰最初的思想。開山的舉措，實際上就是開闢新的水道，引水灌溉。江心分水堰的修建，又是按照山的東高西低的地勢而設計的，將江水分流，分出一部分水到新的水道中，用作灌溉。爲防止灌溉用水過多，即內江中水量過多，就修建了飛沙堰以溢洪防澇。諸多舉措，都是基於一條「變害爲利，利用資源」的原則。

在現代企業的經營與管理中，「變害爲利，利用資源」這也是一條常常運用的策略。企業生存的背景是環境，而環境又是由眾多企業與企業之外的其他因素綜合影響形成的，它與企業是一種相互依存、相互影響的關係。對企業而言，環境表現爲資源的豐富或貧乏、經營條件的平穩或動盪、對企業發展方向的潛在影響力等等。因而，在環境的不斷變化中，一些表現是對企業有利的，一些是影響不大的，或是不相關的，還有一些表現是對企業不利的。對於環境的動盪變化，特別是

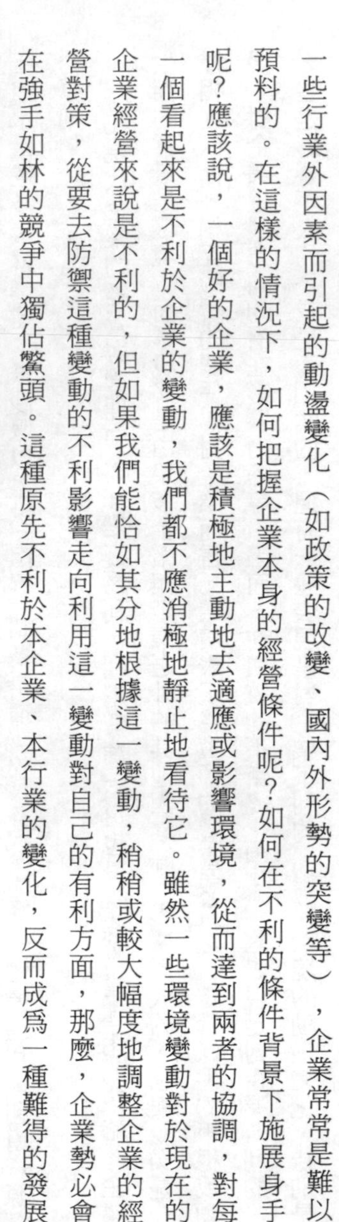

一些行業外因素而引起的動盪變化（如政策的改變、國內外形勢的突變等），企業常常是難以預料的。在這樣的情況下，如何把握企業本身的經營條件呢？如何在不利的條件背景下施展身手呢？應該說，一個好的企業，應該是積極地主動地去適應或影響環境，從而達到兩者的協調，對每一個看起來是不利於企業的變動，我們都不應消極地靜止地看待它。雖然一些環境變動對於現在的企業經營來說是不利的，但如果我們能恰如其分地根據這一變動，稍稍或較大幅度地調整企業的經營對策，從要去防禦這種變動的不利影響走向利用這一變動對自己的有利方面，那麼，企業勢必會在強手如林的競爭中獨佔鰲頭。這種原先不利於本企業、本行業的變化，反而成爲一種難得的發展機會的實例，在現代企業的競爭中，比比皆是。

順民心意，集民才智

都江堰這樣一個浩大的古代水利工程的建成，絕不是李冰父子兩個人的力量所能及的。李冰父子作爲領導者、管理者，他們對工程的成功建成起著不可低估的總體指揮作用，但整個工程實際無處不是廣大人民勞動血汗與智慧的結晶：利用岩石熱脹爆裂開鑿「寶瓶口」；採用竹籠裝卵石的辦法在江心修築分水堰；採用「榪札」淘灘這一簡易的方法進行歲修，等等。由於川西人民深受旱澇災害的困擾，因此，修建都江堰、治理岷江十分符合他們的心願和利益，因而，人民的積極性大大提高，才智得到了充分的發揮。李冰父子很注意充分利用當地的人力資源，利用當地農民對當地水情的熟悉與豐富的創造力，並透過利用農閒搞水利等安民措施，更加促進了都江堰的修建與蜀郡的安定繁榮。

事實上，無論是一項工程，一項活動，還是一個企業，一個集團，人都是活動和行爲的主體。調動人的積極性，群策群力，構建向心的凝聚力，一直都是深爲管理者們重視的工作重點之一。

管理者與指揮方式

應該說，兩千多年前，將李冰任命爲蜀郡太守的這一任命本身在中國歷史上並沒有多大的特別。但今天，人們不由得把李冰父子當作爲民造福的楷模。作爲管理者，李冰父子是成功的。這成功，首先在於他們對管理技巧的把握，以及他們以身作則、身先士卒的精神。越是接近人民，越是將自己深入到工程的每一個關鍵環節中去，管理者就越能深入地了解自己所管理的一切，越能樹立起管理者應有的威望。其次，還在於指揮方式上，由於李冰父子能體恤民情，因此也就採用了很明智的順從民心的策略，使百姓對蜀郡有更深的歸宿感，從而使人民有視蜀郡之發展爲己任的思想。這是一種卓越的領導方式。李冰父子和他們的百姓們當時可能沒有如此清晰地意識到這種思想的存在，但他們的確是這樣去做了。此外，李冰作爲一個管理者，能深謀遠慮，他在世時就已考慮到事業的承續，命令自己的兒子做了三個石人，鎮於江間，用於以後測量水位，還保持了歲修的傳統。

到了今天，無論是人的思維科學，還是管理學本身，都有了很大的發展。每一個管理者都應該充分地考慮這一點，選擇恰當的指揮方式，塑造強有力的領導者形象。因爲從某種角度來說，企業領導者的形象與指揮方式是企業形象很重要的一部分，它甚至還影響著企業形象的其他組成部分。

◎劉邦封雍齒

漢五年（公元前二〇一年），漢王劉邦採用張良的計策，使諸侯的兵馬會聚一處共擊楚軍。楚軍四面楚歌，大敗於垓下，項羽敗退而走，並最後自刎於烏江（今安徽省和縣）。之後漢王又設法使爲楚堅守不降的魯國降順了。漢五年正月，諸侯和將相共同商量，一再請求尊漢王爲皇帝，漢王推讓了三次才應允下來，便在甲午（漢五年二月初三）之時，在汜水以北即皇帝位。到了漢六年正月，漢王大封功臣。張良並沒有親自立過戰功，高帝說：「運籌策劃在主帥的營幕中，取勝於千里之外，這就是子房的功勞啊！讓張良從齊國選擇三萬戶作爲封邑吧！」張良說：「當初我在下邳起事，在留縣與陛下會合，這是天意把我授於陛下的。陛下採用我的計策，有時是因僥倖而成功。只要把留縣封給我就足夠了。三萬戶實不敢領受。」於是，高帝就封張良爲留侯，與蕭何等人一起受封。

這一年，高帝已封了大功臣二十餘人，其餘的日夜爭功，高帝也一時決定不下來，所以未予封賞。高帝在洛陽南宮裡，從閣道望見將領三三兩兩地坐在沙地上議論，便問：「他們在議論些什麼？」張良說：「陛下不知道嗎？他們在預謀反叛。」高帝不解，道：「現在天下剛剛安定，爲什麼大家要反叛呢？」張良回答說：「陛下以平民的身分起事，利用這些人一步一步走向成功，取得天下。今天陛下終於成爲天子，所分封的都是像蕭何、曹參這些和陛下親近的老朋友，而所誅殺的都是陛下平生所仇恨的人。現在軍中官吏要計較戰功，恐怕拿出整個天下也不夠封賞，這些人是在擔心陛下不能全部封賞，擔心被抓住自己平生的過失而遭到誅殺，因而時常聚集在一起謀劃反叛。」高帝很驚訝，擔憂地問：「我應該拿他們怎麼辦呢？」張良回問：「陛下平生所憎恨而又爲群臣所共知的人是誰呢？」高帝想了想說：「雍齒與我有舊怨，當初雍齒在豐地防守，因不願歸屬於我，輕易降順魏國，對此事我十分氣憤。後來他又曾經多次侮辱我，我本來想殺掉他，只因爲他戰功卓著，所以才不忍心這樣做。」張良說：「那陛下現在應趕快封賞雍齒，讓群臣們得到啓示。群臣看到雍齒也受封賞，就都會安心了。」於是，高帝擺設酒宴，封雍齒爲什方侯，同時催促丞相、御吏們抓緊給將領們評功封賞。群臣在赴宴之後，都高興地說：「連雍齒都被封爲侯，我們更沒有什麼可擔心的了。」

細細品味，此故事實在巧妙而有趣。劉邦大封功臣二十餘人，卻未能使群臣滿意，反而令大臣們怨聲四起，更有少數意欲謀反者，這似是反常現象，連高帝也極爲不解，而高帝採納了張良之計策後，僅僅封賞雍齒一人，群臣便好似服了定心丸，怨聲嘎然而止，人人面露喜色。爲什麼張良的計策具有如此神奇之功效呢？對此進行總結，想必會對當代的領導者、企業家們有所啓發。

「賞小罰大」是賞罰的重要而有效的手段

在一般情況下，在公布了激勵制度後，照章執行就可以了，但是當遇到該罰的情況比較普遍，或者當獎的行爲亦很多，人們都拭目以待賞罰結果時，爲了迅速收到激勵的效果，可以採取有悖於常規的作法，即處罰大人物或與領導者關係相對密切親近的人，令「眾情所惡」得以釋然；或者獎勵小人物以及與領導者關係相對疏遠的人，使「眾情所喜」得以滿足，如此可使「殺一人而三軍震，賞一人而萬人喜」，即透過對一人之獎懲而取得激勵組織全體成員的效用。劉邦封雍齒就是靈活運用「賞小罰大」原則，透過「賞小」而收到了意想不到的奇妙效果。

薄一波在《若干重大決策與事件的回顧》一書中回憶到，在公審當時的大貪污犯劉青山、張子善之前，天津市委書記黄敬請他向毛澤東主席轉達給劉、張二人一個改錯機會而不槍決的意見。毛澤東說，正因爲他們兩人的地位高、功勞大、影響大，所以才要下決心處決他們。只有處決他們，才可能救二十個、二百個、二千個、二萬個犯有各種不同程度錯誤的幹部。同樣，企業領導在採取激勵行動時，一般情況下用殺雞儆猴的手法，也只有此辦法，才能振聾發饋，教育一大片。這是發揮罰大的效果。

要善於引導和提高下屬的期望水準

「賞小罰大」是一種手段，劉邦「賞小」之所以收到了奇效，關鍵乃是此舉使大臣們對被封賞可能性的估計大大提高了。現代管理心理學期望理論的研究表明：當人們有需要的目標，又有達到目標的可能性時，其積極性才會高。

顯然，雍齒受封前，雖然大臣們對受封看得很重，但可能性小，因而激勵效果依然很低，結果是深感忿忿然；雍齒受封後，大臣們對受封可能性的心理感受大大提高，故激勵效果亦大大提高，怨言便就平息了。可見先人很早就運用期望理論的原理進行激勵了。

古人尚能如此，現代的領導者更應該能熟練地應用這個原理。其具體做法有：

(1)目標的設立要合理。從期望理論角度看，所謂目標合理是指設立的目標既要能迎合職工的合理需要，使其深感實現目標與自己的切身利益休戚相關，又要是經過努力可以實現，令職工覺得此目標絕非高不可攀。如，某輸電線路架設隊在一九八四年四月承建一處山地架設線路任務時，領導根據大多數職工的家屬在農村的情況及工程要求，在確定工期時就提出了「麥子黃了就是工期」的目標口號，對職工的心理影響非常大，全隊因此士氣高漲，每天工作十四小時以上，最後整個工期縮短了一半，且工程質量全優。此目標之設立確實值得稱道。

當然，企業家在確定目標時必須注意，要使企業發展的大目標與企業中各部分的中目標及每個職工的小目標互相銜接，達到高度統一。否則，如果目標僅僅爲迎合職工需要而不顧及企業全局，則必然會弄巧成拙，使目標的設立誤入歧途。

(2)要設法提高職工對實現目標的期望值。職工由於其所處地位不同，決定了其掌握的資訊與領導者相比具有資訊相對不完全的特性，同時還由於認識問題的角度和方法不同等原因，常會感到決策者設定的目標過高而不易實現。因此，領導者必須在進行深入淺出分析的基礎上，充分運用自己雄辯的口才以及宣傳、輿論等各種工具去開展動員、鼓勵和說服工作，提高職工對實現目標過程之認識，從而提高其實現目標的自覺性和積極性。一般來說，這種分析主要應包括四方面：實現該目標的有利條件、不利條件、可能遇到的困難及應變措施等。《三國演義》中赤壁大戰時的孫權，對諸葛亮、魯肅等提出的孫、劉結盟共拒曹操的目標一直心存狐疑，因「心怯曹兵之多，懷寡不敵眾之意」而在是戰是降的問題上猶豫不決，孔明面對種種困難，巧施計謀，陳言力辯，舌戰群儒，以言激權，在孫權有所覺悟後，又深刻分析敵我雙方的力量對比和優劣長短，指出了曹軍存在的致命弱點，終令孫權決定「即日商議起兵，共滅曹操」。可見深刻透徹的分析可以釋消人們的疑慮，提高人們的期望值。

要有容人之量方能賞罰不以私怨

雍齒與劉邦素有舊怨，他還多次侮辱過劉邦，但劉邦卻能念其戰功卓著，不僅不貶斥加罪於他，還按功將其封爲什方侯。這充分顯示了高帝寬廣的胸懷和氣魄，真乃「宰相肚裡能撐船」。可以說，劉邦能透過封雍齒而收奇效，其根本就在於具有了寬廣的容才之量。它啓示我們，是否具有這種容才之量乃領導者能否有效激勵下屬的重要條件，領導者只有具備了容人之量才能做到賞罰不以私怨，才能服眾，才能有效激勵下屬。

求才不易，容才更難。以企業興旺爲己任，愛護和使用人才爲天職的企業家，應當有容才的胸懷、氣魄和度量，應當容下各種人才，做到大度能容難容之士，海量能納難納之言。企業家在容人方面應做到以下幾點：

第一，敢容超過自己者。古今中外凡是能創造出一番事業的人，都是能容才的。人無全才，無論多麼傑出偉大的人物，在某一方面不如他人是不足爲奇的，作爲一個組織的領導者，其最偉大最傑出之處，恰恰是在對待人才的態度和心胸上。以販賣草鞋編席爲生的劉備，在群雄爭霸中之所以能成爲鼎足之一，其主要原因就是他善於容人用人。按說，劉備智不如孔明，勇不如張飛，武不如關羽、趙雲等，但其可貴之處就是像大海能容納百川一樣，容納各式各樣的英雄好漢，藉助於他們以成霸業，其容才之量令人肅然起敬。

第二，能容不同意見者。唐太宗李世民由於「貞觀之治」而成了一代封建名君，在歷史上留下了顯赫的一頁。善於納諫就是唐太宗取得政治成就的主要原因之一，他憑藉這一點，避免了許多失誤。在諫臣中，魏徵最突出，他以敢於直諫而受唐太宗喜愛，魏徵病死後，唐太宗大哭說：

「人用銅作鏡，可以正衣冠，用史作鏡，可以見興亡，用人作鏡，可以知得失。魏徵之死，我喪失了一面鏡子。」

敢於直諫不容易，能善於納諫更難。李世民虛心納諫的行爲和精神足値企業家們藉鑑。人才者，有自己的真知灼見也，他們大多願意表露並敢於堅持自己的意見。對待人才意見的態度，是真愛才和假愛才的分水嶺，那些口頭上說愛才，實際上對人才的正確意見置若罔聞，或是視爲大逆不道的人，充其量也只是葉公好龍罷了。企業家們要胸懷坦蕩，有容才之量，開拓進言之路，對人才的忠直之言，虛心「納諫」。

第三，能容有缺點的人才。雍齒多次侮辱劉邦，若劉是沒有度量的領導者，必會以其缺乏教養爲由將其貶斥不予重用，如此劉邦就會少了一位爲其建功效命的大將。企業家也要像劉邦這樣具有容人之量，能容有缺點的人才。人才有其長也必有其短，通常是優點越突出，缺點也最明顯。比如有的人恃才自傲，有的人不拘小節，有的人不注重人際關係，有的人有奇習怪癖。因此，企業家對人才要用其所長，就應該在許可的範圍內容忍他的缺點或弱點。美國總統林肯在南北戰爭時期，任命嗜酒貪杯的格蘭特將軍爲總司令。他當然知道酗酒可能誤事，但他更清楚，在北軍將領中，只有他是運籌帷幄之帥才，總司令之職非他莫屬，所以容忍了格蘭特的弱點。事實證明，對格蘭特的任命成了南北戰爭的轉折點。

《漢書》上說：「水至清，則無魚；人至察，則無徒。」對人的缺點、錯誤，只要對工作無多大危害，就不必求全責備。

第四，能容反對過自己的人。有作爲的領導者，對曾反對過自己的人，都是不記小仇而用其才能的。春秋時期的齊桓公，不記管仲射過自己一箭的前嫌，大膽起用管仲爲相，結果成就了九合諸侯、一匡天下的霸業。

企業家們在對待反對過自己的人的態度上，應當更勝古人一籌，切不可對反對過自己的人耿耿於懷、誓不兩立，而應求同存異，正確對待。對於反對自己的人要作具體分析，如果人家對，應心甘情願虛心接受；若是自己正確，也要給對方認識和改正的機會。千萬不可一有分歧就分道揚鑣，而應該高姿態、寬心胸，主動去團結、接近和起用反對者。

要進行有效激勵就必須了解職工心理

劉邦封雍齒取得了極佳的激勵效果，但試想如果沒有張良對大臣們心態的分析與反映，劉邦則無從得知群臣之欲求，更不會有封雍齒這出「戲」的上演，如此一來，其後果很可能是不堪設想的。可見，了解部下的心理，才是有效激勵的基礎和前提。

企業家們要想使對職工的激勵取得好效果，切記首先就要了解和掌握職工的需要，如此才能使激勵措施有的放矢，抓住關鍵。由於人的需要是複雜的、多方面的，且大多數人平時不輕易袒露真心，因此了解掌握職工心理絕不是一件輕而易舉的事，根據實踐經驗，一般可採取訪談法和問卷調查法來實現這個目標：

(1)訪談法。要了解一個人的需要，抓住一個人的真心，最簡單最直接的方法莫過於與之進行面對面的交談。劉邦就是透過與張良的交談得以知道大臣們的不滿的。實踐也證明這是了解職工需要和心理動態的最常用最有效的辦法。

(2)問卷調查法。訪談法雖有效，但某些問題是被訪者不願輕易當面道出的，且需要花費較多時間，而問卷調查法恰好能克服這些缺點，因此問卷調查法也就成了另一種了解職工需要的常用方法。

◎西漢盛世

公元前一四〇年至公元前八七年，漢武帝劉徹在位期間，建立了中國封建社會第一個鼎盛時期，政治空前統一、經濟空前繁榮、國力空前強盛、文化空前發展。其間，人才輩出，如大史學家司馬遷、大文學家司馬相如、大理財家桑弘羊。

漢初無爲，與民休息。經過高、惠、文、景四代的經營，到漢武帝即位，全國已興起幾十個大都會，農、工、商都得到了發展。在一片歌舞昇平的景象下，治政大臣無視社會矛盾。文帝時政治家賈誼獨具慧眼，以〈治安策〉上書漢文帝，猛烈抨擊當時政治，切中時弊，給守舊派以當頭棒喝。他指出諸侯王僭擬、匈奴數侵犯、制度疏闊三大社會問題。漢初全國六十二郡，歸朝廷直接控制才十五郡，諸侯王封地四十七郡，諸侯王日漸壯大，必定引起地方和朝廷對立。漢初和親，每年向匈奴納貢，委曲求和，任匈奴連年侵邊，喪失國威，影響中央政權的鞏固。由於法制疏闊，權貴豪強，商人勢力膨脹，國無積蓄，民無蓋藏，這些都等著雄才大略的漢武帝來解決了。

政治上，首要解決的是削弱諸侯王的勢力。當時，淮南王劉安在輩份上是漢武帝的堂叔，他不甘心受制於年輕的武帝，串通衡山王劉賜及朝中部分大臣，欲謀帝位。後事敗露，受牽連被殺的列侯、官吏多達數萬人。爲防後患，漢武帝頒布「推恩令」，使諸侯王分封諸子爲侯，削弱他們的勢力。此外，頒布《左官律》、《附益法》等，防範諸侯王結黨營私，並制裁依附諸侯王的豪強。同時，任用酷吏制裁地方豪強。武帝把全國分爲十三個監察區，稱爲州，每州置一刺史，代表皇上巡視郡國。漢武帝還對遺留下來的三公九卿政制進行改革。漢初，丞相權重，百官對丞相唯命是從。漢武帝削弱相權，令九卿直接向其奏事，又規定詔令文書先下監察官御史大夫，再由丞相去執行，形成了內朝決策、外朝丞相執行的格局。漢武帝透過採取以上措施，牢牢控制了朝廷和國內政治局勢。

在文化上，漢武帝實行黜刑名、崇儒術、明教化、興太學政策，令郡國專心求賢。同時宣揚「公羊春秋」大一統學說，凡「諸不在六藝之科、孔子之術者，皆絕其道，勿使並進」，統一了全國思想。

在經濟上，漢武帝採取鹽鐵專賣的政策。鹽鐵專賣主要採取民制官收的辦法，國家設有專門機構和官員主持鹽鐵專賣，郡縣出鐵的地方置鐵官，而鹽官設置遍及全國。這樣一來，既增加了財政收入，又防止了富商大賈壟斷鹽鐵、榨取超額利潤。同時，漢武帝在流通領域實行均輸平準法，統制物品的運輸和買賣。百姓將貢物交給當地均輸官，由官府直接負責轉運至京城，可減輕百姓勞役轉輸負擔，同時百姓可以用土地所產作貢物，可以因地制宜進行耕種，這與原先的規定當輸何物以及自運貢物至京的貢輸相比，優勢突出。而平準是指京師設立平準機構，由它協調各郡之均輸，調撥郡國貨物。其目的在於防止囤積居奇，平抑物價。這些策略的直接目的是籌措巨額資金，支持戰爭，從長遠看則奠定了西漢的經濟基礎。

由於經濟實力雄厚，漢武帝在霍去病、衛青的輔佐下，與匈奴展開三次大決戰，無往而不勝，把匈奴趕至漠北，從此再也不敢窺探中原。之後，又對河西走廊進行大量移民、開發和建設，還開通西南，併兩越，拓境至南海。

漢武帝晚年曾迷信長生不老，大興土木，使得民不聊生。但是，晚年的他能作自我批評，在群臣面前坦陳自己的過失，重新重用直言諫過的田千秋爲丞相，使其國家又呈現出蒸蒸日上的景象。晚年悔過，在中國兩千多年封建史中，漢武帝是唯一的一個，足見其雄才大略。

運用系統分析方法於宏觀管理活動

所謂系統，就是由一系列相互影響、相互作用的因素構成的一個有機體。系統的發展與演變歸根到底是由構成因素的運動所造成的。系統方法就是用系統觀點來分析、研究事物。國家可以被看作是一個系統，企業也可以被看作是一個系統。

漢武帝要施展其雄才大略，增加其國家實力，就必須分析這個國家各個構成要素的狀況及相互之間的利害關係，然後才能對症下藥、逐一解決。政治上不穩定迫使其採取有利的三個措施，把權力集中在自己手中，削弱諸侯列強的勢力；經濟上不強大，就沒有維持一定軍費開支的能力，在軍事上就會處於下風，所以漢武帝先發展經濟、豐富國庫，爾後再攻打匈奴、開拓邊疆。漢武帝時代雖無系統一詞，但他深深懂得國家各要素之間不是獨立、毫無牽連的，所以要治理國家就必須多管齊下，才能奏效。

運用系統方法，首先要劃分清楚各個構成要素的界限。這些要素往往表現爲一種職能，如國家機構可以劃分成政治、經濟、文化、軍事部門；企業可以分爲生產、銷售、財務部門。系統中每一要素都有其面對的相互獨立的對象，他們的功能是各異的。如國家的政治功能和軍事功能就不同。

其次，要協調好各要素之間的關係。由於各要素所面對的是整個大環境中的一部分子環境，他們對整個系統發展影響程度不一，且各要素本身發展也不平衡。如一個企業中，生產、銷售、財務部門發展狀況，對企業最終目標的取得影響不一。這就要求我們應針對系統所處不同發展時期，有意識地培植其中一兩個重要因素，分清主次、先後，協調他們的關係。現代組織的結構都比較龐大，特別是像一些跨國公司，子公司分布世界各地，各地的政治環境、經濟體制、文化特徵都大不一樣，這樣，作爲母公司而言，就要處理好差異化和一體化的矛盾關係。不同子公司之間具體經營策略不同，即使是同一子公司的職員，他們對市場機遇的理解和把握程度也不一樣，這就是組織內的差異化，解決差異的方法就是分權、下放權力。然而，一個有效率的組織絕不允許放任的差異化，而要集中各個子公司的實力爲一個總目標服務，要使他們各方面的努力都在總目標指引下進行，這就是一體化。差異化和一體化是兩個不同方向的力量，是一對必然存在的矛盾，任何一個組織都不能逃避這個問題。因此，一個系統、一個組織在發展過程中一定要協調好各要素之間的關係。

從善如流——優秀領導者的博大胸襟

漢武帝的雄才大略得益於他從善如流的態度，得益於他集思廣益、重用賢才的做法，給真正的人才、賢才創造發揮專長的機會。在經濟發展策略上，漢武帝重用「以心計」用事的大理財家桑弘羊，實行經濟改革；在文化發展上，他親自向董仲舒策問以古今治道及天人關係三題，禮賢下士，深深感動了董仲舒。特別值得一提的是，漢武帝晚年悔過，不但不追究直言諫過的田千秋，還授官為丞相。可以說，漢武帝若失去了從善如流的態度，就不可能得到這些賢才的輔佐，無法成其大業。

從善如流、集思廣益在當今社會尤為重要。對一個領導者而言，他頂多是個通才，在隔行如隔山的今天不可能是個全面的專才，因此他需藉助同事、下屬的力量，使他們誠心實意地為領導者提出的目標而創造奇蹟。

要真正做到從善如流，並產生效益，首先要提高領導者的自身修養。不要自詡擁有特權，擁有高於下屬的特權，從而形成專制，而阻塞了下屬進諫賢言的可能。同時要承認下屬中有在某一方面高明於自己的地方，不能自以為站到了領導者崗位，就不會犯錯誤，而失去了傾聽下屬正確意見的可能。實際上，一個人站在領導者的崗位上，意味著擁有更多權力的同時，責任更大了，考慮問題時要參考的資訊更多，要顧及的面更大，其決策影響程度更大了，所以不可孤芳自賞。只有那種不斷從上下級等各種周圍環境、人物中學習的領導者，才能永久性地擔負起領導責任。

其次，要創造激勵機制。美國學者赫茨伯格的雙因素理論指出，有兩個因素影響著職工的工作成績。一方面是保健因素，它不能直接起激勵職工作用，但可以防止職工產生不滿，這些因素如：公司政策、工資、同事關係等；另一方面是激勵因素，它能直接激勵職工的工作，如工作成就感、上級賞識、責任、進步等。領導者從善如流的目的是從下屬中聽到有意義的建議，而從善如流的領導者能使下屬感到處於一種良好的上下級關係的氛圍中，而且使他們覺得一旦建議被採納就會受到領導賞識。因而從保健和激勵兩方面激勵了下屬，這是領導者從善如流本身所帶來的正面效應。同時，在從善如流的同時，一個領導者還要注意分配下屬有成就感的工作，公司政策也要兼顧下屬利益等等，使下屬願意談出自己的建議。

再次，對下屬要一視同仁。對犯錯誤的下屬要就事論事，給予糾正，而又不損害其人格；對有創見的下屬則給予鼓勵，獎懲分明。一視同仁，就要拋棄裙帶關係，採取任人唯賢、唯才的人事政策，不造成偏見，也有利於樹立領導者威望。

又次，當領導者的意見、做法與下屬所諫相矛盾時，領導者不能固執己見、一意孤行，而要採取試探問路的方法，可以先按既定意見行事，並密切關注事情進展來判斷自己的意見正確與否。這時意見正確與否的判定標準不是地位、權力的高低、大小，而是客觀事實。一旦發現領導者不對，領導者就要敢於做自我批評，這樣的自我批評不但不會貶低領導者的自身價值，恰恰相反，是領導者胸襟博大、寬廣的表現。

培養自己從善如流的作風，仍是當今、未來領袖的必備素質之一。

◎李世民與魏徵

在中國漫長的封建社會中，唐太宗貞觀時期是一段燦爛的歷史，爲史學家們譽爲「貞觀之治」。它的形成與唐太宗李世民和魏徵的名字是分不開的。

李世民（公元五九九—六四九年），李淵次子，唐代皇帝。隋代末年，跟隨父親李淵四處征戰。玄武門事變後，李世民即皇帝位，史稱唐太宗。由於他知人善用，知錯改錯，頗有容才之量，是中國古代歷史上決策民主化的集大成者。也正是因爲他政治開明，治國有方，才開創了「貞觀盛世」，爲後人稱頌。也有人認爲，所有這些都是因爲唐太宗正確地任用了魏徵。

魏徵（公元五八〇—六四三年），字玄成，巨鹿人。幼喪父，落魄潦倒。好讀書，深通學術，屬意縱橫之說。隋末農民起義，他投筆從戎，曾先後參加李密瓦崗軍和竇建德趙義軍。李密建唐朝後，魏徵成爲太子李建成的幕僚，頗受重用。他見唐高祖次子李世民功業日隆，曾勸建成及早設法對付。李世民當了皇帝後，不計舊惡，深愛他的剛正和才能，仍委以重任。自此，魏徵輔佐太宗，出謀劃策，指陳得失，盡心盡力達十七年，直至老逝。

說起李世民和魏徵，人們總會提起前者的豁達開明，後者的直言敢諫。他們二人，一個敢諫，一個納諫。魏徵向唐太宗前後上課二百餘事，凡數十萬言。大至朝廷大政方針，小至皇帝個人私事，他都直言諍諫。而唐太宗雖然有點不喜歡過於刺耳的逆言，甚至動怒起來也想殺魏徵，但他總體上還是一個理智的英主，他與魏徵一道，開創了皇帝從諫如流，大臣諫諍成風，君臣共商國家大事的開明民主政治風氣。魏徵敢諫，也確實避免了唐太宗走向專橫和腐敗。因此，李世民生動地比喻說，自己是亂石中的一塊玉，靠了良匠魏徵的不斷琢磨，去其雜質，才有別於瓦礫，成爲萬代之寶。李世民與魏徵之間的開明關係促進了唐初的「政通人和」。

李世民知賢納諫，魏徵真言敢諫，使唐代貞觀時期的政治開明，政權穩固。按現代管理理論來說，組織目的的實現要受領導者的領導作風和領導方式的影響。而領導方式的選擇又取決於管理者對人的理解和看法，即取決於人性假定的前提。李世民開明治國，強化了魏徵直言敢諫的行爲，而魏徵忠心輔佐太宗，敢於代表百姓的利益說話，又使唐太宗慎終如始地發揚民主的領導作風。貞觀十七年（公元六四三年）魏徵病逝，唐太宗異常沉痛，他把魏徵比作「明鏡」，發自內心地認爲失去魏徵，就像失去了人生的「鏡子」。幾年以後，唐太宗李世民也去世了，但是，中國唐代初期的「貞觀盛世」中兩位偉大的歷史人物—李世民和魏徵，卻一直爲後人們所敬仰。

人性的假設與管理

人的問題是管理的核心問題。關於人性的研究一直是管理理論中最重要的研究對象。自管理科學誕生以來，在它發展的每一時期都有相應的人性管理思想出現。現有的人性假設有：經濟人、社會人、自我實現的人和複雜人等。不同的人性理論就有不同的管理理論。

(1)經濟人。認爲企業人的行爲目的是追求自已的利益，其工作動機是爲了獲得經濟報酬，資本家爲獲取最大利潤，工人爲獲得經濟收入，只有雙方共同努力，大家才能得到各自的利益。這種人性假設稱爲「經濟人」。爲了達到企業經營目的，追求生產的高效率，管理與作業必須分開，並運用嚴格的管理制度，即用強制性的管理對工人進行控制。

(2)社會人。認爲職工是社會人，個人不僅受經濟因素的激勵，而且受各種不同的社會的心理因素的激勵，即由社會需要來激勵。它強調了人的社會性，突出了人際關係對個人行爲的影響。根據「社會人」的假設，於是就有了參與管理的新型管理方式，即在不同程度上讓職工和下級參與企業決策的研究和討論。

(3)自我實現的人。「自我實現的人」又稱「自動人」。認爲人除了有社會需求外，還有一種充分表現自己的能力，發揮自己潛力的欲望。在工作中，人可以變得成熟，並且會自動把個人目標與組織目標協調起來。對不同的個人尋找能讓其發揮才能的工作，讓他沒有工作負擔感，滿足自尊及自我實現的需求，自然地達到組織目標。

(4)複雜人。認爲人的個性差異因環境變化而變化，並不單純是「經濟人」、「社會人」或「自動人」。人的需求與他所處的組織有關，人是否能爲組織作貢獻，取決於他自身的需求狀況以及與組織之間的相互關係。與這種人性假設相對應的管理理論認爲，根據人的個性差異隨機應變地採取適當的管理方法。

不同的管理者，由於其對人性的理解不同，會接受相應的人性假設。因而在對「人」的管理上就會採用與該人性假設相一致的管理方法。唐太宗李世民曾隨其父李淵爲奪取政權而鬥爭，他深知用人對鞏固政權的重要性。相應地，他採用的是開明的用人管理方法。甚至不計魏徵與他作對的舊惡，仍然根據魏的剛正、忠誠、敢諫，委以重任，使魏徵感到了實現自我的滿足感，因此盡心盡力輔佐李世民。

作爲領導和管理者來說，用人的管理技巧多種多樣。這是因爲人的個性具有差異性。如果以一種固定不變的理想模式來進行管理，最終還是會遇到問題。所以，用人管理的方法必須從實際出發，依據具體情況而定。總而言之，領導者對人性的理解和假定，決定他採用相應的管理和領導方式，從而也就表現出不同的領導作風。

領導作風

領導作風是組織行爲的表現。組織活動的績效，組織內每個人對組織目標的理解以及參與實現這些目標的程度，均依賴於領導作風。

透過實證研究，認爲領導者在領導過程中表現出的極端作風有三種，即專制作風、民主作風、放任自流作風。三種極端的領導作風在實際中並不常見，多數領導作風往往是介於兩種極端類型之間的混合型作風。

(1)獨裁與民主的領導作風。一個領導可能會告訴下屬做什麼、怎樣做，也可能使下屬參與工作的計劃和執行，並分享他的領導責任。前者是強調工作的傳統獨裁方式，後者是強調人際關係的民主方式。

獨裁和民主兩種領導作風的區別來自人性的假設及領導權力的來源。獨裁作風通常接受人性懶惰、不可信賴的假設；民主作風則假定領導者的權力由他所領導的群體所賦予，同時若受適當激勵，下屬可以自我領導、自我創造。獨裁作風的領導以工作爲出發點和目的，由自己親自作決策，並用權力影響下屬；民主作風的領導，則以群體關係爲側重點，公開討論和執定決策，給下屬相當的工作自由。多數領導的作風類型是介於二者之間的。由獨裁作風過渡到民主作風，其間有多種決策方式，它們依次是：個人決策、宣布性決策、推銷性決策、徵詢性決策、可修改性決策、集體決定性決策、限定性自由決策、非限制定自由決策。個人決策屬於專斷性決策，非限制定自由決策屬放任性決策，其他的類型都是混合型的。

(2)權變的領導方式。專制性的領導並不一定是絕對不好的，高度體貼下屬的領導也不一定是最好的。權變領導所應遵循的原則是：因人而異確定領導方式。具體地說，領導過程是由領導者、被領導者及環境三個變量動態構成。沒有適合一切的領導方式。但這並不意味領導沒有共同的特徵，比如，在權變領導方式下，領導了解下屬的優點和弱點，領導辨別真僞的能力及領導寬容大度的胸懷等等領導者應具備的素質則是普遍要求的。否則權變管理則是一句空話。所以，說起用人的權變管理，每個領導都會有相應的經驗和教訓，值得認真總結。下面介紹一些領導模型。

有效領導權變模式。該模型認爲，領導形態是否有效應視情景而定。情景可分爲三個方面：領導者與被領導者的關係；工作任務是否明確；領導人所處地位的固有權力及取得有關方面支持的程度。領導效果的好壞取決於以上三個方面，三者都具備，最有效；三者都不具備，最差。在最有利或最不利的兩種情況下，採用「以任務爲主」的指令型領導方式效果最好，而對於處在中間狀態的，則用「以人爲中心」寬容型領導方式效果最佳。

途徑——目標模型。該模型認爲，領導行爲有效性取決於他能滿足下屬達成組織目標的能力，以及使職工在工作中得到滿足的能力。該模式引出了四種領導方式，即領導者發布指示、決策時無下屬參與的指令性方式，領導者很溫和、把下屬當作知己給予關心的支持性方式，領導者作決策時徵求和採納下屬建議的參與性方式，以及領導者向下屬提出挑戰性目標並對其能夠達成目標表示信心的目標成就性方式。這四種方式可由同一領導者分別在不同情況下選擇使用。

領導管理方格。它設計了一張對等分的方格圖，橫坐標表示管理者對生產的關心，縱坐標表示管理者對人的關心。評價管理人員的工作時，就按其兩方面的行爲，在圖上找出交叉點。這個交叉點便是他的類型。領導者對被領導者採取不同的管理方式，使職工產生不同的氣氛，以致影響全體職工的行爲及整個組織的活動效果。一般認爲，領導方式必須從實際出發，依據具體情況而定。

領導效率模型。領導效率是有高有低的，它是領導者、被領導者及環境交互作用的函數，是一種動態過程。領導效率由三者動態決定，是領導行爲模型的評價依據。在領導效率模型中，評價領導效率是根據領導的工作行爲與關係行爲這二維坐標來進行。任何一種領導行爲，都可置於關係行爲和工作行爲的二維評價坐標之中。但領導方式有效性的評價問題必須加入效率評價因子。因此，評價領導方式應從工作行爲、關係行爲和效率等三個方面來衡量。

用現代領導理論來分析，李世民與魏徵之間領導與被領導的關係是有效的混合型領導行爲。首先，李世民的領導作風是混合型的。他沒有採用大多數封建帝王所採用的獨裁領導方式，也沒有採用一味放任下屬的極端民主的領導作風。他較好地處理了集權與分權的關係。魏徵當時被任命爲諫議大夫，太宗的敕令要由他聯署才能生效。他注重決策的群體性，並敢於修正自己的決定。如魏徵冒逆鱗之險，讜言直諫，修改了唐太宗的徵兵政策。其次，唐太宗的領導風格表現了權變性原則。李世民剛即皇帝位時，並沒有認識到諫議制度的重要性。其原因之一就是他了解了魏徵的才能，但可能還沒有認識到他忠誠無私的高尙品格。有了魏徵這樣的人，又意識到諫議對政權穩定的重要性，李世民這才著手完善諫官制度。

評價一個領導是否稱職，並不取決於其工作量的大小，也不取決於其忙碌程度。作爲領導，尤其是高層領導，絕不能事無巨細，樣樣都管。把主要精力放在組織發展的大的原則性問題上，在有限的工作時間內做好分工協調工作，不但處理好工作中的關係行爲，又能完成組織中的工作任務，這才是有效的領導者。

決策

◎曹劌論戰

春秋時期，齊、魯兩個諸侯國於魯莊公十年（公元前六八四年）在長勺進行了一次戰爭。當時齊強魯弱，齊背盟侵犯魯國。這次戰役由於魯人曹劌戰前準備充分、戰時指揮得當，終使魯國軍隊以弱勝強，戰勝了齊軍，成爲中國戰爭史中弱軍戰勝強軍的有名戰例。

魯莊公十年春天，齊國的軍隊進攻魯國。莊公將要應戰，此時曹劌請求進見。他的同鄉勸說：「當官的會謀劃這次戰役的，你又何必參與呢？」曹劌說：「當官的人目光短淺，不能深謀遠慮。」於是去見莊公。曹劌問：「您靠什麼作戰？」莊公說：「穿的吃的這些養身的東西，我不敢獨自享受，一定要把它分給別人。」曹劌卻道：「小恩小惠不能普遍施捨，人民不會跟從您的。」莊公說：「祭神用的牲畜玉帛，我不敢超越禮的規定隨意增加，一定誠心待神。」

曹劌對答：「您的誠實不能被人信服，神不會保佑的。」莊公再道：「大小訴訟案件，我即使不能明察，但一定盡力據實處理。」這時曹劌才說：「這樣辦事才能得到擁護，可以憑藉這個打此一仗。打仗時請允許我隨您前往。」

莊公和曹劌同乘一輛兵車，往長勺（魯國地名，今山東省萊蕪縣東北）戰地。莊公要擊鼓進軍，曹劌說：「不可以。」齊軍接連擂鼓三次，這時曹劌才說：「可以出擊了。」結果齊軍大敗。莊公欲下令追擊敵人，曹劌卻說：「不可以。」他下車察看了齊軍的車轍，又登上車前的橫木遠望齊軍，然後說：「可以追擊。」於是驅逐了齊軍。

贏得勝利後，莊公問戰勝齊軍的原因。曹劌答道：「打仗，靠的是勇氣。第一次擊鼓，士氣振作，第二次擊鼓，士氣就衰落了，第三次擊鼓，士氣就全洩了。敵方士氣衰竭，我方士氣旺盛，所以我們取得了勝利。對方強大，我怕齊軍詭計多端，難以捉摸，會設伏兵。當我看到齊軍車轍亂了，望見他們的軍旗倒了，所以認爲我軍可以追擊了。」

在曹劌論戰中，我們可以總結出管理諮詢、對策論及組織溝通等技巧。

決策前的諮詢

齊魯長勺之戰的整個過程是在曹劌論戰，即魯莊公向曹劌徵求諮詢意見的基礎上完成的。所謂諮詢，就是由有豐富管理知識和經驗的專家，深入現場，運用相應的管理知識及經驗，發現問題，找到問題的原因，提出切實可行的改善方案，進而指導實施，取得成功。曹劌就是這樣一個諮詢專家。在春秋前期，「士」是奴隸制統治的重要支柱。這些人一般都受過「六藝」的教習，政治眼光敏銳，善於總結經驗，有資格為統治者出謀劃策。根據《史記》記載，曹劌是這一階層的典型代表。

曹劌論戰，是軍事管理諮詢的傑作。管理諮詢的基本程序有四個環節，即確定問題、調查分析、提出方案、指導實施。

(1)確定問題。諮詢人員必須對諮詢對象的目標、條件、原實施方案、狀況等進行充分的了解，並根據問題存在的相對差異，找出有代表性和主導性的主要問題。長勺之戰前，曹劌掌握了齊國有強大的軍事實力及背盟違約的不利處境等資訊，並深知「肉食者卑，未能遠謀」，並找到了在敵強我弱的不利形勢下問題的關鍵，即必須得到民眾的支持，方能取勝。

(2)調查分析。諮詢人員必須深入現場，對問題的原因進行分析，找出問題和原因之間及原因和原因之間的關係。一般原因有內部原因和外部原因，可控原因和不可控原因。如果原因比較多，應對它們之間的內在聯繫進行多途徑分析，找出其主次關係，以便更好地探索解決問題的方法。

(3)提出方案。提出改善方案是整個諮詢工作中最為重要的步驟，它是諮詢工作成敗的關鍵。一個好的方案（指改革方案）既是非零起點的，又必須是創新的，難度很大，並伴有風險。長勺之戰，原來的方案是「公將戰」，魯莊公恃勇輕鬥，在敵強我弱的情況下，不進行認真細緻的戰術準備，其結果是顯然的。曹劌根據敵我雙方的具體情況，否定了魯莊公的戰術方案，提出了避實就虛、敵疲我打的作戰原則。

(4)指導實施。主要指落實改革方案的實施計劃。諮詢人員必須抓好計劃，指導實施。因爲在實施計劃的過程中，經常會遇到各種各樣的問題，這些問題解決不好，可能會使前面的工作付諸東流。指導實施，不僅依賴於計劃的完整性，也依賴於人們克服困難的信心與勇氣。曹劌的方案由一系列計劃組成，由他親自指導實施。首先他避開了齊軍「一鼓作氣」的銳氣，「二鼓」實現了作戰勇氣上的彼消我長，然後在「齊人三鼓」時他才下達了進攻的命令。當遇到齊軍敗退情況不明時，他又進行了深入的研究分析，指導魯軍乘勝追擊。從諮詢工作的最終成敗而論，指導實施和提出方案這兩個環節都是同等重要的。

管理諮詢工作的發展已越來越完善，其作用也日益突出。世界各地湧出了大量的以諮詢爲主要工作內容的「思想庫」，國外一些大公司也設有「研究開發部」，目的就是增強諮詢工作的活力，使之成爲管理系統的必不可少的組成部分。所以爲了管理系統的生存發展，必須重視管理諮詢。作爲現代的管理組織，如果沒有管理諮詢，就會弱化其生命力，甚至在競爭中失去優勢，最終被淘汰。

決策的不斷修正

如果在決策的矩陣中，一方是決策人，另一方並不是通常的自然狀態，如天氣、市場銷售情況、價格、能源等等，而是一個利益對立的競爭者，這時的決策應採用對策論分析。當決策時存在一個以上的競爭對手，競爭對手採取一個以上的策略，那麼，決策者必須根據對手採取的具體策略而確定自己的最佳策略，這就是對策論中所謂的對策。就如對弈的雙方，均以對手所下的每步棋來確定自己下一步棋的走法。

對策論發展的一種傾向，是把對局矩陣中競爭對手一方視為「自然狀態」，而這種自然狀態的特點是故意要與決策人對抗。這樣，某些不確定型的決策問題，也可以用博弈行為來分析。因此，對策論在決策論中的地位越來越重要。

我國古代的一些管理思想中已極具有對策論的思想原則。在曹劌論戰中，曹劌能夠不斷地根據敵人的情況，及時修正自己的決策，採用與敵相對的對策，這實際就是一種博弈行為。曹劌在指揮上的可取之處在於他審時度勢，適時權變，這突出地表現在以下方面：

首先，指揮的靈活性。戰役一開始，他根據當時敵我雙方的實力比較，確定自己的戰術指導思想應以防禦為主。因此當魯莊公提出擊鼓，以進攻為主的戰術指導思想時，曹劌及時地加以制止。接著，齊軍挾實力之勇，企圖「一鼓作氣」擊敗魯軍，此時曹劌作出避其銳氣，暫不應戰的決定。這樣，在雙方士氣比較中實現「避實就虛」，並暗含士氣「齊消我長」的趨勢。所以，這一步是實現「敵疲我打」戰略防禦思想的關鍵，也是曹劌審度當時作戰形勢而作出的第一個戰術方案。齊軍第二次擊鼓，曹劌仍不許魯軍應戰，使「齊消魯長」的軍事態勢更進一步得到加強。當齊軍第三次擂鼓求戰時，曹劌果斷決定應戰。三鼓應戰這一戰術不是隨意制定的。齊軍一鼓二鼓，魯軍並不應戰，給齊軍造成魯軍弱小，不敢應戰的錯覺，逐漸放鬆了戰鬥的警惕性，士氣隨之也就垮下來了。齊軍三鼓，曹劌當機立斷，抓住齊軍放鬆警惕、士氣低下的有利作戰時機，審時度勢，下令出擊，魯軍依靠曹劌英明指揮及高昂的士氣，一舉擊敗齊軍。隨後，在是否立即乘勝追擊這一戰術安排上，曹劌仍然堅持「審時度勢，適時權變」的戰術原則，並沒有因勝利而放棄魯軍的戰略防禦思想，親自進行敵情調查，並根據敵軍真正潰敗的事實，作出追擊齊軍的決定，徹底戰勝齊軍。曹劌一系列戰術安排顯示出他指揮上「因時而變」、「因勢而變」的博弈性。

其次，指揮的穩定性。決策的博弈行爲，並不是說決策不要穩定性，相反，決策方案是建立在決策目標的基礎上的。而完成目標又有不同的指導思想和方式途徑。我們說決策的權變性，是指在具體方案和對策中，不斷根據對手情況，隨時調整變化自己的方案，始終確定優勢地位。曹劌在指揮上的「遠謀」充分表現了他冷靜沉著，不僅有指揮上的靈活性，更有指揮上的穩定性。因爲齊魯當時的實力差距分明，處於弱國的魯國必須清醒地認識到自己所處的戰略防禦地位，並堅定防禦性的戰鬥方案。所以，曹劌自始至終都沒有改變自己的指導思想。在曹劌論戰中，他的「遠謀」——戰略防禦思想的穩健與魯莊公的「鄙愚」是互相比較的。戰前他能冷靜分析戰鬥雙方的實力；戰時又能從齊、魯兩軍的士氣著眼，決定進攻時機；追擊敗敵之前，他又親自調查研究，實地考察敵情，以防魯軍陷入埋伏。而魯莊公戰前卻沒有認識到齊軍的弱勢；他戰前輕率「將戰」；而後又輕舉妄動下令追擊齊軍等等。所以，對策論並不是一味地改變自己的對策，博弈行為的目的還是要取得競爭的優勢和勝利。

競爭中的博弈分析一直是企業競爭戰術勝負的關鍵。掌握博弈理論主要在於把握對策論的靈魂。

溝通激勵法

溝通激勵法是領導者主動與被領導者溝通以調動被領導者積極性的一種激勵法。領導活動的溝通激勵包括五個要素：一是領導者，即傳送者；二是被領導者，即接受者；三是溝通的媒體，即資訊、情感、信仰；四是溝通手段，分物質手段和精神手段；五是溝通途徑，即正式的組織途徑和非正式組織途徑。這五大要素的動態結合使得溝通成為可能。

溝通激勵主要包括資訊溝通、情感溝通和信仰溝通等三方面的內容。

(1)資訊溝通。成功的領導者不僅能夠從正式組織途徑中得到資訊，也可以從非正式組織途徑中得到資訊。這應取決於領導者的地位以及獲得組織和非正式組織的尊敬。領導者透過所掌握的資訊，了解組織的實情及下屬的思想，便於進行組織領導和方案實施。下屬透過資訊溝通，加深對領導者和組織的信任與理解，並主動工作。資訊溝通的主要作用是促進組織一體化，發揮非正式，組織的積極作用，達到組織目的。

(2)情感溝通。為了使溝通順利進行，還必須同時進行情感溝通。領導者信任下屬，尊重下級，處處關心下級，下級就會擁護上級，進而服從組織領導。一些特定的組織為了特定的需要，還可形成一種整體的組織情感，以創造組織文化。

(3)信仰溝通。這是組織溝通的最高形式。組織信仰是組織目標的外化。決策是在組織水準上進行的，組織信仰可以強化組織目標。在信仰溝通中，被領導者並不覺得被動受領導，而是在將自己的意志目的，即組織目的變為現實。

溝通激勵法的目的在於達到組織認同，即下屬在對決策備選方案進行評價時，是以這些方案將給組織帶來的效果為依據的。也就是說，溝通激勵就是為了實現組織水準決策目標的一種手段。

齊、魯長勺之戰，魯國能夠戰勝強大的齊國，靠的是魯國上下一條心，靠的是民眾的力量。而魯莊公所發揮的溝通激勵作用也是不能抹殺的。作為領導者，魯莊公不具備軍事才能，卻有比較突出的組織領導才能。齊國大兵壓境，魯國百姓得到消息後，反應不一，這可以從曹劌與其鄉人的對話中判斷出來。這說明資訊溝通僅是溝通激勵的低級階段。為了取信於民，獲得人民的支持，還必須進一步完成組織溝通的其他方面，因此，他衣食所安，弗敢專也，必以分人」，「犧牲玉帛，弗敢加也，必以信」。也就是說，魯莊公繼續從物質和精神等方面進行溝通激勵。這種情感溝通對人民來說僅是一種不霸道的溫和政治，大敵當前，它還不足以使人民對魯莊公的統治給予充分的支持。所以，魯莊公還需要進一步顯示，他的統治是以忠待民的開明政治，即「大小之獄，雖不能察，必以情」。這使得民眾對魯莊公的統治與齊國入侵魯國的後果聯繫起來了，某種意義上說實現了組織認同。信仰溝通是溝通激勵的高級階段，且它進一步強化了前兩階段的溝通。曹劌關心國事，且胸有良謀，但頗爲清高自信。他能主動請纓，參加戰鬥，說明魯莊公還是很注意在組織上、政治上取信於民的。

人的工作績效取決於他們的能力和激勵水準的高低。領導者的任務就是想辦法激發動機，把組織目標變爲每個員工自己的需要，把組織利益與滿足員工個人的需要巧妙地結合起來，使人們積極自願地努力工作。這個過程就是激勵過程。

◎完璧歸趙

戰國時期，趙國惠文王當政時，得到一塊楚國的和氏璧。秦國國王聽說後，派人送了一封信給趙王，說願意用十五座城池交換這塊璧。趙王召集諸大臣謀議：把璧給秦國，恐怕得不到其城池；不給吧，又擔心其派兵入侵。前思後想，都不能兩全其美，並且也找不到可以出使秦國之人。正當左右為難之際，趙國的宦者令繆賢向趙王推薦了其門客藺相如，並說此人有勇有謀，可擔當重任。

趙王聽說後，馬上召見藺相如，向其詢問計謀。相如分析了以城求璧的得失，同時表示願意出使秦國，並向趙王保證：十五座城池劃給趙國後，才把璧留在秦國，否則，一定完璧歸趙。趙王於是派藺相如出使秦國。

到了秦國，相如捧著和氏璧拜見秦昭王，秦王非常高興，將璧傳給妃子及手下輪流觀賞。相如看出秦王根本沒有誠意出讓城池，於是對秦王說：「璧上有點缺陷，讓我指給您瞧瞧。」秦王於是將璧遞給相如，相如卻抱璧站立，怒髮衝冠，義正辭嚴地指出秦國以強凌弱，空言求璧，且待客輕慢，態度倨傲，相如才出此下策，藉機取回和氏璧，如果秦王要強迫的話，相如勢必和此璧一同撞死在柱子上。秦王擔心璧有損害，於是出口言謝，並拿來地圖，指明圖上十五座城池都將交給趙國。相如知道秦王使詐，就對秦王說：「和氏璧乃天下所共有之寶玉，趙王因為害怕，不敢不給，他派我送璧出使之時曾齋戒五日，現在秦王您也應齋戒五日，並設隆重的禮節，我才呈上這塊和氏璧。」秦王考慮強奪不行，於是答應齋戒五日，相如卻命令隨從人員私底下帶著和氏璧從小路逃回趙國，完璧歸趙。

五日後，秦王設隆重禮節接見藺相如，相如在朝廷上慷慨陳詞：「秦國自建立以來歷經二十多位君主，從未有一位守信用的，我因爲擔心被您欺騙，所以早已派人帶著和氏璧回趙國去了，秦國強而趙國弱，如果秦國先出讓十五座城池給趙國，趙國還怎麼敢留下璧來得罪大王呢？我知道欺騙之罪是要殺頭的，因此來請罪。」秦王和群臣面面相覷，大吃一驚，左右手下想把相如拉下去斬首。秦王說，殺了他，不僅得不到和氏璧，還斷絕了秦、趙兩國的友好關係，不如給其厚遇，讓他回趙國去。相如回國後，趙王因其不辱使命，封他爲上大夫。最終，秦國既沒有出讓土地，趙國也沒有交出和氏璧。

從完璧歸趙的故事中我們可以看出，正確的決策能化險爲夷。決策是爲了解決某一問題或實現某一目標在許多可以選擇的方案中抉擇一個最合理最滿意的方案，以引導人們去達到預定的結果。簡單說來，決策就是人們確定未來行動的目標，也即是做出決定的意思。現代管理的重心在經營，經營的重點在決策。

決策是行爲的選擇，行爲是決策的執行，兩者構成了決策系統正常存在和運轉的基本條件。決策首先要有明確的目標，即是解決什麼問題，同時對實現目標要提出幾種可行方案，並從中分析和選擇一個最滿意的行動方案。決策貫穿於管理的全過程和各個方面。合理的決策是提高管理成效的基礎。按決策所處的條件不同，可分爲確定型決策和風險型決策。

其中風險型決策是管理成敗的關鍵。客觀上始終存在著不可控制的因素，決策者知道他所能利用的各種方案，但每個方案都會出現幾個不同的結果，其結果只能按客觀的概率來確定，要冒一定的風險。

決策成效見之於未來，無不暗含風險。利從成本生，夷從風險來。決策最重要的是捉住時機，但在激烈的市場競爭中，要完全準確地掌握時機是不可能的。有時因錯失時機，正確的決策也可釀成錯誤。對於明知含有風險因素的決策，權衡得失，有利可圖，或者先失後得，仍要鋌而走險，重要的是胸中自有化險謀略，能洞察風險的相關因素，權衡利害，把握時機，不斷地追蹤決策，把風險因素化為有利因素。

風險型決策是常遇到的一種情況，凡屬開拓性的新經營性事業，無不帶有風險性，風險和利益是相輔相成的，往往會成正比例發展。如果風險小，許多人都會去追求這種機會，利益均分也就不會大而持久。如果風險大，許多人就會望而卻步，所以能有獨佔鰲頭的機會，得到的利益也就大些。在這個意義上講，有風險才有利益。風險型決策，是對決策者素質的檢驗。如是十拿九穩的事，也就無需決策。然而，冒點風險在於「化」，要把風險化成效益，絕不能蠻幹。要在客觀條件限度內，充分地發揮自覺的管理能動性，是化險為利的可能所在。勇氣和膽略要建立在對客觀實際的科學分析上，順應客觀規律，加上主觀努力，就能從風險中獲得利益。

在完璧歸趙的故事中，秦強趙弱，藺相如分析利弊，在向趙王獻計時，將趙國應採取的態度定位在「寧人負我，我不負人」的道理上，而讓強秦承擔「以大欺小，以強凌弱」的理虧責任。他看準了秦國的野心、貪心，將計就計，決定冒險懷璧出使秦國。

出使秦國後，藺相如發現秦王根本無意出讓十五座城池，於是靈機一動，謊稱「璧有瑕」，取回和氏璧，掌握主動權，並能果斷地作出決定，然後利用秦王求璧心切的特點，在面臨秦王失信的情況下，保持高度鎮靜，當機立斷，以退為進，以守為攻，以玉石俱焚相威脅，迫使秦王指明出讓城池的具體位置，並答應其提出的「齋戒五日，設九賓於廷」的要求。在這裡，實際雙方採取的風險型決策都是緩兵之計，不同的是藺相如是看準秦王有詐而派人從小路懷璧歸趙，秦王因理虧而不能用強，只能以柔克剛，採取軟化的辦法，息事寧人。相如佔盡先機，從而進退自如，游刃有餘，完全掌握了主動權，為完璧歸趙、化險為夷埋了伏筆。

藺相如為了不辱趙國使命，在派人完璧歸趙後就已下了破釜沉舟的決心。在廷前他慷慨陳詞，視死如歸，有理有節，自始至終強調秦強而趙弱，以秦之強，趙國是不敢留璧而得罪於秦的理由。這其中體現藺相如決策目標明確，並一直貫穿出使前在趙王面前分析利弊和作出的出使方針「寧人負我，我不負人」。相如採取迫使秦國承擔「以大欺小，以強凌弱」的責任的行動方案，且進一步誘迫，如果殺了相如，秦不僅擔了一個殺鄰國使者的罪名，也得不到和氏璧，兩國又將從此斷交。相如胸有化險謀略，敏銳地洞察刮風險的相關因素，權衡利害，不斷地追蹤決策，把風險因素轉化為有利因素。當然，這其中也有它一定的客觀規律。秦王畢竟是一國之君，總攬全局，為一個「小小和氏璧」不能冒天下之大不韙。其中，秦王在風險決策中也及時權衡，冒風險可以，但必須在形勢的變幻莫測中化夷，這裡也包含有一種在風險面前對價值的判斷，客觀條件的限度也就抑制了無端的勇氣和膽略，最終秦王也作出「厚遇之，使歸趙」的決策，表現出一個帥才審時度勢的素質。

◎諸葛亮未出隆中論天下

劉備三顧茅廬以致諸葛亮道出「隆中對」，是謀士縱論天下大勢、運籌帷幄最膾炙人口的一章，至今仍爲世人傳頌。

時值東漢末年，外戚、宦官把持朝政，統治集團內部勾心鬥角、互相傾軋，各級官吏肆意兼併土地、搜刮無度，社會矛盾日益激烈。公元一八四年，終於爆發了波瀾壯闊的黃巾大起義，東漢王朝的政權大廈將傾。各地豪傑趁亂勢舉桿並起，擁地稱雄，連年征戰不已，其中董卓、袁術、袁紹、呂布之流先後覆亡，代之而起的曹操、劉備、孫權勢力日益壯大。

當時的劉備雖然已起兵征戰二十餘載，卻因屢遭失敗，不僅未成氣候，反而沒有立足之地，只好寄居在荊州刺史劉表的籬下。然劉備興漢之志未減，他總結了屢屢失敗、磋蛇半生而不得志的原因乃在於身邊缺少一位治國安邦的賢才。爲此，劉備多方訪尋賢才，在司馬徽的推薦下，劉備帶著義弟關、張二人，三顧茅廬，詞謙禮重，邀諸葛亮「出山」相助，成就霸業。

那時的諸葛亮正隱居隆中，躬耕壟田。但他並非消極避世，而是隱居苦讀，靜觀天下之變。

諸葛亮避居隆中，和潁川石廣元、徐元直，汝南孟公威等曾一起遊學，獨諸葛亮觀其大略，從不囿於章句的理解，善於抓住事物的實質。諸葛亮本人「好爲梁父吟」，自出於管仲、樂毅，由此可見其志向高遠。故當劉備三次親臨茅廬，向諸葛亮尋問興復漢室的大計時，諸葛亮感其傾心請教，爲他精闢地分析了天下形勢，制訂了立國方略，留下了「隆中對」的佳話。

諸葛亮在縱觀全局，正確而又全面地分析了天下各方豪傑的勢力及其沉浮原因後，獻計劉備說：「將軍欲成霸業，北讓曹操佔天時，南讓孫權佔地利，將軍可佔人和，先取荊州爲家，後取西川建基業，以成鼎足之勢，然後可圖中原也。」其時，曹操新勝袁紹，佔據了東漢十三州中的七州，掌握雄兵百萬，雄踞北方，並「挾天子以令諸侯」，帳下謀臣武將雲集，故曹操已佔盡天時，不可與之爭鋒較量，此爲一也。其二，佔據江東的孫權，依仗父兄留下的基業和江南富饒的物產，還有長江天險作屏障，並能從善如流，因而賢能爲之用。但其防備曹操南下之願與劉備相符，故「可以爲援而不可圖」。要構築三國鼎立局面，只有取昏君劉表、劉璋據守的荊、益兩州。荊州沃野千里，商民殷實，昏君無能，可取之以起家。益州天府之國，易守難攻是建基業的理想之地。

「隆中對」爲劉備後半生的事業奠定了基調，也給現代管理工作以豐富的啓迪。

正確的決策是管理工作的關鍵

管理，在某種意義上講就是決策。一個有效的管理過程就是一系列決策的過程。決策，就是在對組織所處的政治、軍事、經濟等環境的全面、精闢分析的基礎上，在盡可能地滿足組織目標的前提下，從幾種可選方案中選取最優的一種方案。在管理遍及社會各個領城，以資訊和知識為基礎的生產模式逐漸取代以機械和勞動力為基礎的生產模式，特別是市場瞬息萬變的今天，正確的決策是事業成功與否的關鍵。

現代決策理論認為，應該從管理者個人的角度，而不應從經濟的角度看待管理決策問題。一個決策者必須儘量多地了解並掌握有關決策環境的資訊。決策者在進行決策時往往受到各自價值觀念、傳統觀念和個人能力的限制。所以任何個人的決策，都只有當他完全地了解組織的目標和要求，並相應地全部了解備選方案的情況下，才能作出符合組織目標的比較合理的決策。決策的優劣往往依賴於對客觀事物發展趨勢的準確把握和預測。缺乏對客觀事物、決策對象的深層次的理解和把握是阻礙正確決策產生的重要因素。

諸葛亮的「隆中對」完全符合當代決策過程。現代決策理論指出，任何一種決策的產生都要經過四個步驟：①分析形勢，找出問題；②提出可供選擇的方案；③對備選方案進行比較、分析；④選擇最佳方案。在第一步分析形勢中包含了對形勢的預測和採取的對策。而在第三步對備選方案進行比較、分析時，要圍繞著決策的目標展開才有利最終選擇最佳方案。

諸葛亮在客觀分析了曹操軍事、政治、經濟情況後，從攻打曹操、不與曹爭鋒、順服曹操三種可選方案中，根據劉備稱霸的目標必須以保存實力爲基礎的原則，爲避免以卵擊石造成災難性的後果而選擇了「不與爭鋒」的方案。同樣地，諸葛亮也在對孫權、劉表、劉璋形勢分析的基礎上，最終作出對孫權「可用爲援不可圖」，對荆、益二州則可取的決策。

由於存在的許多偶然性和未來的不可知性，一個正確有效的決策往往不是一次性就能形成的。因此，一個正確有效的決策應該是上面四個步驟的循環反覆。當前市場變化莫測，一個企業要想佔領更多的市場，在市場決策上就要注意這四個步驟的反覆，而不是決策一旦形成就一成不變，成了僵化的東西。今天的決策是根據今天的市場狀況和自己對市場的預測而作的，因此一旦明天的市場發生變化了，與自己事先對市場的預測有了差異了，就要改變今天的決策。在市場經濟中，隨時注視市場動態，分析市場走向，把所獲得的資訊注入舊的決策中，產生更合理、更完善的決策，這才是企業獲勝的秘訣。

正確的決策無疑會對國家、企業產生巨大的影響，國家的決策關係民族的興衰，企業的決策關係企業的生存安危，因此不能等閒視之。特別是一些高層次的、帶有戰略性意義的決策更需要組織專門的人才，進行充分的調查研究。諸葛亮的「隆中對」就是戰略性的決策，他爲劉備建立蜀國、三分天下、一統中原訂立了策略，其意義深遠。一個企業的發展戰略決策的制定，需要高瞻遠矚。一個企業將走向何方，是每一個企業都要解答的問題。這個答案的給出不能依靠盲目的樂

觀、無理的推想得出的，它必須建立在對企業環境的充分了解，對企業實力、市場充分把握的基礎上。越高層次的決策越有價值，制定也越難，更重要的是需要多次的反覆。作出這種決策一定要謹慎，因爲它牽一發而動全身，一旦出錯會帶來災難性的後果。

得人者昌，失人者亡——求才之道

劉備不惜屈尊三顧茅廬請諸葛亮出山，其目的無非是廣納賢才，爲其霸業出謀劃策。劉備重用人才的作法值得效仿。

求才，就是爲某一組織尋訪能助其達到目標約有能力的人。「人就是財」的觀念已日益深入人心，被廣大組織所接受。缺乏人才的國家、公司、企業提不出有力的長遠目標，行動起來往往不得效果。今天，市場國際化、競爭國際化程度更加激烈，世界各國經濟相互依賴，互相牽制，國際市場變幻莫測，機會和風險並存。在這種競爭條件下，人才之間的競爭尤爲突出。那些能洞察市場變化趨勢，善於把握機會的人才將會創造出巨大的利潤。因此，一個想在國際市場上佔有一席之地的企業必須擁有一流的人才，掌握求才之道是企業發展的基本要素。

求才，對於一個組織而言，首先要明確組織需要什麼樣的人才，缺少什麼樣的人才。劉備手下已有關、張二虎將，但他缺乏深諳韜略的謀士文臣，故而他親訪諸葛亮，並使他真正在蜀國發揮才幹，實現其志向。一個組織只有根據自己的目標和組織內部工作的劃分來確定所需人才的種類和數量，才是明智的求才之道。求才，是爲了讓其爲組織目標服務，並在組織中推動組織的發展。因此，先設計好組織需要的工作，再選擇合適的人才，才能使求得的人才爲組織發揮其所能。如果不能盡其所能，將是對人才的浪費，也是該組織的損失。真正的人才，往往表現爲很強的潛力和創造力，所以真正的人才不會束縛於組織當前的目標而會創造性地提出建議，對組織發展起推動作用。因此，求才，不能只看其是否能勝任組織當前的工作，更重要的是要從長遠的眼光看人才的潛力。

其次，一個組織的人才資源是使它進行有效運作的關鍵，也是它重要的資產，因此每個組織在求得人才之後，要重視人才的作用，做好人才的工作，激發他們的工作積極性和創造性。馬斯洛人的需求五層次理論告訴我們：實現自身價值是一個人的最高需求，特別在當今衣食溫飽問題解決以後，人們更關心其價值實現問題。要留住人才，關鍵在於使人才在組織中有成就感。真正的人才歡迎挑戰和機遇，如果他們在組織中體會不到事業有成、事業有望的感覺，他們就很難傾其所能，最大限度地發揮其潛力。當人才的自身價值得以實現時，這個組織的目標也就可能達到。當諸葛亮爲蜀國運籌帷幄、決勝千里以實現其宏大志向時，蜀國也就強盛了。因此，許多企業常常致力於自身內部機制和外部環境的改造，使眾多人才願意留下來爲實現企業一步又一步的目標而奮鬥。

任人唯賢、從善如流是雲集人才的動力。在市場經濟中，誰能留住人才，雲集人才，誰就能得到發展。「用人不疑，疑人不用」，認真傾聽人才的意見，樹立企業重用人才的形象是非常有必要的。人才，往往是某一方面的專才，在某一領域裡有豐富的知識和經驗，這是組織需要他們的根本原因。任人唯賢、從善如流，就是要在認淸他們專長的基礎上，聽取他們從自身專長出發闡述的意見，作爲企業決策的輔助。

總之，在求才路上，除了在思想上重視人才的作用外，還要注意需方和供方的溝通，才能善留之、惡去之，凝聚最多的力量。

◎赤壁之戰

赤壁之戰是我國古代軍事史上以少勝多、以弱勝強的著名戰例，也是決定三國時期魏、蜀、吳三國鼎立的關鍵一役。

東漢末年的荊州，管轄今天湖北、湖南、河南、貴州的部分地區。首府襄陽，處於南北聯繫的要衝，經濟繁榮，人文薈萃，既是交通要道，又是戰略要地。當時的荊州牧（州的軍政長官）劉表，雖然佔據長江中游，但胸無大志，內部不和，注定成爲曹操、孫權和劉備的掠奪對象。劉備原來沒有地盤，官渡之戰後，寄寓荊州。他的戰略設想是消滅劉表，奪取荊州，進而完成諸葛亮在「隆中對」中提出的奪取全國政權的計劃。這時孫權雖然已經佔領了長江下游地區，但後方並不穩固，因此也計劃攻打荊州，乘機擴張自己的勢力。在這種形勢下，赤壁之戰事實上也就成了孫、曹、劉三家爭奪荊州的戰爭。

官渡之戰後，曹操對北方割據勢力袁紹取得了決定性的勝利。之後，曹操又南征北伐，消滅袁氏殘餘勢力，逐步兼併了黃河流域。但是，曹操並不滿足已經取得的勝利，公元二〇八年七月，他親自率領大軍十五、六萬南下，旨在一舉攻滅劉表、孫權，統一全國，從而揭開了赤壁之戰的序幕。

同年八月，劉表病逝，由其次子劉琮繼任荊州牧。九月，曹操統軍到達新野，劉琮束手投降。曹操取得荊州重鎮襄陽，接著親自率領騎兵五千，揮戈南指，日夜兼程，追擊從樊城（今湖北襄樊）向江陵撤退的劉備。至當陽長坂（今湖北當陽東北），再克不期而遇的劉備軍隊。劉備被迫放棄去江陵的打算，轉向漢津，逃往夏口（今湖北武昌），會合關羽和劉表長子劉琦的水軍，進行修整。曹操則在當陽大勝後，繼續南下，佔領江陵，基本上控制了荊州。對曹軍來說，統一全國，似乎是易如反掌，指日可待。

然而，天有不測風雲。當孫權得知劉表病故的消息，急忙派魯肅以弔喪為名出使荊州，了解虛實。魯肅在長坂與劉備相會，轉達了孫權願與他聯合抗曹的主張，這正與劉備、諸葛亮的想法不謀而合。緊接著，諸葛亮與魯肅又匆匆奔赴柴桑（今江西九江西南），晉謁孫權。在周瑜、魯肅的一再勸說下，孫權便以周瑜、程普為左右都督，魯肅為贊軍校尉，率兵三萬，溯江而上，與劉備的二萬人馬會師。

這時的曹操已經沿江東下，進到烏林（今湖北嘉魚西北），孫權、劉備的軍隊駐在赤壁

（今湖北嘉魚東北），彼此隔江對峙。曹操軍隊首先南攻，但初戰失利。接著吳將黃蓋，趁曹軍不習水戰，又患疾疫，不能適應風浪顛簸的機會，建議火攻。他詐稱投降，以船數十艘，盛薪灌油，蒙以帷幕，順風放火，將曹操首尾相連的戰艦燒得煙焰張天。曹軍大敗，曹操只得帶領殘兵，經由華容（今湖北監利西北）小道狼狽撤退。

赤壁之戰後，曹操被迫退回北方。江東的孫權，經過這次戰爭，不僅穩固了自己的統治，而且繼續向南擴張，後來以建業（今江蘇南京）爲中心，發展成爲吳國。劉備在赤壁一戰以後，也乘機奪取了荊州四郡，以後又消滅了劉璋，取得益州，建立蜀國。所以說，赤壁之戰基本上奠定了三國鼎立的對峙局面。

系統目標分析法

赤壁之戰以孫、劉聯軍擊敗曹軍而告終。而這場具體戰役的背後，有著十分複雜的環境系統。縱觀曹、孫、劉三家均有自己的政治目標，爲了統一中國的大業，他們制定了各自的戰略戰術。赤壁之戰只不過是他們進行系統目標分析後的一次戰術較量而已。

系統目標分析法是根據系統的需要爲系統確定目標體系的一種方法。它是系統分析與系統設計的出發點，其目的是爲了更好地發揮系統功能，完成系統的目標任務。

系統目標分析法的基本步驟是：①弄清系統存在的問題，對症下藥。劉備三顧茅廬，請諸葛亮出山，就是想得到他統一中國的政治規劃和措施。爲此，必須對系統問題的性質、特點、範圍等給予確切的說明，劃定系統問題與周圍環境的界線，分析係統存在的差距並把問題加以必要的定量化描述，揭示問題的因果關係，把握問題的實質，使系統確定的目標有充分的依據和堅實的基礎。諸葛亮「隆中對」正是這樣一次系統目標分析的傑作。②分析實現系統目標的種種制約條件。其中，有些是可控的因素，如企業的原材料、勞動者、設備等，又如三國時期劉備所具備的「帝室之胄」、「深孚眾望」、「思賢任賢」等；有些條件是不可控的因素，如市場銷售、自然環境的變化等就是企業系統不可控的因素，或如曹操的軍事實力及他「挾天子而令諸侯」的政治形勢也是劉備系統的不可控因素。系統目標的諸多約束條件是互相制約的，凡是有約束條件的目標，只有在相互滿足諸約束條件的情況下才能實現。③建立系統目標定量的標準，使係系目標數量化。有些系統目標本身就是數量指標，如產量、產值、利潤、成本；有些系統目標，如產品質量、環境保護、社會風氣等，本身不是由數量構成，需要藉助於間接測量的定量化方法來分析。系統目標的數量化不僅有利於衡量目標實現的程度，而且有利於系統調整目標體系，完成系統任務。

系統目標分析法用於社會經濟、政治等系統時，由於系統的複雜性和易變性，應遵循以下兩條原則：一是在滿足系統決策要求的前提下，盡量減少目標的個數，綜合成單一的目標，或剔除一些從屬的、次要的目標，或者把正需要優化的目標改爲約束條件；二是分析各目標的重要性，區別「必須達到」和「期望達到」兩類目標，按照輕重緩急排列順序，進行目標選擇，篩選決策方案。

「人無遠慮，必有近憂」。劉備集團深謀遠慮，爲統一天下制定了一系列政治規劃和軍事戰略。赤壁之戰成功地體現了劉備的政治和軍事戰略思想，爲以後的三國鼎立之勢奠定了基礎。曹軍的失敗，說明曹操統一南方的條件還沒有成熟。當然赤壁戰役的偶然因素也起了不小的作用。

風險決策

赤壁之戰以後，基本上確定了魏、蜀、吳「三分天下」的鼎足之勢。對於這樣一場影響全局的戰爭，人們作了大量關於曹操兵敗赤壁原因的探討。這些探討歸納起來，大致可分爲「內因說」和「外因說」。多數史學家認爲「內因說」是透過「外因說」起作用的，也就是說「外因」是赤壁之戰勝負的直接因素。赤壁之戰開始之前，孫、劉兩家的政治家、軍事家認真分析了雙方各自的戰爭條件，制定了火攻曹營這一完整的作戰方案。而實現這一方案的關鍵，就是能否成功地「借得」東風，即是說，這一偶然的事件將決定這一重大戰役的勝負。

赤壁之戰的軍事決策是一種風險決策。雖然當時諸葛亮、周瑜等軍事家依據天文氣象知識，預測到戰時將會有東南風起，但這也僅是一種預測，其準確性即使是現代的天文氣象預測技術也難以把握，只能「謀事在人，成事在天」了。一般來說，決策均伴隨程度不同的風險。風險大，收益也大。沒有風險而獲大益，決策也就不稱其爲決策了。不冒風險，想戰勝曹操這樣善於用兵且又多疑的軍事統帥，可能性是極小的。

風險決策是決策中常見的一種決策。它的主要特點是，決策者可根據影響決策的客觀因素（自然狀態）所出現的概率而進行期望值的計算，然後按期望值的大小進行選擇，作出決策。概率是指某事件可能發生的程度。事件不可能發生，其概率爲零；反之，事件絕對會發生，其概率爲一。任何一件事情出現的可能性（即概率）總是在零至一之間，出現的機會越多，其概率值越大，最高的概率值等於一（概率也可以用百分比來表示，即由零至百分之一百）。

風險決策經常要用到決策矩陣和決策樹。①決策矩陣。風險決策至少應考慮四個基本要素：列出具有不同決策變量的各備選方案；列出各種可能發生的影響決策後果的客觀狀態；確定各種客觀狀態出現的概率值；算出各個方案在各種客觀狀態下的結果，即益損值。用每個狀態的概率乘以相應的損益值，然後相加求和，就可得到每個方案的期望值。取期望值最大的方案作爲決策的最優方案。②決策樹。決策樹有利於決策者思考問題條理化，尤其適合複雜的風險決策問題。同時因爲它把各個方案、各種狀態、概率的大小以及損益值的大小都簡單明了地標繪在一張圖上，使決策者可以方便地處理決策問題。

可行性研究

可行性研究是在決策過程中對初步擬定的方案所進行的分析評估和論證研究。可行性研究並不狹義地用於工程建設項目，一些大的決策目標的制定都涉及到這種系統的論證方法。

從諸葛亮的治國方略中，可以看出他對自己選定的目標進行了周密的分析評估和論證研究。他認爲，曹操「擁百萬之眾、挾天子而令諸侯」，「不可與爭鋒」；孫權政權鞏固，國險民附，賢能盡用，「可以援而不可圖」。他根據荊、益二州的戰略地位及其民心向背的形勢，提出先取荊州爲本、再取益州作爲霸業根基的戰略構想。在分析全局形勢的基礎上，諸葛亮提出了總體戰略方針：進取荊、益二州，安撫諸戎、夷越，外聯孫權，內修理政，伺機進取宛、洛、秦川，從而實現統一中國的戰略目標。這些精闢的分析和論證已基本具備了現代可行性分析的特徵內容。

可行性研究的特點是：①超前性。可行性研究一定要在決策實施之前進行。超前時間依據具體情況而定。②精確性。凡是經過可行性研究的方案獲得成功的可能性都很大，這是因爲可行性研究對決策方案的精確性要求很高。一些決策雖然沒有具體的精度要求，但經過可行性論證後，決策方案成功的槪率大大增大了。③系統性。可行性研究考慮的因素多，既研究局部，又研究整體；既研究時間結構，又研究空間結構，把決策涉及的所有方面都作了系統全面的研究，因此可信度高。

可行性研究的內容包括：①目標的可行性。即指論證目標是否正確，是否可行。離開目標談方案的可行性是沒有意義的。②條件的可行性。目標可行了，還需進一步研究論證實現目標的條件是否具備了，包括內部條件和外部條件。③過程的可行性。即研究各個階段、環節上的可行性，尤其是關鍵階段、關鍵環節的可行性。④手段可行性。研究實現目標所採取的措施、方法是否可行。

可行性研究的步驟是：①預測。透過深入調查，進行近、中、遠期預測，以便提出相應的方案。②規劃。規劃是實現目標的具體體現。它要求對所有項目的進度、環節、人和物的條件做出明確的結論。③評估。評估有硬指標，也有軟指標。一般可行性研究的評估既有技術效益評估，又有社會效益評估。

在諸葛亮於隆中爲劉備制定了一系列政治規劃和軍事戰略後，劉備的地位得到了迅速的鞏固，建立了蜀國，實現了與魏、吳二國相抗衡的戰略目標。至於說劉備統一中國的最終目標終究未能實現，其原因不在於這一政治規劃本身。

◎劉備開國

東漢末年，劉備身爲漢朝宗室後裔，但家道沒落，趁亂世之際，有起兵興漢、問鼎天下之志。但起始二十餘年間，劉備先後依附於公孫瓚、曹操、劉表等人，東奔西跑，隨處依人，無一立足之地。

公元二〇七年，劉備聽說了諸葛亮的賢名，便三顧茅廬。在兩人初遇的隆中對答中，諸葛亮爲劉備發展勢力、復興漢室提出了一個比較完整的戰略計劃。其內容包括了對當時全面形勢的分析、判斷與預測，是一套完整的、統一的、可行的戰略決策。

諸葛亮說：「自從董卓專斷朝政以來，四方豪傑鋒起爭霸天下，割據一方。曹操比之於袁紹，則名微而兵寡，但曹操最終能夠戰勝袁紹，由弱變強，這不僅由於『天時』，對他有利，而且也是依靠『人謀』。現在曹操已擁兵百萬，而且有『挾天子以令諸侯』的有利地位。我們目前確實是不可以與他爭鋒的。孫權佔據江東，統治已經三世，國險而民附，賢能樂意爲之效力，我們只可以與他聯合，而不可以去謀取他。荊州地處戰略要地，是英雄用武之地，而其主劉表卻沒有能力保住它，這是天賜給將軍的一個好機會，不知將軍之意如何？益州地勢險要，沃野千里，號稱天府之國，漢高祖劉邦憑藉憑它成就了帝業。而據守益州的劉璋昏庸懦弱，北面又有張魯的威脅。益州雖然民殷國富，劉璋卻不知道怎樣去治理它，所以智能之士都盼望能有一個賢明的君主。將軍是漢朝宗室的後代，信義傳揚四海，招納英雄，思賢若渴，如果能夠佔據荊、益兩州，據險防守，與西邊和南邊的少數民族保持良好關係，對外結好孫權，對內修明政治，這樣，一旦時機成熟，就可以派一員上將帶領荊州的軍隊向宛城、洛陽進攻，將軍自己率領益州的軍隊向秦川進發。到那時，老百姓誰不簞食壺漿來迎將軍？果真如此，則霸業可成，漢室可興了。」

諸葛亮的這番話就是歷史上有名的「隆中對」。以後，劉備在諸葛亮的輔佐下，基本上完成了「隆中對」這一戰略決策。「隆中對」對劉備以後進行的統一事業產生了深遠的影響和作用。劉備聯吳，赤壁之戰大敗曹操。劉備乘勝佔領了武陵、長沙、桂陽、零陵四郡，孫權只得將荊州借給劉備，並聯姻以加強雙方的聯盟。公元二一三年，劉備敗劉璋佔益州。公元二一九年，又敗曹操取漢中，並自號漢中王。公元二二〇年，曹操之子曹丕稱帝，建立魏政權，次年劉備亦稱帝，建立蜀政權，加上江東的吳，形成了三國鼎立的狀態。

縱觀劉備開國的方略，一直遵循的是「隆中對」中諸葛亮提出的戰略思想。這些戰略思想使無立錐之地的劉備終於成就其三分鼎足之業。從劉備開國的艱辛歷程中，充分反映了戰略決策的許多重要性質。

戰略決策在管理中佔據首要地位

劉備開國的例子告誡我們，在管理各行各業的過程中，管理者不能只是忙於具體的戰術或行政工作，而必須花費大量的精力來制定本單位發展的戰略思想和戰略規則，要從宏觀上把握整體，才能有意識有方向地去努力，才能使事業發達興旺。劉備在得諸葛亮前後事業發展的對比，證明了戰略決策在管理中的重要的指導作用。

一般來說，戰略是謀劃全局、設計未來的策略，而戰術則是解決局部的具體問題的方法。一個好的戰略一般都有三個組成部分：預期結果，即要達到什麼樣的目標；行動計劃，即達到這個目標的具體步驟；以及執行方案，即由誰來採取行動，在何處執行，以及完成具體步驟的時間與實現最終目標的時間。「隆中對」主要包括前兩部分內容。劉備最終統一天下是戰略目標；行動計劃包括四個步驟：①消滅劉表、劉璋爲首的南方割據勢力，佔領荆州、益州，建立一個鞏固的根據地；②革新政權，發展生產，改善與少數民族的關係，勵精圖治，等待時機；③聯吳抗曹，形成與曹操、孫權三家並立的局面；④一旦時機成熟，便分為兩路，消滅曹操，最終達到統一的目的。而具體的行動方案在此處並未詳細列出。這是因為一方面行動方案近似於戰術，受實施時的具體條件的影響大；另一方面，當時諸葛亮是以山野之人的身份提出「隆中對」的，他尚未掌握兵權，也不太了解劉備手下的文臣武將。

在管理中，戰略的地位是遠遠高於戰術的，這是因為戰略問題是關係到所在團體的整體的命運前途的大問題。若缺乏戰略決策，而把戰術（行政領導，或一時一地之得失）上升到不恰當的地位，放在首要的位置上，就有可能違背事物自身的發展規律，成為缺乏戰略目標與指導思想的事務主義者、短視者、一事無成者（譬如遇到諸葛亮之前的劉備，奔波二十多年，仍然無立錐之地），而不會是那種有遠見的開拓者、有目標的上進者。

戰略決策的好壞取決於決策者的知識素養與對資訊的掌握

開卷有益。決策者只有擁有良好的文化素質，戰略決策的質量才可能高。因為管理（包括制定戰略決策）是管理科學和管理藝術的結合。管理者一方面必須學習一些程序化、常規化、定量化、模式化的管理科學；另一方面也必須學習確實存在著的一些「運用之妙，在乎一心」的東西，這些東西尚未上升為條理化、系統化的規律，也難以用定量方法來描述或用條條框框來歸納，這些創造性的神秘的東西便是管理藝術。而無論是管理科學還是管理藝術，都不是自發生成的，它們一般來自於管理者高度的知識素質與豐富的管理實踐。如果諸葛亮沒有長期積累，廣泛涉及天文、地理、經史等書籍，便不會有這樣好的知識素養，也就難以有分析形勢那麼精闢、預測未來局勢那麼準確的「隆中對」了。

中國歷代有作爲的統治者都懂得任用文武官員要有良好的文化素養。孫子提出，將帥要有全面的知識素養，即能正確了解敵我雙方的政治、天時、地利、將領、法制這五個方面，還說：「凡此五者，將莫不聞，知識者勝，不知者不勝。」而拿破崙在選拔軍事將領時並不看重資歷，而是注重軍功和學識。可以說，古今中外的有爲者們都認識到：淵博的知識對於管理者制定戰略決策來說是至關重要的。

但即使是賢能之士如諸葛亮，閉門造車是不可能做出正確精闢地分析全國形勢的決策來的。因爲正確的戰略決策還來源於對資訊的透徹的了解，對事物的內在規律的洞察和分析。資訊充足，加上具有良好知識文化素養的管理者長時間的腦力勞動，經過綜合、分類、概括、思考，才能產生出正確的戰略決策。

資訊是決策的重要資源，它可產生，可傳遞，可貯存，可加工，可再生，可轉讓，可共享。重要的資訊，可以影響事業的榮枯興衰與浮沉成敗。對於管理者來說，最高的管理藝術在於最快最全面地掌握資訊資源、最有效地運用資訊資源，制定戰略，作出決策，從而創造出重大業績。而對資訊的加工處理的水準高低則直接與決策者的自身素養有關。

獲得資訊的途徑有兩條：直接的感受如親臨現場參觀訪問調查研究等，間接的感受如看書看報、與他人交談等。諸葛亮當年位處隆中山野，如果不是他常與山外的賢士交往並談論天下大勢，如果不是他廣泛閱讀各類書籍，他是憑空創造不出「隆中對」的。

戰略決策需要有系統性

戰略決策是多種力量相互制約、相互平衡的結果，作戰略決策必須有系統的觀點，即全局觀點，從全局看局部，研究局部與局部的關係。系統論的觀點也是綜合的觀點，它不是孤立地機械地對複雜的事物進行分解研究，而是著重於考察各個部分之間的相互關係。管理者作出戰略決策時，除了確定問題以便戰略決策有針對性以外，還必須考慮用系統觀點來把握這一決策所涉及的各種事物，以及這些事物與其他一些事物之間的間接的、直接的、潛在的聯繫，全面權衡得失利弊。系統的觀點要求人們在分析問題時，要把縱向比較同橫向比較結合起來，從事物整體的互相聯繫上把握事物的本質。

對劉備開國起到了重要作用的「隆中對」就是一個系統性很強的戰略決策。諸葛亮在對策中全面考慮並逐一分析了當時的幾股大的割據勢力，如曹操、袁紹、孫權、劉表、劉璋之間相互制約的關係，在全面系統分析的基礎上，諸葛亮預測了天下形勢的變化，然後才為劉備從四處顛沛流離發展到三分天下制定了一整套比較可行的系統的戰略決策。

戰略決策要有漸變性和連貫性

事物變化總是由量變引起質變。在自然界中，總是長期積累到達臨界狀態時才發生質變。而在社會生活中，完成一件事也需要有一個循序漸進的漸變過程。如果跳躍前進，使事物在短時期內突然發生一個大的改變，結果則常常是欲速則不達。劉備雖然本是漢朝宗室後裔，但家道早已沒落。他曾靠編織販賣草鞋爲生，他有爭奪天下復興漢室之志，實行起來卻幾乎是白手起家：沒有地盤、沒有軍隊、沒有資金、沒有人才；即使奮鬥二十多年以後，直到「隆中對」出現之前，也依然是東奔西跑，依附他人，無一立足之地。這種狀況與曹操、孫權三分天下之勢相距甚遠。所以，這樣大的變化不可能一蹴而就，而是必然有一個長期奮鬥，點滴積累的過程。

戰略決策包括實現戰略目標所需的各個行動步驟，這些步驟應該是循序漸進的。從縱向看，後一步驟總是與前一步驟的實施效果密切相關的，後一步驟一般來說總是前一步驟的補充和發展。從橫向看，制定的行動計劃中的每一個步驟都必須與總的戰略目標相一致，還要考慮到與同層次相關系統的行動與政策儘可能協調。這便是戰略決策的連貫性（或稱爲一致性）。劉備開國的戰略決策（即「隆中對」）中有四個行動步驟：消除劉表、劉璋以佔據荆州、益州建立根據地；革新政治，發展生產，訓練軍隊，與少數民族友好相處，等待時機；聯吳抗曹，三足鼎立；消滅曹操，統一天下。這四個步驟就是環環相扣，具有邏輯連貫性的。

正因爲「隆中對」是一個具有系統的、漸變的、連貫的、正確的戰略決策，它才能指導劉備從無立足之地發展到開國爲君、三國鼎立。而劉備開國的實踐又證明了「隆中對」這一戰略決策的正確性，同時後來的管理者也可從中受到啓迪。

◎淝水之戰

東晉十六國時期（公元四世紀），中國正處於南北分裂的局面。西晉滅亡之後，整個北中國地區戰亂頻仍，各路官吏紛紛擁兵自立，爭雄稱霸。公元三五一年，原在甘肅一帶割據的少數民族氐族的首領苻健據有了關中，並在長安建立了政權，國號「秦」，史稱前秦。公元三五七年，苻健之侄苻堅發動政變，殺死繼位的苻健之子苻生，奪取了前秦政權。爲了鞏固自己的統治，擴展前秦的疆域，苻堅任用漢人王猛治理朝政。王猛實行了一系列改革政治、恢復生產的措施，大大充實了前秦的經濟力量。在此基礎上苻堅先後滅了前燕、前涼政權，佔據了東晉的漢中、益州等地區，整個黃河流域及長江、漢水的上游地區均處在了前秦的控制之下。當時前秦擁有騎兵數十萬，步兵則更多，「資仗如山」，「甲兵已足」，野心勃勃的苻堅急於一統天下，不顧群臣的反對，要出師伐晉。與之相比，南方的東晉的軍事實力則遠不如前秦：軍隊只有二十餘萬，騎兵的數量與裝備水準更與前秦相差懸殊。爲了恢復中原，東晉曾經組織過數次北伐，但都因實力有限而未獲成功。強烈的反差，雙方的勝負似乎已成定局，然而，歷史卻給了我們一個戲劇性的結局：弱小的東晉軍隊以其將領的正確判斷與指揮，在秦晉戰略大決戰——淝水之戰中，擊敗了數倍於己的敵人，粉碎了前秦的圖謀，並促成了其政權的瓦解。

在淝水之戰前夕，前秦攻佔了包括襄陽、彭城和下邳等地區在內的東晉的若干外圍戰略要地，爲最後的決戰作好了準備。苻堅集結了步兵六十餘萬，騎兵二十七萬，羽林軍三萬餘，共九十多萬人，號稱百萬大軍，兵分東、中、西三路，浩浩蕩蕩南下攻晉。此時，東晉的宰相謝安臨危不懼，爲抵禦前秦進行了積極的軍事部署。他把東晉的精銳之師北府兵配置在淮河一線抵擋秦主力進攻，以謝石、謝玄負責該戰線的全面指揮。同時，在其他方向上，謝安也進行了積極妥當的部署。該年十月，前秦軍隊攻佔了東晉的淮南重鎭壽陽，並將東晉援軍圍困在陝石（今安徽鳳台西南，壽縣西北）。謝石、謝玄率晉軍主力前進到離洛澗（今安徽懷遠西南）二十五里處，爲兵勢強盛的秦軍所阻，轉爲就地防禦。

過分自信的苻堅把懷有異心的東晉降將朱序派往謝石處勸降，朱序到晉營之後說出了秦軍的作戰企圖和部署，並勸謝石乘秦軍尚未完全到達並進攻時，就殲滅其前鋒部隊。晉軍因此適時修改了原有的作戰方針和作戰計劃，決定及時轉守爲攻。經過緊張的準備，晉軍於十一月夜襲洛澗取得成功，斬秦將梁成，殲敵一萬五千餘人，並繳獲大量軍械物資，一舉收復了洛口。晉軍士氣大增，乘勝越過洛澗，沿淮河水陸並進，緊逼淝水列陣。晉秦兩軍沿淝水對峙，一時誰也不敢輕易發動進攻。爲了搶在秦軍後續部隊抵達之前對士氣業已低落的秦軍進行打擊，以求速戰速決，謝石、謝安下令向秦軍挑戰。晉軍使者渡過淝水見苻融，希望秦軍後退一些，在淝水兩岸讓出一片戰場以便兩軍決戰。輕敵的苻堅遂即同意了晉軍的要求，並約定時間讓謝玄領兵渡河決戰。決戰之日，晉以八萬精銳軍隊在淝水東岸排好了陣勢，在苻堅下令秦軍後撤之時立刻以排山倒海之勢涉過淝水猛衝過來。秦軍大部分是被苻堅強迫徵調來的漢人或其他民族人民湊成的雜牌軍，並不願爲氐族貴族賣命，而彼此語言亦不熟悉，在接到撤退的命令，並看到晉軍衝過來的氣勢之後，頓時陣腳大亂。苻堅見勢命軍隊立即停止後退，但爲時已晚，而朱序又在陣後大喊：「秦兵敗矣！」後面的秦兵不明真相，以爲真的敗了，競相奔逃，晉軍乘勢上岸猛烈進攻，亂軍之中斬殺了秦大將苻融。秦兵自相踐踏，風聲鶴唳，都以爲是晉之追兵。苻堅在逃奔時中了流箭，一路收拾殘兵，到洛陽時也不過幾十萬人。淝水之戰宣告了前秦南侵的徹底失敗。

秦晉淝水之戰，很典型地反映出領導者、指揮者決策的正確與否對整個事業成敗所起的關鍵甚至是決定性的作用。其中的許多決策思想對今天的管理活動都具有藉鑑與指導意義。

發揮有影響力的群體決策作用

通俗地說，決策就是根據預定目標做出的行動決定、對策、方案等。因此，決策遍及管理的每一個角落。一項事業的成就，常常靠的是組織內每一分子的力量，即在統一的規範性領導之下，透過合理的分工協作，最後才能以最快的速度、最好的質量來完成預先確定的共同目標。它講究的是一種內部的協調。有這樣一種理論：每個人的能力是一定的、有限的，當十個人、百個人在一起時，這個群體的能力究竟是大於、等於還是小於每個人的能力之和呢？這取決於內部的協調、分工是否完美。人心所向，分工合作十分和諧，那群體力量勢必遠大於個人力量之和；如果人心渙散，沒有內在的凝聚力，或人員素質搭配不當，而是徒有一個群體的外殼而已，那麼，結果則會相反。

淝水之戰，就是這樣一個典型例子。秦軍人多勢眾，可前秦當時政權初定中原，根基尚淺，而且由於以前戰亂頻頻，雖後來經濟有所發展，但民族眾多，人民亦樂於安定的生活，並不願意戰爭與稱霸天下。而且，前秦的「百萬大軍」中，多數是在南侵之前倉促拼湊而成，許多甚至是被苻堅強迫應徵，缺乏訓練，素質很差，對南方地形地貌及水地作戰等很不熟悉，而且，軍中民族混雜，兵士多懷異志，不願為氐族貴族賣命。而拉夫抽丁，強行入伍，徵調公私馬匹等更使百姓怨聲載道，人心渙散、士氣消沉。另外，苻堅手下的群臣、周圍的親友也紛紛進諫反對伐晉，就連苻堅之胞弟、前秦的大將苻融也竭力反對苻堅的計劃。他指出，這一行動將使前秦後方空虛，前秦政權下的各族勢力及西晉降將將會乘機叛亂，從而威脅到前秦的政權。對這些勸諫，苻堅一概置之不理，說伐晉之事「吾內斷於心久矣，舉之必克」，堅持派苻融率兵出征，從而使他在戰事之前就已陷入了眾叛親離的局面之中。

而晉軍正好相反，雖然與秦軍相比寡眾懸殊，但他們訓練有素，對地形熟悉，士氣高昂，人人以抵禦侵略、保衛鄉土爲責。東晉地處江南，少經戰亂，加上北方幾十萬人避亂南遷，與當地居民一起開發墾種，先進的漢文化得到了生存與發展，使得東晉經濟比北方更有優勢。保衛南方、收復北方已是晉人的夙願，他們作戰決心十分堅定，表現非常勇敢。真可謂「君臣和睦，上下同心」。在這樣的情形下秦、晉兩軍對戰，可以說秦軍只有劣勢，並無優勢可言，又怎麼能取勝呢？

在現代企業管理中，領導者只有充分地調動員工的積極性，才能取得事業的成功。內部的凝聚力是非常重要的，有凝聚力的企業、組織，才有可能表現出良好的外在形象和精神風貌。要想做到這些，作爲企業的領導者本身來說，切不可剛愎自用，而應虛心地、廣泛地聽取群眾意見，作爲決策的基礎。

制定可進可退的多方案供備選

決策的目的就是要選出最優方案。而一般來說，各種備選的不同方案都各有其利弊，在不同的時間、地點、條件下，這些方案的優劣就有不同的體現。而決策前後所面臨的情況常常是有變化的。在原先的條件下最優的方案到了新的條件下不見得就可行。因此，決策時應該可進可退，對未來的變化情形作盡可能充分的估計，既作成功的準備，又作失敗時的對策，多留幾套應變的「候補」方案是十分必要的。寧可到時有策略用不上，也不能到要用時卻無計可施。用一句俗話來說，即「凡事預則立，不預則廢」。前秦的君主苻堅就因過分驕傲輕敵，在對敵我分量估計不足時，剛愎自用，急於求成，只考慮到「人多勢眾，攻之必勝」這樣一個策略，卻沒有給自己留一條後路，多一個選擇的餘地，致使後來輕易同意軍隊後撤，中了晉軍之計，造成全軍大亂，殘兵都來不及收拾這樣一個悲慘的結局。

而晉軍首領在選擇作戰方法時則善於因地、因時制宜地靈活應變。一開始，爲兵勢強盛的秦軍阻在洛澗附近，則改攻爲守。後來，得到敵方作戰部署的情報之後，便適時修改自己的作戰方針，改守爲攻，迅速把握住時機，使被動的局面變得主動了，並爲戰爭的全面展開與勝利奠定了良好的基礎。

從以上的對比可以看出，如果決策前對可供選擇的方案進行周密的分析，事先考慮出一整套應變的方案，並充分地估計到每一方案後面的風險，就能做到進可攻，退可守，給自己留下可供生存和發展的彈性餘地。在實踐的每一個過程、步驟中，進行比較、衡量，適時修改，最終選擇出效益最大的最優方案作決策，這樣一個過程，實際上也就是一個科學的管理過程。

掌握資訊與時機

資訊，是決策的重要資源。領導者要作出正確的預測乃至決策，首先要獲得資訊。在淝水之戰中，朱序這位資訊的傳遞者，就爲晉軍大勝立下了汗馬功勞。朱序在秦軍中打聽到秦軍的作戰方法、部署這樣一些極其重要的情報之後，將它們告知晉軍，晉軍便可以根據對方的決策尋找制敵的對策，這樣，顯然大大提高了預測的準確性和決策的可行性。因此，作爲一個領導者、管理者，應具有善於捕捉有重要價值的資訊能力，即不僅要眼觀六路，耳聽八方，而且要善於聯繫、聯想，將所搜集到的資訊進行「取其有用，廢其無用」的有效處理，以輔助決策。

由於資訊本身具有一定程度的不確定性、很強的時效性、零散性等特徵，就要求組織在資訊的收集、處理上要又準又快又系統，尤其是現在市場瞬息萬變，流通和資訊業日益發達，決策所依據的各種資訊絕非唯某個人或某個組織獨有，時機成熟之際，若仍猶豫不決，遲遲不採取對策，就很有可能讓別人捷足先登，造成的後果常常是難以預料的。而且，資訊一旦過時，便也就一無是處了。試想，若晉軍沒有在得到秦軍作戰情報後迅速作出反應，加緊戰備，在秦軍後援軍到達以前夜襲成功，佔據戰略主動地位，那麼，淝水之戰又將是怎樣的情形？由此可見，善於抓住時機，是決策的關鍵所在。

實現有限資源的最佳配置

資源，總是有限的。如何將有限的資源發揮出最大的效用呢？這是宏觀與微觀管理領域裡都涉及到的一個問題。我們先來看看淝水之戰中兩軍的兵力布置：前秦的兵力是佔據了絕對優勢，從而直取建康，橫掃江南。然而，秦軍兵分東、中、西三路，卻未能做好三軍的協調。秦軍一路旗鼓相望，前後長達千里。九月，中路軍到達項城（今豫東），涼州之兵始達咸陽；蜀漢之兵方順流而下，東路軍已到彭城。雖然是「東西萬里，水陸並進，運槽萬艘」，看似浩浩蕩蕩，氣勢逼人，但兵力過於分散，中路主力進展過快，東西兩路遲緩（西路軍後來遭到東晉大將桓沖的有力阻擊，而無法前進），使主力側翼受敵軍嚴重威脅，同時，主力前後拉得很長，首尾難以相應，無法集中發揮優勢，且易被各個擊破。而晉軍雖人少，但對敵方的進攻意圖與兵力配置作出了準確的判斷，並從容地布置好防禦的兵力。它以桓沖將兵十多萬扼守荊州方向，阻止秦西路軍由江、漢順流滅晉；江北則以少數兵力實行機動，阻止與牽制秦軍；晉軍主力則配置在淮河一線抵禦秦軍主力。整個戰線集中，使兵力能更有力地發揮效用。

在現代企業中，資金、土地、原材料、人才等資源都是十分有限，甚至是短缺的，除了不斷地想方設法予以補充外，還應該針對組織的主要目標，就其最緊要的需求或效益最大的投資方向予以集中地投入，以求得更多的產出。也就是說，就企業本身而言，對緊缺資源採用一種集中使用的方法，以再生產出更多的這些資源，來不斷地發展組織本身，這在資源緊缺的管理中亦不失為一種可以利用的方法。

◎洛陽之戰

隋朝末年，戰火紛飛，群雄並起，割據一方。其中李淵亦起兵反隋，並透過一系列的政治及軍事鬥爭，統一了關隴地區，成功地建立了以關中爲中心，西佔隴右、南擁巴蜀、北據河東的鞏固的戰略基地。此時，隋煬帝已死，李淵也已稱帝，建立了李唐王朝。佔據著河北的竇建德與佔據黃淮地區的王世充這兩大軍事力量便成爲李唐政權統一全國的主要障礙。

李氏父子決定採取遠交近攻的策略，首先消滅近處的王世充，以後再攻打竇建德。

公元六二〇年，李世民率兵十餘萬進攻王世充的政治軍事中心——洛陽。王世充先選拔各地的驍勇之士集結洛陽守衛宮城，同時又分派大將鎮守洛陽周圍的戰略要地，王世充則親自率領精兵三萬迎擊唐軍。唐軍與王世充在谷水一戰。李世民令屈突通率領步兵五千渡水攻擊王世充軍，並約定一旦渡水成功就舉煙爲號。兩軍交戰後，李世民見煙起，便親自率領精騎數十人直衝王世充的大陣，並貫穿而過，鼓舞士氣，威懾敵軍。谷水之役，唐軍殲敵七千餘人，並將王世充迫入洛陽城中，不敢復出。而後的幾個月中，唐軍陸續攻佔了洛陽外圍的各個戰略要地，形成了對洛陽的包圍。在這一過程中，李淵與李世民利用王世充與竇建德之間的矛盾，成功地拉攏了竇建德，使他在李世民率軍完成對洛陽的包圍時保持了中立。

洛陽已完全被圍以後，王世充派人向竇建德求救，竇建德答應了，並派遣使者到唐營中請求撤回圍攻洛陽的軍隊。李世民扣留了使者，不作任何答覆以拖延時間，並派兵牽制竇建德。

李世民軍圍困洛陽城四個月以後開始攻城。圍城的唐軍從四面進攻，十幾天晝夜不息，仍然沒有攻克洛陽城。正當此時，竇建德及王世充之弟王世辯合兵十多萬向洛陽進發以援救王世充。守城軍兵兇悍頑強，外援兵勢強盛，唐軍將士則疲憊思歸，有些人便提出班師回關中，李淵也有所動搖。但李世民分析形勢，認為近年來天下混亂，征戰不休，唐朝又剛剛建立，不能經常興兵，這次大舉進攻王世充，應當爭取一勞永逸。王世充領地上的各個城鎮，都已歸屬唐營，只有洛陽孤城一座，是不可能長久守住的。功在垂成，不能輕易放棄。另外，一旦撤兵，必然前功盡棄，還讓王、竇兩股勢力得以聯合，唐軍將更加難以消滅這兩股割據勢力。於是，李世民堅決主張圍城打援，他上書李淵並徵得同意，對部屬下令說：「有言班師者斬」。

李世民兵分兩路，一面留兵繼續牢牢地圍困住洛陽，另一面親自率領精銳部隊佔據了險要的兵家必爭之地——虎牢，等待竇軍。竇軍士氣高昂、兵力強大，唐軍則在兵力上處於劣勢。李世民便據守虎牢關，閉營養銳，堅壁不戰，與敵軍相持達兩個多月。在防禦過程中，又派人截糧道，並小股作戰，以消耗敵軍力量，挫傷敵軍的士氣。然後，兩軍在汜水對陣。唐軍趁竇軍飢餓疲乏、紀律開始鬆懈時進行攻擊，大敗竇軍，並俘獲了竇建德。

李世民消滅竇建德援軍之後，主力回師洛陽。王世充部下諸將失去信心，終於獻城降唐。洛陽一戰，終於以李世民軍勝利消滅王、竇兩大軍事割據勢力而告終。

作出決策需要收集資訊，知己知彼

管理者常常需要作出決策，而決策的依據應該是收集資訊、知己知彼，而不能是憑主觀臆測。因爲主觀臆測經常會與實際情況不相符合甚至相反，在這樣的基礎上作出的決策當然不會正確。而廣泛地收集各種資訊，包括自己的，也包括敵人的，也包括其他方面的資訊，在這樣的基礎上正確有效地分析有關資訊，加以預測，再作出決策，這是進行管理決策的正常過程。

作決策所需要的資訊應該是全面、及時、準確的。要求資訊全面是因爲管理者所處的環境總是多因素相互牽連相互制約的。無論是管理實體內部的情況還是對手的情況都會影響管理者的決策，所以資訊必須全面。又因爲事物總是不斷變化的，而決策所針對的是變化後的新環境，所以據以作出決策的資訊也應該是及時而新鮮的。資訊必須準確，這是不言而喻的。歷史上、生活中，因爲錯誤消息的誤導而作出錯誤決策的例子比比皆是。

作出決策前需要收集資訊、知己知彼，這也意味著收集資訊需要花費時間與精力，甚至要冒風險；而管理者若想做到知己知彼，除了需要佔據資訊資源以外，管理者本身也需要有較深的文化素養，能對已有的資訊、對所涉及的主要人物的心理作出正確的概括、分析與預測。

李世民在洛陽久攻不下，而竇建德援兵又逼近時，力排眾議，作出「洛陽未破，師必不還」的決策的過程中，便體現了作出決策需要收集資訊、知己知彼這一管理思想。

李世民是了解戰場上的形勢的。洛陽孤城，守城兵力量強，但不能持久，洛陽周圍的地區雖已攻克，但人心未穩。一旦洛陽未破先班師回關中，則這一地區很快又將會被王世充佔有，而破洛陽、除王世充乃是擒賊必擒王。竇建德與王世充有矛盾，所以唐軍剛開始進攻王世充時，李氏父子可以說服竇氏保持中立，從而爭取到一個有利的時機；而竇建德興兵援助王世充，是因爲唇亡齒寒，在李唐王朝的強大攻勢下，這兩股勢力想要摒棄前嫌，聯合抗唐以求生存。倘若李世民未破洛陽而返，便給了竇、王聯兵擴張勢力的機會。敵我雙方的形勢決定了一舉攻克洛陽的必要性。而進一步掌握資訊、進行分析又使李世民看到了打退竇建德的援軍並攻克洛陽城的可能性。因爲竇建德軍雖然兵力強，氣勢盛，但竇軍的組織紀律不太嚴，又輕視唐軍，遠道而來，糧食運輸路途遙遠又易受襲擊，竇軍宜速戰速決而不宜於打持久戰。如果唐軍據守虎牢險關、閉營不戰，便可持久地磨挫竇軍銳氣，耗費對方的軍糧，渙散對方的軍心，然後乘機攻擊竇軍，便可以取勝。而洛陽孤城一座，守軍雖然兇悍頑強，但這也是因爲有外援希望這一心理作支撐，而且圍城中的貯糧總是有限的，所以一旦唐軍打退援兵，又長期圍攻，則洛陽城必將陷落。李世民正是在這樣的了解資訊、分析資訊的基礎上作出「洛陽未破，必不還師」的正確決策的。而那些要求班師的人的錯誤的原因就在於所掌握的資訊表面化、片面化，不知己知彼，對資訊的分析深度也不夠。

解決問題需要分清主次，逐一解決

管理實踐中作出決策總是爲了解決問題。有時候，問題很多又很複雜，相互關聯，則進行管理時，首先需要明確所有問題，按輕重緩急進行排列，然後逐一解決。不分主次，想一下子解決所有的問題是不可能的。

解決問題有兩種方法，一種是先攻克主要的問題，再解決次要的問題；另一種是先解決一系列的次要問題，爲解決主要問題打下基礎，然後再集中力量解決主要的問題。

李氏父子結交竇建德，攻擊王世充的例子，就體現了集中力量解決主要問題、再依次解決其他問題的管理思想。因爲王世充與竇建德這兩大軍事割據勢力是李唐王朝統一天下的主要障礙，但竇建德離李唐王朝遠一些，而王世充離得近一些，一旦不和，王世充對李唐王朝的威脅更大。而且如果捨近求遠，遠攻近交的話，則攻打竇建德時，關中根據地易受王世充的襲擊，而且遠處的地盤即使暫且攻克了也不容易守住。所以李氏父子作出了遠交近攻分離王、竇關係，各個擊破的決策，而且先攻主要的對手王世充，以後再攻擊竇建德。

李世民攻洛陽時，先攻佔洛陽城周圍的戰略要點，先消滅竇建德的援軍，再攻洛陽城的過程，體現的是「先克服次要矛盾，再克服主要矛盾，克服次要矛盾爲克服主要矛盾服務」的管理思想。因爲李世民是在王世充的地盤作戰，如果洛陽與其他軍事要地都被王世充所掌握，形成相互支持之勢，就難以攻破了。如果竇建德援軍與洛陽城內的王世充守軍相互聯絡，裡應外合，唐軍將腹背受敵，難以取勝。另外，洛陽城之所以能堅持數月，除了貯備的戰略物資充足、將士英勇以外，人心也是很具有決定性作用的。城裡的守軍知道城外有強大的援兵，就會有信心堅守下去。所以李世民軍先一一攻克洛陽周圍的各戰略要地，先擊潰竇建德的援軍，再驅動主力部隊圍攻洛陽城。斷了救援希望的王世充部下終於獻城投降，這一結果證明了先逐一解決次要矛盾對解決主要矛盾的效用。

解決問題究竟是從解決主要問題著手，還是從解決次要問題著手，是由具體情況具體分析來決定的。明確問題、分清主次、逐一解決是一種很有效的管理思想。

執行決策需要瞄準目標，絕不動搖

在管理實踐中，無論多麼好的決策，如果沒有切實有力地執行，便仍是紙上談兵，沒有實際作用。所以，切實有力地執行決策，是管理實踐中的一個重要環節。而切實有力地實踐決策的必要條件之一便是要瞄準目標，絕不動搖。

要瞄準的目標即是管理者所作出的決策，譬如李世民作出的「洛陽未破，必不還師」的決策。這一決策目標必須是在分析敵我雙方形勢，考慮到了必要性與可能性的基礎上確定的，是經過努力後確實可以達到的目標。一旦確定了這樣的恰當的目標，隨之而來的就應該是有計劃、有步驟、堅韌不拔地去實現目標了。

在實現目標的過程中，常常會遇到困難，有時甚至環境突變，帶來了相當大的困難。在這種時刻，是退縮還是堅持，這正是決定著決策目標能否真正實現的關鍵所在。而成功者往往是分析形勢變化，作出相應對策，調整具體的行動方案，並始終瞄準目標前進，絕不動搖的（注意，具體行動步驟的調整與堅持向決策目標努力是不相矛盾的）。譬如，李世民出兵攻打王世充的目標是爲了消滅王世充這一割據勢力，爲李唐王朝一統天下而努力。在攻打洛陽城時，洛陽城的異常堅固，守軍的異常頑強，加上竇建德放棄中立，轉而大舉興兵援助王世充，而唐軍又疲憊思歸，這種種困難都在迫使李世民放棄攻破洛陽，無功而返，而李世民力排眾議，堅持朝消滅王世充的目標努力。他逐一克服了種種不利因素，取得了最終的勝利。這種堅持瞄準目標，切實有效地執行決策的管理思想對於後來的管理者來說具有深刻的啓迪意義。

第二篇

微觀管理

競爭

◎圍魏救趙

孫臏出生在阿、鄄（今山東東阿和鄄城縣）之間，是孫武的後代子孫。孫臏曾與龐涓一起學兵法。後來龐涓到魏國做了惠王的將軍。但他自己知道在才能方面遠不及孫臏，便派人去請孫臏，而當孫臏到魏後卻捏造罪名，砍掉了孫臏的雙腳，又在他胯襠刺字。齊國的使者到了大梁（今開封，當時的魏國都城），孫臏設法背地裡和齊使見面，說明了經過。齊國使者一聽非常驚訝，偷偷把他帶回齊國。齊國將軍田忌知道後非常高興，把他當貴賓熱情款待起來。有一次田忌與齊威王進行賽馬賭博，孫臏設計使其獲得勝利，威王知道此事後向孫臏請教兵法，並拜孫臏爲師。

公元前三五四年，魏惠王意欲獨霸中原，派大將龐涓帶八萬兵士攻打趙國邯鄲，趙國無力自救而向齊國求援。齊威王決定拜孫臏爲帥，孫臏推辭說：「我是個受刑殘廢了的人，統帥將士不僅不方便，也是不好的。」威王便決定由田忌爲將，孫臏做軍師，坐在輜車上策劃軍事。田忌要領兵去趙國，孫臏認爲：「但凡要解開雜亂糾紛的，不是靠拳頭；兩方鬥毆，不靠武力解開武力。要避實就虛，表面上格鬥，勢態卻朝著不得不停止的方向發展，那麼就自然地解決了。現在魏軍主力都在圍攻邯鄲，國內防務一定空虛，直去邯鄲不如直接攻打魏的國都大梁（今開封西北）。大梁受威脅，龐涓必定回師來救。這樣我們就可達到敗魏救趙的目的了。」田忌很爲贊賞，依計照辦，謀劃發兵入魏。

爲了實現這個戰略，孫臏又建議田忌佯攻魏國重鎮平陵。這裡守軍兵力較強，因此表面看來進攻平陵實不明智，但孫臏認爲，少量兵力的佯攻並故意失敗，可使龐涓產生齊軍怯弱、指揮無能的印象，輕敵麻痺而不馬上回師自救，繼續屯兵邯鄲，達到消耗其實力的目的。田忌又採納了此計策，特意派兩名不懂帶兵的大夫率部分兵力攻打平陵，結果兵敗受挫。而龐涓果然更趾高氣揚，根本不把齊軍放在眼裡。不但未回師自救，反而加緊了對邯鄲的包圍。

邯鄲在魏軍的強兵久攻之下岌岌可危，此時齊軍開始直搗大梁，對魏國都城突然發起猛烈攻擊，大梁直接受到了齊軍的威脅，四面受敵，危在旦夕。面對這一嚴峻的軍事威脅，魏惠王不得不急令龐涓回師自救，而回師途中又在桂陵（今河南長垣）遭齊軍的重點埋伏，疲憊之師頓時驚慌失措，慘遭失敗。

孫臏所創的「圍魏救趙」戰例成爲千百年來人們競相傳誦的成功典範，膾炙人口。在激烈的市場競爭中，「圍魏救趙」的謀略也同樣可以發揮其應有的作用。

避實擊虛乃企業競爭有效的制勝手段

孫臏以其聰穎過人的智慧，不令齊軍與強大的魏軍正面交鋒，而是直撲其內部空虛的都城大梁，其成功之原因就是正確選擇了攻擊點：敵方最薄弱而我方最易獲勝的部位，即「避實擊虛」。這個方法在企業競爭中可以引申為：與實力強大的對手競爭，不直接攻擊強大對手的正面，而是攻擊它側後面和空虛的一面。

現代企業戰略及市場學的研究表明：避免與競爭者正面交鋒的方法主要有兩種：

(1)選擇空白點。所謂空白點，就是競爭者尚未染指的潛在需求市場。現代市場學的研究已為我們選擇市場的空白點提供了現成而有效的方法，這就是市場細分法。市場細分法是企業搜索目標市場、確定經營領域的必由之路。

市場是一個十分廣泛的概念，我們可以按照一定的標準將市場分割。如家電市場可分為電視機市場、電冰箱市場、空調市場等，而電冰箱市場又可以按照價格、地區、規格等標準再進行細分，如按價格就可分為高價位、中價位、低價位三類電冰箱市場，這就是市場細分法。廠商如果能透過這種細分發現某種未被滿足，並因此而開發出差異化的產品，企業就必能建立起自己的競爭優勢。

現代城市家庭中不少父母都希望子女有彈奏樂器的高雅愛好，如鋼琴、小提琴等。但這些樂器過去都是以劇團、機關等團體爲銷售對象的，因價格高而令家庭難以問津。某廠家經市場分析發現這是一個市場盲點，制定了以電子琴替代鋼琴進入家庭的計畫。由於選準了市場空白點，且找到了競爭手段（替代策略），因而獲得了成功。

市場細分法的實質就是尋找市場之「虛」，是對市場的靜態分割。事實上，市場從來都是動態的，消費者的需求偏好是不斷變化的，今天的空白點不可能永遠是空白點。因此，廠商們切不可以爲一旦找到了市場之「虛」就可一勞永逸，尋找空白點是一件永不停止的工作。

(2)選擇競爭者的弱點。圍魏救趙是透過攻擊敵方最薄弱的環節而獲成功的。實際上，這種思想在當代企業競爭中同樣是適用而且是有效的。美國著名戰略專家波特教授透過嚴密的競爭者分析之後，也得出這樣的結論：「最好的戰場是那些競爭者尚未準備充分、尚未適應、競爭力弱的區域市場或戰略領域。」

有市場就必有競爭，而在這場競爭中只有「先知迂迴之計者」方能得勝。《孫子兵法・計篇》有言：「強而避之。」在市場競爭中，同樣要避開競爭者的強點、優勢。特別是在競爭者擁有規模優勢、實力優勢或者專利、商標、分銷渠道等方面享有獨佔資源時，都應「強而避之」，此時應懂得「軍有所不擊」，因爲此時的直接攻擊是十分危險的。當然這並非是要消極地避而不打，而是要避強攻弱。事實上，在企業競爭中，不管競爭者如何強大，只要認真搜索敵情、分析敵情，就一定會找到敵人的薄弱點、瑕疵點。

一九一八年，一直從事鹽業生產的范旭東，利用西方在第一次世界大戰期間供應中國的「洋鹼」大幅減少的有利時機，創建了永利製鹼公司。第一次世界大戰結束後，一直獨佔中國鹼市場的英國卜內門公司重返中國市場，發現了永利，便軟硬兼施，但均未能損傷永利。於是卜內門調來了一大批純鹼，以原價百分之四十的低價在中國市場上傾銷，以此擠垮永利。

永利和卜內門相比，實力懸殊太大，被逼到了生死存亡的緊要關頭。范旭東不由焦慮萬分，如果與卜內門拼死抗爭，恐怕老本賠完也不能撼動人家的一根毫毛，不甘心就此屈服的范旭東只好尋找其他出路。一天，他突然想起，日本是卜內門的天下，現在對方傾其全力在中國傾銷，日本市場一定空虛，何不趁機進入日本市場呢？

范旭東迅速到達日本，經秘密商談，達成與三井公司合作，由其以低於卜內門的價格代銷永利純鹼的協議。於是，質量與卜內門相同、價格低廉的永利純鹼很快進入了日本市場並造成了跌價的影響。卜內門一看後院起火，慌忙撤兵回顧。由於卜內門在中國降低銷售價格，而日本市場又損失不少，其元氣終於受到損傷，而永利掌握主動，損失甚微。此次交鋒使卜內門不得不和永利握手言和，把中國市場讓給了永利。

找準對方弱處而進行攻擊乃永利獲勝的關鍵，自恃強大和企圖獨霸市場的貪婪之心則是卜內門的敗因。市場競爭猶如下圍棋，貪婪的人總是怕別人多佔地盤，四處跟蹤，一子不讓，結果卻事與願違。此例或許對企業家如何活用「圍魏救趙」之計會有所啓示。

集中兵力，重點制勝

齊國救趙時的實力，與當時強大的魏國相比，屬於弱國，若當時將齊國兵力分散地投入到全線作戰上去，恐怕不能損傷魏軍，聰明的孫臏集中了主要兵力攻擊大梁，而只派少量兵力佯攻平陵，才使大梁陷入齊國軍重圍，從而令龐涓不得不班師自救而兵敗桂陵。

歷史的經驗教訓告訴後人：對抗競爭中的強弱多少總是相對的、變化的。只有集中兵力，才能使自己已有的優勢變得更優，原來的少量變爲多量。戰線過長、多面迎敵是兵家的忌諱，同樣也是企業競爭中要盡力避免的現象。集中兵力、攻其一點不僅是軍事家的「戰略上的首要原則」（著名軍事家克勞塞維茨語），也是企業在競爭中取勝的要訣。

在市場經濟的體制下，競爭將是十分殘酷的，企業要獲得生存和發展就必須建立起自己的優勢，這樣才能受「優勝」之惠，避「劣汰」之果。而事實上，任何一個企業所擁有的人財物的資源總是有限的，不可能在所有方面都獲得優勢，只有集中兵力方能建立局部優勢，並取得重點制勝之效。此原則對中小企業而言更具有特別重要的意義。

日本的尼西奇公司只有七百多人，但人均年銷售額卻達到一千萬日圓。它爲何能如此引人注目？這個創建於二〇年代，最初生產多種橡膠產品的公司，其產品很多，如雨衣、游泳帽、尿墊等，但其訂貨卻常顯不足，只能勉強維持。到了五十年代，公司了解到全國每年出生二百五十萬個嬰兒。總經理多川博想，若每個嬰兒用兩塊尿墊，一年就是五百萬塊，如果再銷往國外，市場就會更加廣闊，而生產尿墊正是尼西奇的專長。於是決定把尼西奇轉變為專業尿墊公司，決心創立名牌尿墊。這個戰略實施的結果，使公司壟斷了全日本的尿墊市場。

很顯然，集中力量，「寧專勿多」是一種成功的經營戰略，特別對於中小企業來說，要想在競爭激烈的市場上站住腳，選準目標，實施專業化經營實不失為可用之上策。

戰略管理是現代企業競爭的制勝法寶

孫臏以平陵之敗換來了圍魏救趙的重大勝利，正是其所具有的高瞻遠矚的戰略眼光的充分表現。這次勝利就是由於有了正確戰略的結果，是對「善敗不亡」的極佳注釋。孫臏的這種以局部的失利換取全局的主動與勝利的戰略意識正是當今企業家所應具有的重要思維品質。

現代的企業競爭面臨諸多的嚴峻挑戰，既有多變的競爭環境的挑戰和競爭對手的挑戰；又有消費者對產品苛刻挑剔的挑戰和世界技術革命浪潮的挑戰，以及其他各種意想不到的挑戰。如何應戰是擺在企業面前的重大問題。企業要取得經營成功，要在激烈的競爭中取勝，必須制定和實施恰當的戰略，推行戰略管理。企業經營已進入了戰略制勝年代。戰略管理是現代企業管理人員，尤其是企業高層領導者重要而神聖的職責。

戰略管理最重要的任務是要正確處理好局部與全局的關係，因為戰略的本質就是要爭取全局的主動性，毛澤東同志在《中國革命戰爭的戰略問題》中就指出：「戰略問題是研究戰爭全局的規律的東西。」可見，保持全局的優勢、爭取全局的勝利乃戰略管理的最高宗旨和靈魂。聖吉利是日本一家製造威士忌的公司，其市場戰略被稱為超群出眾的競爭戰略。該公司生產的威士忌暢銷全國，市場佔有率達百分之五十左右，它同時還花了不少財力人力投入啤酒的開拓，啤酒是該公司傳統產品，一九六〇年就佔有日本啤酒市場的百分之十，雖經三十多年奮力開拓，盈利率卻一直很低，還時有虧損出現。為此，有人建議放棄，但決策層並未因此改變其方略，因為他們明白：如果聖吉利僅僅以其威士忌和葡萄酒投入市場，該公司就不會有今天這樣的高大形象和充滿活力，人們喝了「Suntory」啤酒，自然會聯想到「Suntory」的威士忌、白蘭地和葡萄酒，從而帶動這些酒的銷售，增加公司的總盈利。因此，他們認為「本公司的啤酒是健全的赤字部門」。聖吉利這種局部的損失推動了全局的發展，銷售額不斷上升，現在已超過兩萬億日圓。這應該歸功於其決策層所具有全局觀念和強烈的戰略意識。

◎孫臏減灶賺龐涓

戰國時期，齊國為鞏固和擴張其統治勢力，積極推行富國強兵的政策，國力日益強大。馬陵之戰，齊國大敗強盛的魏國，得益於「減灶示弱」謀略，威震天下，爭得了「諸侯東面朝齊」的統治局面。

周顯王二十七年，魏國聯合趙國攻打韓國，韓國急忙向齊國求救。齊國派田忌率軍救援，直向魏國首都大梁進軍。魏將龐涓，聽到這個消息，立刻從韓國撤兵回國，不料齊軍已越境向西進入魏國的國土了。當時孫臏對田忌說：「魏國的軍隊一向驕傲輕敵，急於求戰，會輕兵冒進，齊軍可利用這一形勢，誘敵深入，予以致命的打擊。兵法上說，如果走一百里去爭利，就會有使先頭部隊的將領受挫折的危險；如果走五十里去爭利，也只有一半軍隊能夠趕得到。我以進入魏境的軍隊第一天造鍋灶十萬個，第二天減少爲五萬個，第三天減少爲三萬個，讓魏軍以爲我們的軍隊天天在減少。」田忌採用了這個計策。

根據預定的作戰方案，齊軍進入魏境與魏軍剛一接觸，齊軍立刻向後撤退。魏軍追了三天，龐涓從齊軍退卻又天天減灶的現象中，誤認爲齊軍的逃亡嚴重，便驕傲地說：「我一向知道齊軍怯懦，不敢戰鬥，現在他們進入我國境內才三天，逃跑的士兵已超過了半數。」於是丟下步兵，只率一支輕裝精銳的部隊，兼程追趕。

孫臏根據魏軍的行動，判斷魏軍將於日落後進到馬陵。馬陵附近道路狹窄，地勢險要，可以埋伏軍隊。於是孫臏叫人把一棵大樹的皮削去，在白木上寫道：「龐涓死於此樹之下。」又派萬名射箭能手帶弩箭，埋伏於道路兩旁，並規定說：「到夜裡看到火光一閃，立刻一齊放箭。」

龐涓的追兵，果於預定的時間進入馬陵附近的設伏地區。龐涓見剝皮的樹幹上寫有字，但看不清楚，就叫人點起火把，照看樹上的字，龐涓還沒有讀完，齊軍萬箭齊發，魏軍來不及防備，亂成一團，頓時潰散四處。龐涓智窮力竭，自知敗局已定，拔劍自殺。齊軍在殲滅龐涓軍隊之後，乘勝進攻，又大敗魏軍，俘虜了魏太子申，前後共殲滅魏軍十萬餘人。魏軍遭到慘重失敗，國勢一蹶不振。從此，齊國就成爲東方的強國，而孫臏的名聲也就更大了，他的兵法流傳於後世。

在人類歷史上，爲了生存、成功、勝利而進行的爭戰頗多，其中以智取勝的戰例可謂魅力十足。而智戰的核心就是「示形」，「示形」之成敗是智戰之成敗的前提。早在春秋時期，我國偉大的軍事家孫武就對此有過精闢的闡述：「形兵之極，至於無形；無形，則深間不能窺，智者不能謀。因形而錯勝於眾，眾不能知，人皆知我所以勝之形，而莫知吾所以制勝之形。故其戰勝不復，而應形於無窮」。「無形」並不是不見蹤影，而是強調要不露破綻。它不僅利用敵人視覺上的「死角」，更重要的是利用對方心理的「盲點」，透過多種途徑達到「欺騙對方」的目的。

這裡談及的「心理盲點」是管理學與心理學在社會實踐中相互結合的產物——管理心理學的範疇。在管理活動中，人是首要的起主導作用的因素，是管理的一個重要內容。而要解決這個問題便需藉助心理學。它是揭示社會組織運行過程與人的心理活動相互作用的規律。要尋找被管理者「心理盲點」，首先就應進行心理溝通。管理中每一項活動都是以溝通爲基礎的。整個管理過程，就是溝通過程，它可以各自從對方發出的資訊中體驗到對方的爲人處事、待人接物方式、道德修養水準等，從而對他人作出判斷，並掌握其心理活動特徵，從而在管理他的時候，把握住適當的方法，爲充分地發揮管理的效用還要注意心理調節的作用。簡單地說，就是人與人之間在心理上的協調、溝通、交流、轉換與平衡等。管理活動中的心理調節，是指通過調整、調解、疏通等手段，把被管理者的心理狀況調節到你所預定的方向，從而引導他向著這個方向毫無心理障礙地前進，以達到你預期的管理目標。良好的心理調節是使人們活動的動機指向共同目標的心理保障。

本史例中孫臏則靈活地運用了「示形」這一計謀而將龐涓置於死地。魏國兵強馬壯，大有馳騁疆場而橫掃諸侯之勢；而齊國也並非「等閒之輩」，齊國以「深德韓之親，晚承魏之弊」的策略，鞏固和擴張其統治勢力，國力也日益強大。俗話說：「兩強相爭，必有一傷。」孫臏採用「心理戰」避開龐涓之鋒芒，向後退卻。孫臏對大將軍田忌說：「彼之晉之兵素悍勇而輕齊，齊號爲怯，善戰者因其勢而利導之。」在開戰之時孫臏在心理上就已戰勝了龐涓，他掌握了對方的心理弱點，以故意失敗而使對方驕傲輕視自己，而後，乘其麻痺大意，懈而無備的時刻，突然發起進攻。

爲達到誘敵深入的目的，孫臏以「減灶」的方式來誘導對方進入「認識上的誤區」，而落入自己早已設計好的包圍圈，並讓他誤認爲自己的判斷與現象是相符的。如文中所曰：「龐涓行三日，大喜，曰：『我固知齊軍怯，入吾地三日，士卒亡者過半矣。』乃棄其步軍，與其輕銳倍日並行逐之。」正如《兵經》所說：「善兵者，或假陽以行陰，或運陰以濟陽……意欲爲此，故爲不如此以行其意。」

再如本史例中，「魏與趙攻韓，韓告急於齊。齊使田忌將而往，直走大梁。魏將龐涓聞之，去韓而歸。」韓國告急，向齊國求救。齊威王任田忌爲將，孫臏爲軍師，率軍救韓，如果揮師急進，齊軍長途跋涉，非但不能救韓，還有被擊敗的危險。孫臏通觀全局，採取了圍魏救韓的策略，一則給對方造成攻打魏國本土的假象，二則魏軍返師回國，韓國得救，而魏軍又因時間刻不容緩，急速行軍，必是疲憊不堪，這又爲齊軍最後徹底地打敗魏軍準備了一個必不可少的條件。

◎陳軫智謀韓、魏

陳軫是戰國時期楚國的謀士。一天，秦惠王問他說：「現在韓、魏的戰爭相持一年還沒分勝負，我的群臣有的說立即參戰爲好，有的說參戰不好，我尙未拿定主意，希望你除了爲楚王出主意外，也爲我想個辦法。」陳軫回答：「有一個名叫卞莊子的農民刺虎的故事，國王聽說了吧？這個故事是這樣的，卞莊子看見兩隻虎在吃牛，立即想去把虎刺死，一個小孩子勸阻他，並說：『兩虎剛開始吃牛，等它們嘗到香甜的時候必然相爭，相爭就一定要鬥，鬥就使強壯的受傷、弱小的死亡，再去刺殺受傷的，必定是殺死一隻虎而得兩隻虎。』卞莊子以爲這個辦法好，於是旁立窺伺老虎動靜。一會兒，兩隻老虎果然鬥起來了，強壯的老虎被咬傷，弱小的老虎被咬死。卞莊子走上去把受傷的老虎刺死，一舉獲得了兩隻老虎。現在韓、魏戰爭，難解難分，結果一定是強國被削弱，弱國滅亡。爾後我們再去攻打已削弱的國家，便可一箭雙雕。這與卞莊子刺虎的道理是一樣的。不論楚王或秦王都不能用別的方法。』秦惠王說：「好。」於是打定主意不去參戰。結果，大國疲憊，小國滅亡，秦國便出兵去攻打已疲憊的國家，果然不出陳軫所料，秦國取得了重大勝利。

這是秦國乘韓、魏兩敗俱傷之機，舉兵征服兩國的一次戰爭。陳軫在謀略這次戰爭中，運用了坐觀虎鬥，趁火打劫的策略。

坐觀虎鬥，漁翁得利

軍事上的坐觀虎鬥之計，指的是當敵人內部發生矛盾、相互爭鬥的時候，我方暫時靜觀其變化，直到事情發展到有利於我方時，再伺機採取措施和行動，從中漁利。這是一種利用矛盾，從中取利、各個擊破的計策。秦國在韓、魏兩國相爭不下之時不參戰，而居旁觀望，看誰失利敗北，正是運用了這一謀略。

「坐觀虎鬥」的策略不僅在軍事、政治方面運用相當廣泛，而且在經濟活動中也日益受到人們的推崇。

企業在進行市場競爭時，身處各個企業的紛爭中，應該善於利用各種矛盾，靜觀時局，旁立待觀，而不宜過早捲入是非之中，否則，惹火燒身，首當其衝而深受其害。

當然，坐觀虎鬥並非只是一味地坐觀，企業應該外靜內動，在表面上靜若處子，裝出沒有圖霸市場野心的假象，暗地裡卻動若脫兔，積極改善經營水準，提高產品質量，擴大生產規模，從而增強企業的競爭實力，做好進攻競爭對手的準備。卞莊子能刺虎，在於他有一手好劍法，陳軫能智取韓、魏，脫離不了秦國國力強大的前提。關於這點，不僅在軍事、政治上要予以注意，而且在商務活動中更應該予以高度重視。

企業只是一味地靜觀他人爭鬥便會坐失良機，實現不了圖霸市場的營銷戰略。企業在靜觀時，應該廣泛搜集市場經濟情報，認真分析各個企業的產品在性能、質量、外觀等各方面的優缺點，然後組織技術力量進行攻關，將別人產品的缺點從自己的產品中剔除，將別人產品的優點增添到自家產品上，使本企業的產品更加符合消費者需要。同時，還要積極創造條件，運用最先進的技術工藝，使我方產品與其他企業的產品相比，有明顯的優勢。待其他產品都使消費者或多或少產生不信任感之機，便一舉推出我方產品，從而令消費者對這一改進後的產品刮目相看，實現主宰此類產品市場的戰略目標。

美國在第二次世界大戰中不僅在政治上坐觀虎鬥，而且在經濟領域裡也漁翁得利。

由於戰爭的爆發，分別屬於戰爭兩派的各國企業也進行了一場激烈程度不亞於兵戰的商業爭奪，紛爭迭起，矛盾重重。美國公司對此袖手旁觀，既不厚此，也不薄彼。只要有利可圖，美國公司願與任何國家做生意。雖然日本要獨佔中國，觸及了美國公司的在華利益，但美國公司仍然與日本進行生意往來。據統計，一九三七年美國對日出口高達二點九億美元，比以前平均每年均出口值一點七億美元高一點二億元，其中百分之六十是石油、石油產品、鋼等重要戰略物資。一九三八年，美國向日本輸出飛機、飛機材料一千七百四十五萬美元，比一九三七年多一千五百萬美元。日本侵華戰爭的頭三年中消耗汽油四千萬噸，其中百分之七十是由美國企業供應的。由於美國公司在戰爭中坐觀虎鬥，坐收了巨額的漁人之利，因此美國經濟在第二次世界大戰期間及戰後初期獲得了長足的發展，爲美國經濟雄霸世界奠定了堅實的基礎。

八〇年代初，獲得較大成功的日本豐田公司，也採用了「坐觀虎鬥，坐收漁人之利」的策略。一九七八年，日產汽車公司推出大眾化汽車「桑尼」，並不惜血本，廣做宣傳，大力促銷，結果獲得可觀的利潤。面對日產汽車公司的成就，世界上不少汽車公司奮起直追，展開了一場大眾化汽車的廣告戰。豐田公司卻絲毫不爲此所動，認爲日產等公司的大肆宣傳活動，在消費者群中激起了一種對汽車的濃厚興趣，無疑將給自己往後的事業鋪設一條成功的金光大道。因此，豐田公司身處日產等公司的紛爭，卻坐觀虎鬥，把全部精力集中到研究、研發「可樂那」汽車上。由於在研究「可樂那」前，充分研究了「桑尼」等轎車的優缺點來取長補短，因此「可樂那」汽車性能大大優於「桑尼」等汽車，結果後來面市的「可樂那」獲得了巨大的成功，相反，起初進行爭奪的其他汽車卻在「可樂那」的攻擊下在市場上的表現日漸遜色。

趁火打劫，乘弱攻之

趁火打劫是「三十六計」裡面的第五計，源於《孫子•計篇》，是乘敵人有危機而進行攻擊的一種計謀。唐代文學家、詩人、軍事理論家杜牧對此解釋爲：「敵有昏亂，可以乘而取之。」

秦國在韓、魏兩國相爭不下時不與參戰，待其中的強國疲憊時，秦國再出兵攻打它，便是運用了「趁火打劫」的計謀。「趁火打劫」的計策在軍事上運用得相當普遍，也深受中外企業家的鍾愛。

在商業競爭中運用趁火打劫的智謀一定要正確分析、估計競爭雙方的實力，攻擊時務必迅猛有力，不能迅速取勝，便容易遭致對方強大的報復性的還擊，輕則受損，重則破產。「偷雞不成，倒蝕把米」和「魚沒吃到，卻惹一身腥」的古諺形象地說明了這種後果。

希臘船王歐納西斯在沙烏地阿拉伯擊敗世界最大的石油公司——阿美石油公司，用的正是「趁火打劫，乘弱攻之」的謀略。沙烏地阿拉伯是世界著名的產油大國，一九五三年生產了四千萬噸石油，並且還以每年五百至一千萬噸的速度增長。西方各國的實業家都認識到了這是賺錢的好去處，爭先恐後地來到這沙漠縱橫的國度，意在爭取沙烏地阿拉伯的石油開採和運輸權。但阿美石油公司與沙烏地國王訂有壟斷石油開採的合同，每開採一噸石油，給國王相當數目的特許開採費，因此西方商人皆高興而來，敗興而歸。

就在這時，阿美石油公司出現了一絲危機。沙烏地阿拉伯的一些酋長認爲阿美石油公司支付的特許開採費還不夠。希臘船王歐納西斯獲取這一訊息後，於一九五三年盛夏迅速前往沙烏地阿拉伯首都利雅得，到王宮作了一次「閃電式」的訪問。他和年邁的國王作了長時間的密談，臨行前又和王儲阿卜杜勒・阿齊茲作了長談，並與其他酋長進行了交往。到了一九五三年十一月，沙特國王去世了，他的兒子繼承王位。兩個月後，一件新聞震撼了世界，歐納西斯和沙烏地阿拉伯王國簽訂了《吉達協定》，取得了沙烏地阿拉伯的石油運輸壟斷權。歐納西斯的成功在於乘人之危，趁火打劫。阿美石油公司雖然和國王訂有明確的壟斷石油開採的合同，但並沒有排除沙烏地阿拉伯擁有自己的船隊從事石油運輸；酋長們抱怨阿美石油公司上繳的開採費用不夠，這又是另一個可乘的縫隙。歐納西斯利用阿美公司這兩個方面的危機，成功地說服了沙烏地國王，與沙烏地國王合作成立了油船海運有限公司，從而打破了阿美石油公司對沙特石油運輸完全壟斷的局面。

中國機床在葡萄牙市場上取得成功，也得益於「趁火打劫，乘弱攻之」的智謀。

葡萄牙製造業相當落後，所需要的機床絕大部分自己不能生產，嚴重依靠進口。美國、日本、前捷克斯洛伐克都看中了這個市場，紛紛把各種機床產品推向葡萄牙，並爲了爭奪更多的市場進行了暗中的較量。由於他們的機床屬於國際高價位商品，不太適合葡萄牙用戶的需要，因此銷路皆受阻。中國機床出口部門了解到這個資訊後，經認真分析，發現中國機床僅相當於國際中價位商品，性能、質量、價格、操作的難易程度都比較適合葡萄牙的需要，於是積極組織機床出口貨源。待美、日、捷三國爭得精疲力竭，使用他們產品的消費者開始廣泛抱怨機器的操作太複雜、價格太昂貴的時候，中國出口部門立即抓住這一機遇，抓緊與葡萄牙方面接觸、洽談，積極向葡萄牙消費者宣傳、介紹中國機床的性能、質量、價格、操作要求，結果中國機床在葡萄牙市場上大受歡迎，迅速覆蓋了葡萄牙的整個機床市場。

「趁火打劫，乘弱取之」的策略運用在價格競爭上效果最為明顯。商業競爭中，以價格競爭最為激烈。企業自己殺價，同行之間互相殘殺的事情屢見不鮮。先靜觀他人之爭，然後採取靈活的產品定價策略，趁火打劫，乘隙攻入，是取勝的法寶。所以，企業的定價策略，即什麼時機以什麼價格銷售產品的策略，如果運用趁火打劫的智謀於其中，必棋高一招，易勝他人。商品滯銷，可降價拍賣；商品暢銷，可漲價高賣；質量劣的，可低價拋售；質量高的，可高價貴賣。爭奪客戶可以降價，甚至虧本也在所不惜。總之，視行情漲落，全面考慮其他同行的競爭，採取靈活、漲跌有度的定價策略，伺機趁火打劫，是企業打敗產品競爭對手和最大限度地從消費者身上獲取利潤的強有力武器。例如，八〇年代中期，中國電視機暢銷，但生產電視機的企業上馬過多，行業競爭異常激烈。蘇州電視機廠在各家企業紛紛熱貨貴賣的情況下，毅然以低於滬產整機三十元的價格出售產品，以此來擴大用戶數量，保持旺銷。一九八五年，蘇州電視機廠在銷售洽談會上宣布孔雀牌電視機降價百分之四點二，結果會上當場簽訂了一百七十萬台的合同，超過了當年的生產實際數，蘇州電視機廠頓時一躍成爲中國赫赫有名的電視機生產大廠。蘇州電視機廠的成功，與它以低價促銷策略是分不開的。

◎司馬懿快擒孟達

三國時，蜀國的將領孟達投降了魏國，魏文帝任命他爲新城郡太守。沒過多久，孟達又聯合吳國，依附蜀國，陰謀背叛魏國。剛被魏主曹睿重用的驃騎將軍司馬懿在調動宛城各路軍馬準備抵禦諸葛亮率領的蜀軍時，獲取了孟達謀反的情報，他對其子司馬昭說：「此賊必通謀諸葛亮，吾先擒之，諸葛亮定然心寒，自退兵也。」司馬昭建議寫表奏天子，司馬懿說：「若等聖旨，往復一月間事無及矣。」許多將領又認爲，孟達與吳、蜀都有聯繫，最好先觀察一下形勢再採取行動。司馬懿說：「孟達是個不講信義的人，現在正是他和吳、蜀互相猜疑的時候，應當趁他還沒有決斷就迅速除掉」。斯年即公元二二八年，司馬懿令將士秘密征討孟達。魏軍一天趕行兩天的路程，經過八天時間到達新城。這時，吳、蜀兩國也都派部隊來援救孟達。司馬懿調出兩支隊伍分別抵抗吳、蜀的援軍。孟達在開始謀叛魏國時，曾給蜀國丞相諸葛亮寫信說：「宛城離洛陽八百里，離我這裡一千二百里。（駐在宛城的司馬懿）聽說我要反魏，一定要先報告給魏主，這樣一來一往需要一個月的時間。到那裡時我的城防已經鞏固，各個部隊也可部署就緒。再說，我的駐地偏遠而險要，估計司馬懿一定不會親自來。若是其他將領來，我就沒有什麼可擔心的了。」當司馬懿率兵到達新城時，孟達又給諸葛亮寫信說：「我舉事剛八天，司馬懿的部隊就到了我的城下，他的行動何以如此神速啊！」新城地形險要，三面被水包圍，另外孟達還在城外構築了木柵以加強防禦，司馬懿指揮部隊渡過堵水，毀掉木柵，直抵城下，從八個方向進攻。十六天之後，外甥鄧賢和部將李輔開城門出降，孟達被斬，傳首京師。

先發制人，爭取主動

不難發現，司馬懿爲及時粉碎孟達的叛亂，採取了先發制人的策略。倘若司馬懿聽從司馬昭的建議，先表奏皇上，再派出部隊，將貽誤戰機。如果孟達舉反成功，與諸葛亮內外夾攻，洛陽、長安便岌岌可危了。

「先發制人」不僅在軍事上是一個有效策略，而且在經濟管理上特別是在市場競爭中更是爭取主動權的法寶。在市場經濟條件下，企業之間的競爭愈演愈烈。在日益激烈的市場競爭中，企業容不得半點「溫良恭儉讓」。企業要打擊競爭對手和免遭其他企業的打擊，一個很好的選擇便是先發制人，趁對手企業未加防備或準備不足時，搶先動手，爭得先發之利。如果該先不先，讓其他企業捷足先登，那就後悔莫及了。

先發制人是企業圖霸市場最有效、最經濟的手段，中外企業無不給予高度重視。他們認爲，先發制人在戰場上是「天下之至權，兵家之上策」。在商戰中同樣也是如此。先發制人的好處有兩個方面：一是爭取充分的時間和企業形象率先進入消費者心中等有利的競爭條件，先立於不敗之地，二是可以震撼競爭企業在該領域裡圖霸主宰權的銳氣，達到行動的突然性，打破競爭企業的企圖。

先發制人的策略突出一個「先」字。在市場爭奪戰中，與「先」字有關的計謀數不勝數。「捷足先登」指的是自家企業的新產品首先進入銷售市場，搶先進入用戶手中；「先聲奪人」講的是透過電視、廣播、報紙等新聞手段在輿論上先張揚自己的聲勢以壓倒對方；「智者先告狀」講的是企業在促銷自家的產品過程中，透過巧妙、隱蔽的方法搶先向消費者披露其他企業產品的缺陷私短處，如此等等。

先發制人的核心問題是保證首戰首捷。因而企業在向競爭對手發動進攻前應做好充分的準備，實施強大的首次進攻，一舉消滅競爭對手，或者說使對方失去還戰的可能，從而在競爭初期就取得決定性的勝利。

先發制人要求在時間允許範圍內適時而發，使競爭對手猝不及防，被動挨打。戰機不到而發，會導致負面影響，如暴露企業的目標等等。當然，錯過良機，也是不行的。良機已過，即使先發也達不到制人的目的。

識在人前，走在人前。要有先發制人的行動，就必須要有先發制人的觀念。能先發制人的營銷專家，必識膽雙全：謀識先於他人，方能走在他人前面。如果有謀識而無膽量，做事謹小慎微，縮手縮腳，縱使謀識先於他人，也不敢勇爲天下先，而必然會落在他人之後。

在現實中，同類的產品，搶先一步是熱門貨、時髦貨，慢一步便成了冷門貨、滯銷貨。這是因爲市場容量是有限的。先到好賣，後到難銷，這在情理之中。即使兩種產品在質地、價格等方面皆無差別，先投入的易佔領市場，後進入的則困難重重。把已在市場上站穩腳跟的企業擠出去，其難度之大是可想而知的。當代商戰，科學技術日新月異，稍爲落後就會被競爭對手拋在後面，要想在市場爭奪戰中取勝，就必須始終運用先發制人的策略。

通俗地說，先發制人就是搶先一步。商戰的勝敗，往往是搶先一步或落後一步之差。日本人在鐘錶業上率先採用石英技術而戰勝鐘錶王國瑞士就是其中最突出的例子。用石英計時是瑞士人首創的，但瑞士鐘錶業看不到這一新技術的發展前景，沒有給予高度重視，因此石英鐘錶發展相當緩慢。相反，日本人則看準了鐘錶行業的發展趨向，即必然從機械錶時代走向石英電子錶時代。於是，日本人就加速研究石英鐘錶的技術，七十年代，裝有微型電池的日本石英鐘錶極大地衝擊了傳統的機械錶市場。在文化上與中國同出一源的日本之所以能把鐘錶王國瑞士擊跨，就在於正確運用了「先發制人」的策略。

快速用兵，把握時機

先發制人是司馬懿快擒孟達的一個重要原因，快速用兵則是又一個非常重要的緣由。沒有快速用兵，就不可能把握時機，也就不可能達到先發制人的目的，先發制人要求在行動上達成突然性，這就必然要求速戰速決。先發制人貴在神速，長時間的拉鋸戰，必然暴露軍隊在敵人的視野之中，從而導致敵人乘虛而入。司馬懿正因爲懂得這個道理，所以他率領軍隊一日行走兩日的路程，並在短短的十六天時間裡一舉擊敗孟達。

用兵要快速，目的是爲了爭取時間。時間在戰爭中是影響勝負的重要因素之一。同樣，速度和時間也是經濟管理成功的重要因素。如果說時間在戰爭中就是軍隊的話，那麼時間在商戰中就是金錢。「效率就是生命，時間就是金錢」是對商戰中速度、時間、效率的作用的最好概括。速度、時間、效率是三個互爲聯繫的概念。在這三個概念中，核心是時間。速度的快慢、效率的高低都表現在時間這個因素中，在任務不變的情況下，完成任務所耗時間少，說明完成任務的速度快、效率高；反之，則速度低、效率差。

古人說：「一寸光陰一寸金，寸金難買寸光陰。」這些話，只一般地講了時間的寶貴。我們現在說「效率就是生命，時間就是金錢」，其含義比古人說的深刻多了。不僅包含了時間的寸光陰寸金等價關係，還包含了時間可以增值的道理，透過做好經營管理，提高工作效率，使時間價值增值，把寸光陰寸金變爲寸光陰尺金、丈金。

「效率就是生命，時間就是金錢」的觀念要求我們在經營管理中努力提高效率，加快前進速度，從而爭取時間，爭取在市場競爭中的主動權，以便在市場競爭中大獲全勝。

在企業經營管理中，用兵神速的指導原則，作用於企業活動的全過程：在經營決策階段，情報的獲得要準要快，又準又快的情報資訊比黃金還昂貴，善選擇和果斷取捨是成功的關鍵。在生產管理階段，資金有效投入要快，新產品投產要快，產品產出要快。生產周期短，就可以節約資金的佔用量，降低生產成本，產品的競爭力就強。在產品銷售、市場競爭階段，產品產出後投入市場要快，產品售出後貨款回籠要快，這樣就能加快企業資金的周轉——加快企業「血液循環」，保證企業健康地發展。所以，速度是企業生命力的反映，競爭力強、經營比較成功的企業一般都是善於快速「用兵」的能手。一九八三年春，香港有線電話機向美國出口大獲全勝的事例便是有力的證明。

美國政府一向對電報電話行業採取保護措施，曾經規定電話機只能由美國電話電報公司出租，不能銷售，私人購買電話機是違法行爲。然而，到了一九八二年，美國政府取消了電話電報公司的獨家經營權，允許私人可以隨便購買。這樣一來，公私機構林立、擁有二億多人口的美國便成爲巨大的電話機潛在市場。香港廠商獲取這個訊息後聞風而動，許多生產收音機、錄音機、電子錶的工廠紛紛快速轉產，製造電話機，並迅速投入美國電話機市場，結果出師大捷。僅一九八三年第一季度，整個香港有線電話機出口值高達一億六千多萬港元，比一九八二年同期增長近十九倍之多。香港電話機出口的成功，正是精明的香港廠商快速「用兵」的結果。

又如，南京塑料包裝容器廠廠長在火車上聽到「中國金魚苗出口空運死亡率高達百分之五十」的消息後，馬上組織技術人員試製魚苗箱，並在半年內投入市場，結果爆了冷門，企業效益大增。再如，某服裝廠的一位師傅在天津舉辦的某國服裝設備展覽會上看到一台立體蒸汽燙衣機，乘其二十多秒鐘的維修時間，這位師傅將蒸汽燙衣機內部的結構全部看去，回廠後僅用了兩個多月的時間就仿製出一台性能甚佳、深受市場歡迎的機器。

相反，企業在商業活動中行動遲緩則常常遭致失敗。美國吉列公司就因遲遲沒有把自己的新產品——不銹鋼刀片投入市場，結果被競爭者搶先一步而遭到重大損失。在美國《幸福》雜誌所列的五百家最大工業公司的利潤中，吉列排名第四。高級藍色刀片是吉列刀片的核心產品，也是創利最大的產品，這種刀片是經過五年的試製才成功的，於一九六〇年正式投入市場，僅在一九六二年就獲利約一千五百萬美元，佔公司利潤的三分之一多。不過這種刀片是用碳素鋼製造的，雖薄而鋒利，但非常不耐用。這時，吉列公司已研製出不銹鋼刀片，但擔心過早投入市場，會不利於高級藍色刀片的銷售，因而在不銹鋼刀片的生產、銷售上行動遲緩，結果其競爭對手希克公司和珀森納公司利用這一機會，迅速地將不銹鋼刀片投入市場，很快樹立了良好的企業形象，利潤不斷增加，市場佔有比例不斷擴大。相反，吉列公司在一九六二—一九六六年間停滯不前，一九六六年的利潤比一九六二年下降了二千六百七十萬美元。這個例子生動地說明，在當今激烈的商品競爭中，一個企業即使已經取得了產品的壟斷地位，也不能高枕無憂，而必須密切注視市場動態，迅速開發並推出更新換代產品，自始至終把「快速用兵，先發制人」的謀略貫穿於企業的整個生產經營過程，這樣才能鞏固自己取得的市場地位。吉列公司反其道而行之，雖研製出新產品，但在向市場推銷過程中行動遲疑緩慢，結果被人搶先一步，而自遭失敗。

最後，值得提出的是「兵貴神速」的原則對當前我國的經濟工作有著特別的指導意義。

近年來，我國企業普遍感到資金緊張，「三角債」現象一而再、再而三地反覆出現，嚴重地影響了我國經濟健康、持續、穩定地發展。造成這種局面的因素眾多，其中微觀方面的原因便是企業管理缺乏「快速用兵」的觀念，造成生產經營佔用資金相對過多。因此，我國企業要從「三角債」中擺脫出來，首先應該從微觀方面找原因、尋對策，樹立經營管理的速度、效率觀念。企業事先都應做出詳盡、合理的財務規劃，認真考慮資金的合理取得與應用；努力建立良好的企業信譽，以便能迅速地從銀行籌措急需資金；生產備料不應積存過多，以免積壓資金；加速貨款回籠；有效利用設備，提高利用效率等等。這些都能加快資金周轉速度，緩和資金緊張的局勢。

另外，用兵快速的策略對於我國企業正興起的跨國經營活動也同樣能適用。如果一個企業要在海外新開設一個子公司或分公司，就不如收購現成的國外公司為自己的分支機構。新建公司，一切從頭做起，還要處理、協調各方面的複雜關係，實在是費時、費力、費財之舉。若收購現成公司，在對收購過來的公司的資金、負債及管理人員的能力進行評估後，只要進行一些必要的整頓、調整，便可以利用原公司的銷售網絡、人員關係和生產經營經驗在較快的時間裡開業投產，從而取得比新建公司方案更滿意的效果。隨著我國改革開放的進一步擴大和深化，以及國內企業實力的日益壯大，將有更多的企業走出國門，跨國經營。這些企業在跨國經營決策中，往往需要在新建公司和收購國外公司兩種方案之間作出選擇。因此「快速用兵」的原則對我國企業開展跨國經營活動有著極其重要的現實意義。

◎司馬懿長途襲襄平

公元二三七年，魏國遼東太守公孫淵叛魏自立，稱燕王，定都襄平（今遼寧遼陽）。公元二三八年一月，魏明帝曹睿召司馬懿到長安，命他率兵四萬討伐。明帝說：「四千里遠征，雖說以奇兵制勝，也要靠實力，不應當打算少花費用。」明帝又問司馬懿：「公孫淵可能用什麼策略對付你？」司馬懿問答：「公孫淵棄城退走是上策；依託遼河抗拒魏軍，是中等；固守襄平，他就只能當俘虜了。」明帝問：「這三者他可能選擇哪一種呢？」司馬懿說：「只有深通謀略的人才能審時度勢，知己知彼，選擇取捨，這不是公孫淵所能做到的。」又說：「他看我孤軍遠征，不能持久，必然先在遼水據險防守，然後退守襄平。」明帝最後問：「這次遠征需要多少時間？」司馬懿說：「去時一百天，作戰一百天，回來一百天，休整六十天。一年時間足夠了。」

三月，司馬懿領兵北伐，公孫淵果然派部將率軍屯據遼河沿岸，堵阻魏軍。魏軍將領要求進攻，司馬懿說：「敵人之所以構築堅固陣地防守，是企圖削弱、疲憊我軍銳氣，現在進攻，正適合敵軍意圖。而且敵軍主力在這裡防禦，後方空虛，直接進攻敵人的心臟襄平，必然能打敗他。」於是魏軍插了許多旗幟，佯攻其南面，公孫淵部將卑衍等率主力迎擊。司馬懿卻秘密渡過遼水，從北方迂迴，直指襄平，卑衍驚慌，率領部隊乘夜撤走。魏軍進至首山，公孫淵命令卑衍部隊反擊，魏軍發起攻擊，大敗敵軍，乘勢進圍襄平。

農曆七月，大雨滂沱，遼水暴漲，司馬懿部隊自遼河口乘船至襄平城下。大雨月餘不停，平地水深數尺，三軍恐慌，準備轉移，司馬懿嚴加禁止。公孫淵依仗大雨，砍柴放牧，放鬆戒備，眾將準備攻奪，司馬懿一律不許。結果，雨停水退，司馬懿命令部隊包圍襄平城。魏軍築土山，挖地道，製做各種攻城器械，晝夜攻城，矢石如雨。公孫淵部隊窘迫危急，糧食吃光了，互相吃人，死亡嚴重，其部將楊祚等人投降魏軍，很快城破兵敗，公孫淵死於亂軍之中。公元二三九年春天，司馬懿按原定計畫班師回朝。

長途襲襄平，平定遼東之役是司馬懿軍事生涯中最輝煌的一頁，司馬懿的軍事博弈能力在長途襲襄平之役中得到了最充分的表現。他在兩軍對陣之時，審時度勢，避實就虛，施以詭道，最後一舉佔領襄平。

避敵之實，擊敵之虛

避敵之實，擊敵之虛，是孫武提出的一條克敵制勝的妙法。孫武說：「兵之形，避實而擊虛。」古今中外，大凡善於運用這一謀略的皆能在戰爭中獲勝。司馬懿能在長途襲襄平的戰役中取得勝利，與他採用這一謀略是密不可分的。

商場如戰場，商業競爭的虛虛實實與戰爭中的情況極爲相似。商者，詭道也。如果一個企業能夠恰當地運用避實就虛的戰術和競爭對手鬥智鬥勇，爭取消費者，那麼便能經常取得非一般人所能意料得到的勝利。

在競爭中，企業採用避實擊虛的策略之所以能克敵制勝，一是因爲競爭對手的虛弱方面容易攻擊，二是競爭對手虛弱之處被擊破後，其整體競爭實力就會減弱，甚至動搖。

避實擊虛，必須把競爭對手的虛弱和要害聯繫起來，競爭對手虛弱又是要害的地方是最理想的打擊目標。僅僅攻擊競爭對手虛弱但與要害無關的地方就沒有什麼價值。

企業在競爭活動中避實就虛，目的是圖謀對手的虛實。孫武認爲「虛實可謀」，而且圖謀虛實是「勝可爲」的基本條件。企業透過發揮營銷人員的主動性、創造性，謀己之實，造敵之虛，從而達到以實攻虛的目的，是取得競爭勝利必須遵循的邏輯過程。虛實之所以可謀，是因爲商業競爭不僅僅是力量的對比，更是智慧的較量，而且，後者的作用往往大於前者。虛實可謀是透過競爭謀略來實現的，它依賴於各種虛實變詐手段，以「欺騙」的詭道來掩蓋自家的虛弱之處，以「無形」的詭道來造成競爭對手的錯覺，在競爭態勢朝有利於自己方向發展時，抓住戰機，伺隙搗虛，一舉破敵。這便是主動求勝的智慧之戰。

企業在運用「避實擊虛」策略時，要特別注意對方企業的實力，積極廣泛地搜集各種有關對方企業的經濟情報資訊，並進行認真的整理、分析，從而發現對方企業的「虛弱所在」。然後根據敵我雙方實力的綜合比較結果，作出是否向對方挑戰的決策。一旦作出與對手進行競爭的決定後，立即行動，採取靈活的手段或避敵之實，或削敵之實，以造我之實；或擊敵之虛，或造敵之虛，以防我之虛。

「避敵之實」與「防我之虛」的關係十分相近，因爲只有避開對手在產品性能、價格、技術力量、經營管理方法中的某些方面優勢，才能有效地防護我企業在相應方面的弱勢，避敵之實的目的就是出於防護我方在競爭中的虛弱之處。

如果說避敵之實還具有某種消極的、被動的成分，那麼，「削敵之實」則充滿了主動進攻的意識。此如，對方在技術人才方面佔有優勢的話，不妨以高薪等優厚的工資福利待遇把頂尖的人才挖過來，爲我所有，削敵之實，從而壯大我企業的技術實力。

造我之實包含兩個方面的內容：一是發揚、突出我方在生產、經營各個方面固有的長處或優勢，並不斷把這些優勢和長處發揚光大，主動向競爭對手發出攻勢。二是增強我方那些相對於對方優勢方面的薄弱環節，從而使對手的優勢相對削弱，並使之不敢再有對我薄弱環節的窺伺攻擊之心。例如，如果我方企業在人才方面處於劣勢，則應該增加教育培訓費用，採用各種形式培養出用現代知識裝備的高素質的人才，以保證在競爭中取得人才優勢。企業在培養人才的同時，制定出健全的管理條例，防止人才的流失，同時還要吸引外面的人才流入。又如，假設一家洗髮精公司在廣告宣傳上是劣勢，其採用的廣告工具是廣播，而對手使用的是形象逼真、富有誘惑力畫面以及覆蓋面廣的電視。那麼企業在營銷工作中應把精力集中在產品的廣告宣傳上。爲了擴大產品的知名度，使該公司的洗髮精形象優於競爭對手的產品形象，企業應該調整廣告手段，利用新的宣傳媒體，在必要的時候甚至採取多手段、多媒體的綜合宣傳方法，電視、廣播、報紙一齊上，從而在聲勢上壓倒對手。

總之，企業若在市場競爭中能避實擊虛，靈活機動地經營管理，便常常能取得令人滿意的效果。台灣建弘電子公司的電視機之所以能在激烈的商品競爭中生存下來，正是該公司採用避實擊虛的營銷策略的結果。

台灣建弘電子公司開發的「普騰」牌電視機性能優良，清晰度高，價格適中，但由於台灣的電視機市場幾乎被日本的新力、松下、日立三家壟斷，一直沒有在島內打開銷路。建弘公司的管理者們經過研究分析，發現日本電視機雖然在美國市場上也佔有絕對大的份額，但美國消費者講究實效，對名牌的崇拜心理遠遠低於台灣島內的消費者，較容易接受新牌產品。因此，他們決定利用這一縫隙先把「普騰」電視機打入美國市場。於是「普騰」電視機以「So My sony!」的廣告語在美國市場上向世界第一名牌發動了「佯攻」。其銷售地點全部選擇美國專門出售高級音響和視聽器材的名店，並以高出一般合理的價格出售，給消費者以強烈的優質高價的影響。由於日本的幾家電子公司沒有預料到「普騰」竟敢在美國市場向他們挑戰，因此防禦戒備不嚴，結果「普騰」很快在美國站穩了腳跟。接著，「普騰」再回過頭來進入家園——台灣島內銷售，一舉取得良好的競爭效果，打破了日本電視機獨霸島內市場的局面。

兵不厭詐，出奇制勝

圖謀虛實的手段各種各樣，千變萬化，但其核心就是詭道。三國著名軍事家曹操說：「兵無常形，以詭詐爲道。」詭道是殺敵取勝的一種有效策略和手段。司馬懿率兵佯攻南方，卻從北方迂迴，直指襄平，正是詭道謀略的運用。其佯攻南方而不實擊南方，一是爲了透過擁有堅固防禦工事的敵軍，二是透過佯攻僞裝進攻方向，以造成敵軍錯覺，吸引和分散敵軍兵力，保證真正的進攻方向，實現出奇制勝。

詭道，是對抗策略。在日益激烈的世界市場爭奪戰中，西方國家的企業廣泛運用詭道的管理策略。商戰中的詭道已發展到了「新的高度」，增加了「現代化」技巧，塗上了「共同繁榮」的色彩，把市場爭奪中的爾虞我詐粉飾得更加隱蔽。近年來，我國不少企業在對外貿易或引進外資的經濟活動中，經常被一些不法外商的詭道蒙騙，給企業和國家造成了巨大的經濟損失。因此，本著「不應爲之，卻不可不知之」的態度，作爲企業管理者十分有必要學習、了解詭詐之道，不然就會吃大虧。因爲有競爭，有對抗，就必然有人將施展詭詐術。我們在對外貿易活動中，遇到的主要對手不少是國際資本家。作爲資本家，追逐利潤是他們的本性。爲了從我們手中賺取更多的錢，不少的資本家將採取一切可能採取的手段，包括詭詐之道在內，欺騙我們。即使在國內，也存在不少不擇手段，牟取暴利的商人，否則，中國的僞劣產品、冒牌產品就不會那樣猖獗。「詭道」作爲對抗策略之一，有的技術、戰術、手段，我們在商業競爭中是完全可以採用的。例如，在商業談判中示假以真，迷惑對手，已是商人們常用的手法，也得到了人們的普遍理解和認可。

特別是對於無害的詭道，我們更應該在現代市場競爭中加以運用。何爲無害的詭道？詭道的目的並不是損害消費者的利益，消費者即使被這些詭道「騙」了，也不會在實質上吃虧上當，反而會或多或少佔些便宜。當然，運用詭道者自然從中要佔取更大的好處。這種詭道就是我們所說的無害詭道。

中國東北某啤酒製造廠生產的一種啤酒，口味純正，質量上乘，但天時不利，啤酒出產入市時，每年一次的啤酒評優活動已經結束了。因此，該廠生產的啤酒與「國優」、「部優」、「省優」無緣。該廠爲了打開銷路，投入巨額資金在報紙、廣播、電視上廣做宣傳，但收效甚微。怎麼辦？決策者和營銷人員絞盡腦汁，設想了許多方案：舉辦一次該廠的啤酒節活動；舉辦一次產品鑑定會，請專家肯定等等。然而這些方法皆被其他企業試過了，沒有什麼新鮮感，很難調動消費者的購買欲望。一次偶然的巧合啓發了企業決策人員的靈感，於是他們運用了二個小小的詭道，產品很快便暢銷了。一天晚上，該廠總經理帶領開了一天會的中層幹部和營銷人員前往餐館聚餐。他們剛剛落座，鄰桌一夥顧客由於該店沒有他們喜愛的啤酒揚長而去。餐館老板爲此好不沮喪。總經理把這一切全看在眼裡，一個推銷產品的詭道在他的頭腦裡很快閃現了。

第二天，總經理派出一支數十人的隊伍，分赴東北各大城市，在各地聘用了一夥「食客」，有餐館就進。佔桌點菜，白酒要茅台等國優名產，啤酒則指名要該廠品牌的，若餐館沒有該廠的啤酒，食客們則擺出一幅「悻悻」的樣子失望而去。一個星期內，東北各大中城市的餐館掀起了訂購該廠啤酒的軒然大波，都以沒進到這種啤酒爲憾。啤酒製造廠面對從各地飛來的一大疊訂單，又施以詭詐之術，函告用戶：該廠啤酒一直供不應求，生產線已超負荷運行。爲了全面照顧消費者，該廠不得不採取限量供應的辦法，所有的訂戶以訂單的報數爲基礎，一律只能獲得減半的供應。一個多月過去了，該廠的訂單保持了有增無減的情勢，於是總經理又派員在各大中城市設立銷售代表處，代理廠家在當地的銷售業務。就這樣，該廠的啤酒終於在競爭異常激烈的啤酒市場上站穩了腳跟。對於該廠的做法，或許有人認爲有欺騙嫌疑，矇騙了消費者，應該受到譴責和批判。我們認爲，「顧客就是上帝」，誠實經商永遠不會過時。但是，該廠雖然欺騙了消費者，卻並沒有坑害消費者，因爲其啤酒的質量的確是優良的。所以，該廠在以不坑人爲目的的前提下，運用一些「詭道」推銷商品，達到供需雙方皆大歡喜，也是無可厚非的，並沒有違背「誠信立本」的商業原則。

總之，在社會公德範圍內有理、有利、有節地採用「詭道」謀略是允許的，也勢必要的。有如聲東擊西，以長擊短，趨利弊害，作爲競爭對抗策略，作爲企業經營管理的普遍原則，也是可以運用的。

12 謀略

◎臥薪嘗膽

春秋後期，在今天江浙地區興起了兩個諸侯國家——吳國和越國。

吳國祖先周文王的伯父太伯和仲雍讓位給弟弟季歷後，在今天江蘇南部和當地「荊蠻」（古代越族一支）混居建立吳國。開國吳王壽夢的嫡長孫公子光在伍子胥協助下，發動政變當上國王，就是吳王闔閭。在同姓的晉國幫助下，改革內政，訓練軍隊，軍事力量逐漸強大，成爲晉、楚爭霸中牽制楚國的有生力量。而越國原是古代越族人建立的國家，統治者是從楚國的宗族支系中分出去的，所以楚國親近和支持越國，並利用它來牽制和打擊晉國、吳國。

公元前五〇六年，吳國出兵攻打楚國。吳國五戰五勝，攻下楚國的郢都，一度把楚國滅亡了。正當吳王闔閭慶功作樂之時，越國突然攻進了吳國。吳王被迫恢復楚國，撤軍回國，並決心要打敗越國。公元前四九六年，越王允常死，其子勾踐繼承王位。吳國乘機攻越，吳王闔閭在作戰中受了重傷在回軍路上就死了。闔閭的兒子吳王夫差繼位，決心要向越國報殺父之仇。他叫伍子胥當相國，大夫伯嚭爲太宰，積極訓練軍隊。兩年後，吳國出動精兵大敗越國於會稽山。越王勾踐採用了大臣范蠡、文種的計謀，用財寶和美女買通太宰伯嚭在吳王面前說情。吳王夫差不顧忠臣伍子胥好言勸阻，饒恕了越王勾踐等人。

勾踐回到會稽（今浙江紹興，越國的國都），文種用歷史故事勸告他說：「大王啊！只要發憤圖強，禍是可以變成福的。」勾踐時時不忘國恥，身穿粗布衣服，不吃肉食，住破舊房子，晚上就睡在鋪著草席的木柴上面，在自己居室中掛了一個苦膽，經常嚐嚐苦膽，不忘恥辱，下決心奮發圖強。另外他還根據越國經濟落後，戰後人口大量減少的實際情況，採取了鼓勵生產，獎勵生育，重用人才等一系列政策，並親自勞動，和人民同甘苦共患難。越王勾踐「臥薪嘗膽」的故事，就是指勾踐睡薪草，嚐苦膽，不忘復國大業，團結全國人民的力量，來振興越國這樣一個歷史故事。

與此同時，勾踐再一次採納范蠡、文種的計謀，對外結好齊國，親近楚國，依附晉國，表面討好吳國，向吳王進獻美女西施和鄭旦，避免吳國攻伐，爭取時間使越國儘快強大起來。而吳國戰勝後，國內忠言路塞，奸邪當道，政治腐敗。吳王日夜飲酒作樂，不理政事，聽信伯嚭讒言，逼死忠臣伍子胥。這時越王勾踐乘吳王夫差北上參加黃池之會時，出動精兵打敗吳國軍隊，殺死太子。

公元前四七三年，勾踐指揮越軍又一次大破吳國於姑蘇山上。勾踐接受了范蠡勸告，拒絕了夫差求和請求。吳王無奈拔劍自刎。吳國終於爲越國滅亡。越國成爲春秋時期最後稱霸的諸侯國家。

失敗——管理上的陷阱

在經營管理中的失足，或企業家在自主決策和風險經營過程中對企業運行客觀規律的嚴重違背，以及管理中遭受挫折以後而一蹶不振等，可以說都是一大陷阱。

在企業經營管理過程中，順利與挫折、成功與失敗、興旺與衰落，二者作爲可能性，對於任何人都始終同時存在，差別在於：有人承認這一事實，積極創造條件，力爭順利、成功，日益興旺，力免挫折、失敗和衰落；相反，另一些人則不能思考到這一點，缺乏必要的警惕，甚至在失敗後怨天尤人，深陷於痛苦的漩渦之中而不能自拔，最終導致徹底地失敗。

失敗，是成功道路上起始點，這一點人人皆知，這是自然規律，無法抗拒，那麼成功就意味著怎樣在逆境中求生，怎樣在客觀環境和自己的錯誤中顯示自己的技能和聰明，並取得經驗教訓。

首先，最重要的是必須承認事實。生活本身就是一系列的嘗試，人們只是偶爾才能獲得成功。在失敗和挫折面前，能夠無所畏懼，這才是管理中應具備的良好修養。

其次，接受教訓、及時總結，這是管理中必備的素質。總結成敗得失，既是心理平衡的落腳點，又是從困境中走出的捷徑。「塞翁失馬，焉知非福？」放遠眼光，講求策略，以屈求伸。

陷入困境可能是由於外部力量所引起，如經濟困難、新技術的出現等，則更多情況下是內部原因造成的，如戰略性的錯誤、組織機制的軟弱等。

再次，刻苦自勵，埋頭奮進，腳踏實地是「東山再起」的前奏。忍辱負重，不屈不撓，把每件工作做到實處，刻苦磨練，克服自身弱點，找差距，補漏洞，以積極的姿態，採取靈活的手段，保持鍥而不捨的精神，會使你轉危爲安，東山再起的。

越王勾踐被吳軍團團包圍在會稽山，只剩下五千人馬，慘敗而歸，當時的處境是可想而知。勾踐自己也非常悲傷地嘆息說：「唉！我的事業就在這裡完了嗎？」最後決定放下架子，卑躬屈膝地向吳王夫差投降求和。勾踐回國之後身穿粗布衣服，不吃肉食，住在破舊的房子裡，晚上就睡在鋪著草席的木柴上面。在自己的居室中掛了一個苦膽，吃飯、睡覺前，坐著、躺著的時候，經常抬起頭來嚐嚐苦膽，自言自語地說：「勾踐啊！你忘記了在會稽山被包圍的恥辱了嗎？」以上種種都是勾踐在挫折面前的表現和態度。

不僅如此，勾踐運用靈活的策略，做了一番踏踏實實的復興國家的工作。他根據越國經濟落後，經過戰爭後人口大量減少的情況，在國內採取了獎勵生育的政策，規定男子到了二十歲、女子到了十七歲不成親的，他們的父母就要受到處罰；有兩個兒子的，國家養活一個，有三個兒子的，國家養活兩個。這些國策方針正是越王勾踐刻苦自勵，以屈求伸，主動迎擊挫折的具體表現。

團結和依靠民眾是管理的法寶

成功的管理，經驗很多，最根本最有眼光的，就是緊緊依靠廣大職工，充分發揮群眾的整體優勢。

社會的競爭就是人之間的競爭，管理的實質就是透過合理組合，有效配置資源來達到競爭中不敗的手段。「資源」中的靈魂就是「人」。管理科學的發展，使人們對企業經營中人的因素終於有了返樸歸真飛躍性的認識。實踐表明，任何高明的管理技術、管理手段和管理方法，都是透過人來實現的。人是社會生產中最活躍最能動，並起決定性作用的因素。現代企業中不僅需要職工付出辛苦和時間，更需要從職工那裡得到他們的想像力、創造性，這就需要依靠他們，團結他們。

在經營管理過程中有兩條運行路線。一條是從物到人，一條是從人到物。這是兩種截然相反的管理手段。從物到人，即從勞動資料入手，把更多的精力用到物質條件的改善上。這一運行路線，縱然能使生產活動向前推進一步，但絕不會持久的。管理包括人和物兩大方面的管理，而人的管理則是核心。只有堅持以人爲中心的管理，才能使管理水準得到全面發展。管理是否從對物的管理逐步轉移到人的管理上來，這是衡量管理者素質優劣的重要標誌之一。經營管理不僅要管理財物，還要管理活生生的有思想的人。違背經營管理的運行規律，忽視人的作用，對於人沒有深刻的洞察，就不可能實現有效的管理。

當然從人到物，即從抓人入手是管理中的有效途徑，但其中手段和方法又是千差萬別。我們認爲，依靠、信任和團結是核心。對人的信任是管理中的「黃金法則」。古人云：「士爲知己者死。」這就是信任的力量。相信人，依靠人，團結人，能發揮整體才能和智慧，就能創造一切。

在以上的史例中越王勾踐正是依靠手下大臣才一步步走出困境。第一次，在兵困會稽山，越國軍隊內無糧草，外無救兵，瀕臨絕境之時，勾踐採用了大臣范蠡、文種的計謀，派文種暗暗把美女、金銀財寶送給吳國非常貪財好色的太宰伯嚭，要求他在吳王面前代爲求情，並謊稱如吳王不肯饒恕的話，勾踐決心殺死自已的妻子、兒女，把財寶全部毀掉，帶領五千人戰死。這樣，大王的軍隊會受到很大損失，而且什麼財寶也得不到。夫差信以爲真，才寬恕了勾踐，使勾踐能在屈辱爲臣三年後脫身回國，保存了實力。試想，當時若是越王勾踐剛愎自用，不依靠群臣的智慧，勢必將越國引向滅亡的深淵，更談不上後來稱雄諸侯了。第二次是勾踐圖謀復興之時，又採納了范蠡、文種的計謀：對外結好齊國，親近楚國，依附晉國，表面上討好吳國，避免吳國的攻伐，爭取了時間使越國盡快強大起來。第三次，吳王被越國包圍在姑蘇山上，勾踐再一次接受了范蠡的勸告，吸取了過去吳國沒有滅亡越國的歷史教訓，拒絕了夫差求和的請求，逼迫吳王拔劍自刎而死，滅亡了吳國。

另外，會稽山失利，越王回國奮發圖強，自已拿起鋤頭，和人民一起勞動，到各地走走看看，問問老百姓的生產與生活情況，鼓勵他們努力生產；勾踐的妻子也常常去老百姓家串門，看看養蠶織布的婦女，鼓勵她們多織布。有貧窮或受災的人家，國家常救濟他們，哪家有了喪事，國王就派人去慰問；有賢能才德的人，勾踐想方設法給他們官做，讓他們爲復興國家貢獻力量。勾踐就這樣，在國家危難之際，與民共作，同甘共苦，依靠和團結群眾，終於使越國強大了起來。

◎合縱六國懾強秦

蘇秦是戰國時期著名的遊說之士，合縱是他聯合六國共抗強秦的戰略主張。當時秦強而六國弱，秦有併吞天下之心，六國在抵抗秦國進攻方面有著共同利益。在這樣的歷史背景下，出現一些遊說之士，他們遍遊六國，力主六國合縱抗秦，蘇秦是其中最著名的一位。

戰國時期，蘇秦先到燕國，勸燕文公與近在百里的越國聯合，防千里之外的強秦。燕文公接受了他的建議，封他爲武安君，授以相印，送兵車百乘，綿繡千捆，白璧百雙，黃金萬鎰，讓他到各國實施合縱謀略，抑制強秦。蘇秦到趙國，對趙肅侯說，秦國之所以不敢進攻趙國，是因爲恐韓、魏襲其後方。如果秦國先打敗了韓、魏兩國，那麼趙國的災難就到了。六國之地五倍於秦，兵力十倍於秦，如果六國合爲一體，同心協力抗秦，必能滅掉秦國。因此他希望趙王邀請韓、魏、齊、燕、楚等國國君會盟約定六國聯合抗秦，秦國就不敢對六國中任何一國進攻了。趙王大喜，以厚禮賞賜蘇秦，並讓他作爲特使去約會其他各國。

蘇秦先後到韓、魏、齊、楚，根據各國在整個戰略全局中所處的地位，分別曉以利害，終於使六國願意聯合起來共同協力抗秦，各國派使節在洹水（今河南省安陽河）開會，組成合縱抗秦之盟，即合縱以弱攻一強。蘇秦掛六國相印，擔任縱約長。六國約定，秦若攻楚，齊、魏各出精兵救援，韓截斷秦國糧道，燕守常山以北，趙涉漳河向西；秦若攻韓、魏，楚絕秦軍後路，齊助楚作戰，燕爲齊、楚後援，趙渡漳河支援韓、魏；秦若攻趙，韓出宜陽，楚出武關，魏出河外，齊涉清河，楚亦出精兵助趙；秦若攻齊，楚絕秦軍後路，韓守成皐，魏阻秦軍前進，燕出兵救齊，趙封鎖漳河；秦若攻燕，趙守常山，楚出武關，齊渡海支援，韓、魏亦出兵救援。

蘇秦的合縱之謀，在當時是保全六國的上策，取得了很大的成效。六國結下洹水之盟後，給予秦很大的震懾，使之陷於孤立無援的境地，有十五年不敢出函谷關。蘇秦之後，六國的有識之士繼續推行合縱謀略，這是六國後來仍能延續百年之久的最重要的謀略，大大遏制了強秦平定天下的進程。

蘇秦的謀略簡析

(1)蘇秦的戰略思想。戰國後期的社會局勢錯綜複雜。一方面六國有著共同的敵人，有聯合抗秦的必要；另一方面六國內部的利益也不是統一的，爲了爭奪地盤和擴張勢力，它們之間經常發生衝突和摩擦，甚至互相征戰。由於內部不團結，因此在對待強秦的態度上，六國紛紛割地交好秦國，甚至圖謀與秦聯合去攻打其他國家。在這樣的形勢下，蘇秦以大局爲重，從六國的整體利益出發謀劃天下大勢，形成了以保全六國爲目標的戰略思想。

首先，在六國的利害關係問題上，蘇秦區別了不同情況，抓住了問題的主要矛盾。在六國與秦的矛盾和六國內部的矛盾中，蘇秦看到前者是六國面臨的主要矛盾，而後者是次要矛盾。就一國而言，它可能既要防備秦，同時又與六國的其他成員爲敵，但它和秦的對立是根本的，不可調和的，秦是虎狼之國，其目標是將六國逐個消滅；而六國力量相差不大，相互都不構成生死威脅，因此國家的主要危險不在六國內部，而在外部的強秦。要對付秦國，割地求和不是好辦法，因爲六國之地有限，而秦的貪求無止境，割地只能不戰而敗，自取滅亡；至於依靠秦國去攻打其他國家，更是引狼入室、只圖一時之功而不計後果的做法。因此，六國的唯一出路在於求得內部利益的妥協，南北合縱，一致抗秦。

其次，在六國與秦的實力對比上，蘇秦看到了前者力量聯合的強大。所謂「六國之地五倍於秦，六國之兵十倍於秦」儘管有點誇張，但充分說明了六國聯合的軍事潛力，而且從地理形勢上看，六國土地南北連成一片，不少地區地勢險要，易守難攻，果真爆發戰爭，則六國南北呼應，成犄角之勢，秦兵再強，也難取勝。蘇秦的這種軍事觀點，後來被合縱的結果所證實，六國結下洹水之盟，秦國嚇得十五年不敢對六國輕舉妄動。可以說，如果對六國利害關係的分析使六國合縱成為必要的話，那麼關於實力對比的認識又使合縱變得可行。蘇秦的戰略思想，正是以此為依託的。

(2)蘇秦的組織技巧。戰略思想的形成為行動提供了理論指導，要把思想轉變為現實，還需做複雜、細緻的組織工作。蘇秦不僅是個謀略家，還是個實幹家，在推行合縱謀略的過程中，顯露出了實幹家所具有的工作技巧。

合縱六國首先要考慮的是從哪個國家入手的問題，同時六國結盟也需要有一個發起國，這一角色由誰充任最好呢？這需要對社會局勢作具體的分析。

當時六國皆畏懼秦國，但對待秦的態度並不完全一致。韓、魏兩國由於力量弱小，又與秦毗鄰，受秦威脅最大，而且它們之間又有衝突，為求自保，它們紛紛割地討好秦國；齊、楚兩國雖勢力稍強，但迫於強秦的壓力，也準備向秦屈服；唯有北方的燕、趙態度不甚明朗，但二者情況不同，燕是弱小之國，之所以沒有明確對秦的立場是因為自恃與秦相距遙遠，而趙兵力強盛，是僅次於秦的二號強國，它是不甘向秦屈服，而且還想圖霸山東，與秦抗衡。由上述分析可知，韓、魏、齊、楚都不適宜充當發起國，它們沒能力或沒勇氣擔當此重任；燕國弱小，缺乏足夠的影響力和號召力，也不適合此任；唯有趙國才是最佳對象。因此，蘇秦遊說六國時，首先瞄準的目標就是趙國。結果表明以越為發起國是個明智的選擇，趙國在山東各國中勢力最強，影響最大，後來韓、魏、齊、楚等國紛紛加盟，是與趙國這面旗幟分不開的。

值得一提的是，蘇秦初到趙國時，趙肅侯以奉陽君為相，奉陽君並未採納蘇秦的合縱主張，這不能不說是個挫折，此時蘇秦又面臨著一個何去何從、重新擇定遊說目標的問題。是北上，還是南下？蘇秦明智地選擇了前者，因為北燕距秦較遠，對秦顧慮相對較少，可以作為推行合縱謀略的突破口，果然燕文公接受了蘇秦的建議，並資助他大量錢財物資，讓他繼續遊說其他國家。蘇秦得到燕國的支持後，回過頭第一個又直奔趙國，恰逢奉陽君已死，蘇秦遇到的阻力大大減少，蘇秦向趙肅侯分析了天下大勢和趙國所處的利害關係，終使趙國同意合縱，並派蘇秦去聯絡其他幾國，蘇秦有了趙、燕為後盾，為以後的遊說工作舖墊了道路。

從蘇秦合縱六國的過程可以看到，戰略思想的形成和提出固然是成功的前提，但戰略思想的實施和執行卻是工作的重點和難點。這不但要有事前精心的策劃，還要有事中良好的控制和靈活的應變，蘇秦在這方面出色的才能是他合縱成功的保證。

(3)蘇秦的談判藝術。遊說工作實際上就是對人加以說服和爭取的工作，這要求掌握談判的方法和技巧，談判是遊說的基本功，是推行合縱謀略的基礎性工作。蘇秦是當時著名的遊說之士，很懂得談判的藝術。

合縱謀略，是建立在六國的整體利益之上的，但蘇秦每到一處，並沒有進行空洞的理論說教，他從不對哪國國君講諸如整體利益高於個別利益，個別利益應服從於整體利益的道理，相反，他總是從被遊說國家的個別利益出發「曉之以理」，並根據國君的心理特點「動之以情」，顯示了遊說家高明的談判藝術。

譬如，蘇秦在遊說趙肅侯時，針對他既想和秦爭霸但又懼怕秦的特殊心理，先稱自己是來爲趙國圖謀霸業的，只要趙王聽其計，則霸業可成，山東各國俱會臣服於趙。調起了趙國君的胃口後，蘇秦話鋒一轉，表示了自己的憂慮，說趙與韓、魏相鄰，韓、魏是趙國對付秦國的天然屏障。如果秦先滅了韓、魏，趙國就跟著危險了。在擺明了趙國面臨的潛在危險後，蘇秦給趙王指明了最後的出路：只要六國合縱，則秦必敗，秦敗則趙可稱霸天下。蘇秦正是這樣從趙國的個別利益促使其扯起合縱大旗的。而在他緊接著遊說韓、魏、齊、楚等國時，採用的則是另一種談話方法：先利用其被迫事秦的屈辱心理，以激將法激起其自尊心，再結合所在國的具體情況促使其參與合縱。蘇秦每到一處，無不是先誇耀一番該國國力和兵卒的強盛，繼而指出，以如此強盛的實力，不圖自立、自強，而去屈從於秦，實在令人感到羞恥。然後分別就各國所處的地位和環境，闡述事秦的危害性和合縱抗秦的必要性，最終使之答應參與合縱，共抗秦國。

蘇秦精於談判藝術，使他通遊六國取得了普遍的支持，從而保證了合縱謀略的成功實施，給予了秦國有力的打擊。

合縱謀略的現代應用

在各種勢力共存的局面中，弱者要生存，一個有效的途徑就是互相聯合起來，共同與強者抗衡。合縱的謀略，雖是戰國時代特定的產物，但其蘊含的思想理念卻具有普遍的共性，將其引申到現代企業的競爭策略當中，亦有不可低估的重要意義。

競爭是市場經濟的基本現象，也是經濟社會進步發展的推動力。企業之間的競爭是競爭機制實現的主要形式。現代企業之間的競爭，是以規模經濟爲基礎的實力較量，在世界範圍內表現爲跨國公司乃至跨國公司聯合體之間的競爭，即企業間的競爭日益表現爲集團參與的性質。在這種情況下，任何一個企業，尤其是中小型企業，要想在風雲變幻、險象叢生的市場環境中站穩腳跟和興旺發達，就必須仔細研究自身所涉及的利害關係，積極開展公關外交，透過建立與己有利的合作關係、依靠與其他企業的統一行動以達成自己的經營目標，從一定意義上講，這就是合縱謀略的現代應用。爲此需注意以下幾點：

(1)確定企業經營目標。一個企業在謀劃其對外關係時，應首先明確自身在特定時期的具體經營目標。譬如，某企業發現自己在原材料供應方面應當爭取一個更有利的價格水準，或者亟需提高產品在市場上的佔有份額，那麼，降低原材料成本或增加銷售額就成爲該企業的經營目標。有了經營目標，行爲就有了方向，企業會尋求新的供應商或針對老供應商組織新一輪的談判交涉，或針對其主要競爭對手開展促銷活動，以分別實現其成本及銷售目標。

(2)分析所處的利害關係，確定合縱對象。合縱謀略的關鍵在於依靠群體行動的力量以達到個體的目標。企業競爭中同樣需要這樣的策略。譬如上述的企業在確定經營目標時，會發現與它處境類似並有相同要求的企業並不止它一個，那麼透過謀求多家企業之間的聯合，採取共同行動，往往會產生更好的效果。這就需要仔細分析本企業與其他企業的各種利害關係，區分主要矛盾和次要矛盾，確定最佳的合縱對象。

(3)認真做好組織工作。合縱謀略的實施有賴於深入、細緻的組織工作。只有事前進行認真而充分的組織（包括各方的談判與磋商、「縱約」條款的制訂和履行等）才能產生統一的行動；組織活動跟不上，只能導致行動的無序和混亂，合縱的目標就難以實現，尤其是各個企業之間的關係往往是競爭和合作共同存在的：參與合縱的各企業可能在某一方面有共同利益（如在爭取到較低的原料進價方面），但往往同時在其他方面又存在競爭（如在市場銷售同類產品），所以，各企業在採取合縱來達到某種目標時，必須做好組織工作，既要保證共同行動的實現，又要協調企業之間的矛盾與衝突。

(4)控制合縱的執行，靈活應變。環境中有些因素是複雜多變、難以預料的，因此，在合縱執行的過程中，不可避免地會出現一些偏差，爲此，要時刻注意各方面情況的變化，及時修訂「縱約」和產生新的對策，靈活應變，保證合縱的成功推行。在企業合縱中，由於市場環境千變萬化，企業自身的地位也會經常轉變，企業之間的利害關係也會悄悄異化，因此，在合縱執行的過程中，要密切關注這些變化，採取相應的機動措施，保證原有經營目標的實現，或修改甚至暫時放棄原有目標，以爭取和維持於己有利的整體局勢，達成企業的長遠目標。

◎修築長城

長城是我國歷史上一項極其偉大的軍事防禦建築工程，它猶如一條巨龍，以其宏大的規模，雄偉的氣勢，迂迴曲折，綿延於崇山峻嶺之巔，起伏於高峽深谷之中，廣袤萬里，是世界上最偉大的工程之一。

長城，古代軍事家常稱之為障塞。它是用來防禦的一種軍事設施。建造年代始於春秋戰國時期。當時，由於諸侯國之間長期的兼併戰爭，為了互相防禦，便各在形勢險惡地帶修築長城。秦始皇統一六國後，為了鞏固封建政權，防禦北方匈奴的入侵，於公元前二一五年派大將蒙括率領三十萬大軍打敗匈奴，然後把原來燕、趙、秦國的長城連起來，並加以補築和修整。補築的部分超過原來三段長城的總和，這條長城西起甘肅臨洮，東到遼寧東部，長達五千餘公里，史稱萬里長城。秦以後，漢、北魏、北齊、北周、隋、金、明等朝都對長城進行修築。特別是明代，為了防禦北方少數民族以及元朝的侵襲，從洪武到萬歷年間（公元一三六八—一六二〇年），前後修築達十八次，使長城東起河北省山海關，西止甘肅省嘉峪關，全長達六千七百公里，橫穿中國北部河北、北京、山西、內蒙古、寧夏、陝西、甘肅七個省、市、自治區，大部分至今基本完好。

萬里長城是古代勞動人民的智慧結晶。長城的修築，絕大多數地方是以山脈為基礎，隨著山勢的高低起伏，有的地段是建在距地面一千三、四百米的高山上，長城本身的高度從五米到十米不等：在山勢陡峭的地方，牆身就低一些；較平坦的地方，牆身就高一些。牆的外部用磚和石砌成，內部用黃土夯實。長城的頂部靠外的一面還修造了一條女牆（城牆上的小牆），女牆上留有許多小孔可以瞭望城外，每隔一百三十米，造一座碉堡，作爲監視哨，在險要地方設置烽火台，一旦發現敵情，便立刻發出警報，白天點燃摻有狼糞的柴草，使濃煙直上雲霄，夜裡則燃燒加有硫磺和硝石的乾柴使火光通明，以傳遞緊急軍情。

長城沿線地勢險峻，施工極其困難。但是，中國人民克服了千難萬險，巧妙地利用自然地形，在山岡地方，就利用山脊作基礎，既控制了險要，又便於施工，在河岸和深谷則利用原來的陡坡和山崖，從外面看來，非常險峻。

把大量的土石、磚運上山嶺，是非常困難的事情。因此，每次修建，都動用大量的勞動力。例如，公元五五五年，北齊王朝修築從居庸關到大同一段，約四百五十公里長城，就徵調了一百八十萬民夫。可以想像，當時工程之艱巨。

需要特別指出的是，長城作爲一個完整的軍事防禦體系，不僅東西綿延，而且除了城牆本身之外，還有一系列的附屬設施用以加強防禦功能。就以長城西端的嘉峪關爲例，嘉峪關地處於南面祁連山與北面黑山之間的十五公里寬的峽谷地帶中，地勢十分險要，古稱「河西第一隘口」。嘉峪關自古就是中華大地通往西域的要道，是名聞遐邇的「絲綢之路」的重要關口，也是有名的戰略要地。修建嘉峪關，把握西域入貢的咽喉通道，可防禦土魯番貴族的侵擾。嘉峪關的防禦體系，除了嘉峪關與長城之外，還包括在沿長城外側深挖的壕溝，以及有的地方在壕溝兩邊修築的壕溝牆，這就是史書上所稱的「壕塹」或「外壕」。壕溝和長城結合，形成雙重隔障，使入侵者的馬兵、步兵都難以逾越，這就更增強了防禦。

另外，在長城沿線，每隔約五公里，必設一墩，可容數十人，是屯兵、守望之所。

在長城牆體之上或突出牆體之外，還設置城台，又叫牆台或敵台。其主要作用是供守衛長城的士卒巡邏放哨之用。

在長城防禦體系中，還有一個重要的設置即墩台，史書上稱作烽燧、烽堠，俗稱煙台、煙墩。墩台設置，或在高山險要之處，或在較高的地段，或在交通要道，或在長城牆體之上。墩台的主要作用是傳遞軍情，即所謂「置烽火，有寇盜來，日間舉煙，夜裡燃火，徵集遠近駐兵，前來應戰」。

驛傳，也是防禦體系中一項重要設施。它主要是傳遞往來公文，起到上情下達、下情上呈的作用。為了準確迅速傳遞，在建制上設有驛站、驛所等設施。

上述種種設置和建制，構成了完整的防禦工程體系。為了確保這一防禦體系的功能又設置軍需系統的建制，這就是防守將士的給養和軍需的供應系統。在明代，除了上級定時定量供給外，還實行「軍屯」。軍屯是將士無戰爭時屯田耕種，以補充軍需，並設有一定的制度定例，從而用以保證戍邊將士的防禦力量。

因此，長城作爲中國古文化的偉大歷史見證，它的修築、使用中包含了許多思想和文化的寶藏，特別是在今天的管理領域中，有諸多的現代管理思想都可以在這裡找到其淵源。

因地制宜，利用一切可利用的外部條件

長城的修築，可以歸結爲一個字：「難」。古代勞動人民就在這種千難萬險的條件下，針對各種不同的地形，選擇了不同的修築方法，儘可能地運用人類的聰明才智來保證防禦體系的牢固，並可節約人工、用料。這樣的例子不勝枚舉。其中，嘉靖十八年出任肅州兵備道的李涵，在水關峽南山坡修建的一截斷壁長城就是一例。李涵到任不久，就認真巡視、觀察了水關峽一帶的山勢地形，作出了一個在防務上萬無一失的修築嘉峪關附近長城的方案。由於水關峽兩邊山崖峭壁，形成了一個很險要的峽谷，這一峽谷是向西的一條捷徑，爲防止當時居於關西北一千公里的吐魯番直接攻嘉峪關不成功時，有從水關峽入內的可能，李涵就利用黑山天險，從水關峽南側的半山腰中，向下修了一道斷壁城牆，從半山險要之處直瀉而下，爲東西走向，現存長七百五十米。這段斷壁長城修成後，對嘉峪關的防禦就更有保障。人馬從四面進入水關峽口以後，只見南面與東西長城環繞，北邊是聳入雲霄的黑山封鎖了峽口，令人望而興嘆。古代將領的深謀大略由此可見一斑。在整個長城的修築過程中，人們盡可能地利用山險做爲天然屏障，或依靠山勢，形成重城，或沿山脊築城牆，使之更加險峻。在有河流的地方，利用滔滔奔流這一天然防線，無形地使長城得以延伸，既

省工又省料，堅如磐石。總之，在諸多困難面前，古代人民常常巧妙加以利用。因地形、當地土質等不同而選擇不同的修築方法，使長城的防禦功能更佳。

在企業管理中，有同樣的道理，企業的經營戰略必須根據市場條件、競爭對手策略、企業產品的生命周期等因素而適時適地加以調整，針對不同細分市場，「對症下藥」，提高本企業產品的市場佔有率。當前，有一些較爲典型的例子，即一些企業走向國際市場後，需要對將要進入的某一個國際市場有深入的了解，包括對當地習俗、喜好、生活習慣等有關內容的了解，如果產品是工業用品，則還應考慮當地氣候、煙塵、城市建設有關條例等。凡是對企業產品的市場會起作用的因素，都要掌握全面的資料。只有這樣，才能根據這些資料，對產品進行有針對性的改進或改動，然後才能對新市場進行試銷，最後逐漸擴大新市場佔有額，完成企業經營任務。而實際上，由於資訊交流的不通暢，以及領導者、管理者本身的原因，認爲某一產品在一個市場上好銷、暢銷，就一定會在其他地區、其他國家的市場上也同樣暢通無阻；認爲企業產品的某些技術指標對某一地區的條件很適合，就不加考慮地照搬到其他的市場上去，這樣做是十分危險與錯誤的。盲目的、沒有經過充分可靠的調查就「闖入」新市場，常常會蝕本而歸，其根本原因在於不了解新市場的需求，也就不可能因時因地生產出合適的產品，選擇合適的行銷戰略，就更談不上充分利用新市場的有利條件和資源。

人工管理的思想

長城的修築從其歷史年代來說，是十分漫長的，但每一段長城的修築，速度是很快的，質量也能得到很好的保證。這裡面主要是由於當時就使用了嚴格的人工管理制度。一九七五年，在關北的一段長城內發現了一塊工牌，爲石刻牌記，牌的兩面都刻有字，記載著修這段長城中的一個局部的施工情況，包括起止年月日和工隊領隊姓名，可謂詳盡。此刻牌埋於城牆之內，當時爲督工檢查城牆夯築質量所用，如果城牆倒塌、破損，就按牌記工段和施工隊來追查責任。由此可見，當時在修築長城時，是把所修築的每一大段分爲工段，採取分工包段的方法。每個工段又分若干隊，每隊分築一小段。由於當時修築長城投入了巨大的人力、物力和畜力。因此採取規範的人工管理，對於提高效率，提高質量是十分必要的。（當然，應指出的是，由於封建王朝統治者對勞動人民的殘酷奴役修長城大大加重了勞動人民的勞役負擔，使人民怨聲載道，這是長城修築中消極的一面）

這種從古沿用至今的人工管理制度，隨著管理與經營的發展，其方法越來越多，其中，對人工進行規範化管理這一基本思想始終沒有改變。只是由於社會分工的不斷發展，產業不斷地被細分爲資本密集型產業、技術密集型產業和勞動密集型產業等。針對各種產業不同的特點，人工管理的規範化程度與方式有所區別。越是簡單勞動佔比重較大的產業，規範化程度越高，要求有一套嚴格的規章制度條例來約束人們的行爲，並同時配套有明確的獎懲規定，以提高職工積極性。而在以創造性勞動爲主的組織裡，由於人的需求層次常常被提高到追求自我價值的實現這個水準上來，從而人們通常不大樂於受到嚴格的條條框框的限制，針對這種需要，這時較爲寬鬆的人工管理方法則更有利於調動創造型人才的積極性，使他們的需求能在本組織內實現，從而培養其對本組織的歸宿感。不過，無論怎樣，每個組織都需要有一個對人工管理進行指導的基本原則、基本的可依據的條例和思想。人事管理，是組織管理中極其重要的一部分。

系統論的觀點

長城，作爲一個軍事防禦工程，古代人民從一開始就學會將其作爲一個系統工程來看待，除了城牆本身以外，還同時根據需要，輔以其他防禦設置，並設有驛站等用以傳遞訊息，並在防禦體系之外，還實行「軍屯」制來保證軍需與給養供應。整個工程融入了一種系統的觀點，它賦予了長城一種實實在在的軍事防禦功能。這種系統的功能遠遠大於每個構件的功能總和，每個組成部分在相互的緊密聯繫中，造就了長城這一偉大的奇蹟。

系統論的觀點，已越來越爲管理者們所接受，尤其是對於高層管理者，它的地位更爲重要。企業、組織，其本身是一個系統，這個系統包含了許多的子系統，也就是平常組織結構中的部門、科室、車間等。企業的最高領導人，一方面要管理好本企業系統內的各種事務、子系統間的協調等；另一方面，又由於任何一個企業組織又都是存在於一定的環境中的，從更大範圍來看，一個企業不過是更大系統中的一個子系統而已，因此，企業的最高領導人，同時又要指揮好本企業，與周圍有聯繫的其他系統和所處的大系統協調好關係，爲企業本身保持一個良好的生存環境。當然，隨著系統觀點的推廣與深入應用，企業的各層領導者都應使用這種觀點來看待問題，因爲，無論哪一個層次的管理者，實際上都在指揮管理一個或一些系統，只不過層次不同，系統大小層次亦有差別。

驛傳與溝通體系

資訊與反饋，向來就是管理者所必須面對的問題。因而，組織內部構建一個暢通的雙向溝通體系是十分必要的。上情下達，下情上呈，只有很好地實現這一目標，才有可能有好的管理。長城這一偉大工程中一個看起來毫不起眼的設施——驛傳，實際上對整個工程的管理起著很重要的聯繫溝通作用。在企業中，組織結構在理論與實踐中都有了很大的發展，各式各樣的新型組織形式：矩陣制、事業部制、超事業部制等都是爲了尋求一種更有效更迅速的資訊溝通方式。

◎叔孫通制定禮儀

叔孫通是秦末漢初時人。秦時做過待詔博士。陳勝起義，消息傳到朝廷，秦二世召集博士諸儒生問他們的看法。有人認爲陳勝是在造反，是死罪，請二世發兵剿滅，二世聽後怒形於色。叔孫通上前說：「他們都說錯了。現在有英明的君主在位，又有種種法令，使人人安居樂業，敬奉職守，怎麼會有人敢造反呢？這不過是偷雞摸狗之人而已，又何必掛在心上！讓郡守尉去捕獲陳勝吧，不必憂慮！」二世非常高興，並罰其他認爲陳勝是造反或強盜的人，卻賜給叔孫通二十匹帛、一襲衣，拜爲博士。叔孫通出宮回宿舍，同伴責備他阿諛奉承，叔孫通則說：「你們不知道呀，我差一點逃不脫虎口。」然後便溜了。以後，天下混戰，叔孫通先後跟從項梁、懷王、漢王等十人。最後，他跟從漢王劉邦，安定了下來。

叔孫通原本穿儒服，漢王憎恨他的這種裝束，叔孫通就改變服裝，穿上能使漢王喜歡的服裝。叔孫通降漢後，不舉薦跟隨他的一百多個儒生弟子，而專門推薦一些強盜。弟子們都爲此在背後罵他。叔孫通聽說以後，對弟子們說：「漢王現在正在四處作戰奪天下，你們善於作戰嗎？所以先舉薦能斬關敵將、衝鋒陷陣的壯士。你們先好好地待我，我不會忘記的。」叔孫通在漢王處也升了官。

漢王五年，天下已定，漢王稱帝，建立了漢王朝。高帝廢除秦朝苛刻的禮儀與法規，卻沒有新的禮儀與法規。群臣飲酒爭功，醉後大呼大叫，拔劍擊柱。高帝感到擔心與不高興。叔孫通看出了漢高帝的不高興，便進言說：「儒生難以攻取天下，但可以用於守成。我願意徵用魯地的儒生，和我的弟子一起共同制定朝廷禮儀。」高帝問：「難嗎？」叔孫通說：「禮節，是根據時世人情來制定的。我願意根據夏、殷、周的古代禮節與秦朝禮儀的得與失來選擇制定一種新的禮儀。」高帝表示贊許。

於是，叔孫通去徵魯地的儒生三十多人。魯地有兩名儒生不肯應徵，他們對叔孫通說：「你所輔佐的主子已有十人，無論主人是誰，你都因爲會當面阿諛而成爲權貴。現在天下初定，死的人還沒有埋，傷的人還躺在床上沒起來，你又想興禮樂。本應該是積德百年以後才可以興禮樂。我不忍心做你做的事。你的行爲不合古法，我不去。你走吧，不要玷污了我！」叔孫通笑著說：「真是見識短淺的儒生，不知道根據時世的變化而變化。」

於是叔孫通帶著所徵得的三十名魯地儒生以及自己的一百多個弟子去首都郊外，研究如何制定禮俗並進行練習。一個多月後，請皇帝來看，皇帝滿意，並令群臣練習。

過了不久，長樂宮建成，群臣遵循叔孫通制定的一整套禮儀進宮拜見皇上。各位大臣都誠恐肅敬，沒有人敢喧嘩失禮的。於是高帝說：「我今天才知道當皇帝的尊貴。」於是賜給叔孫通黃金五百兩並加官晉爵。叔孫通趁機推薦他的諸位弟子，使他們人人都做小官吏，又將皇上賜的五百兩黃金分給門下諸儒生，贏得一片稱讚。

而後，叔孫通任太子太傅，曾苦諫高帝消除變更太子的意圖。又制定宗廟儀法及一系列禮法。叔孫通遂成爲漢代儒家的一位代表人物。

管理需要因時而變

一個組織的管理，必然要受到環境的影響。組織的管理環境可分爲內部環境與外部環境兩個部分。內部環境是指企業內部的組織結構、員工素質、技術設備、原材料、資金使用、企業發展戰略、企業年度計畫等；外部環境則包括國家政策環境、經濟條件、基礎設施、政局形勢、社會制度、市場類型等。內部環境大部分是可以由組織自己控制的，管理者需要也能夠選擇適合組織發展、有利於管理控制的內部環境。外部環境則主要是由外界確定的。組織難於控制外部環境的各種因素，而只能適應組織的外部環境。

一個組織的外界環境是不斷變化的。外界環境是由許多因素綜合而成的，而每一個因素又都處在變化之中。各種因素相互交織、相互影響，不斷變化。構成外部環境的每一種因素對組織都會有或多或少，或直接或間接的影響。譬如中國目前的經濟大環境正在從計畫經濟轉向市場經濟，這一轉變便給現在的中國企業的管理帶來了深刻的影響。

管理者面對變化，有的人因循守舊，企圖以不變應萬變，有的人則隨時勢的變化而變化。因循守舊的人的依據主要是那些舊的管理方法曾經被實踐證明是十分有效的，卻不懂得每一種管理方法都要受一定的適用條件的限制，時代變了，形勢變了，舊法在舊的管理環境中有效並不等於它在新的環境中仍然有效。僵化守舊的管理常常會導致組織發展的停頓、落後，甚至被新的管理環境所淘汰。的確，管理環境變了，管理者也應因時而變，不斷嘗試與創造與新的環境變化相適應的新的管理方法。只有這樣，組織才能生存，才可能發展與壯大。叔孫通所批評的兩個魯地儒生便是守舊的典型。他們一味堅持古法，認爲積德百年之後才可興禮樂，卻沒有看到當時的社會環境缺乏合適的禮法，迫切需要新的禮法。

因時而變的管理過程分爲兩步：首先是分析時勢，包括內外管理環境，尤其是外部環境的各因素，然後反覆嘗試各種可能的新方法，直到找到最好的方法。等到管理環境中某一因素發生較大的變化，再調節管理方法。了解時世變化的過去、現在與未來，分析環境，包括物的環境與人的環境，對組織及管理者自身的要求是管理者能適應這些要求，並努力使這些要求向著於己有利的方向轉變的前提條件。因爲時世變了，總會有不少新的事物出現，需要用一些新的方法去適應。既然是新的方法，前無古例，便需要一個摸索、嘗試、失敗、直到成功的過程。

叔孫通便是一個善於因時而變的典型人物。他身處秦末漢初、兵煙四起的亂世。他十易其主，尋找一個合適的有希望的明主。他的頻繁易主過程實際上是一個不斷摸索嘗試、不斷尋找適應環境新變化的過程。他最終跟從漢王劉邦，表現了他分析洞察世事變化的能力。叔孫通對時世環境的分析主要表現在對所跟從的主子的心態和對天下形勢的分析上。秦二世暴虐、剛愎自用、喜阿諛忌忠言，叔孫通便進媚言，明哲保身，但他看得出秦二世的這種統治之道難以長久，伴二世又如伴虎，便溜之大吉。他在漢王劉邦四處征伐、天下未定時，推薦強盜與壯士；在天下已定時，又適時舉薦懂得治國之道的儒生，並制定禮儀，宣揚儒學，爲漢王朝的統治服務。他對高帝劉邦的納忠言有信心，所以才會苦諫漢王不要輕易變更太子。總之，正如那兩個魯地儒生所評，他已易十主，無論主子是誰，他都能成權貴。在許多守古禮的人看來，叔孫通的氣節似乎虧了一點，但從另一角度來看，又令人不得不嘆服他不為虛禮所拘，是一個在古代封建社會中難得一見的極其務實、善於因時而變、善於從時世變化中抓住機會求生存與發展的典例。正如司馬遷所評：「叔孫通希世度務，制禮進退，與時變化，卒為漢家儒宗。」

管理中沒有規矩，不成方圓

管理中很重要的一條便是沒有規矩不成方圓。世界上不可能有完全不受約束的自由。時代不斷變化，但幾乎所有時期所有國家的價值觀中都欣賞「紀律」二字。唯有有了條例與規則，才能有執行約束的依據，只有切實執行條例，人人平等，人人遵守，才能形成有秩序有紀律的局面，一個組織才能有一定的結構，才能安定，才能生產，才能生存，也才能發展。如果沒有規矩，一片無政府狀態，管理也就成了一句空話。一個組織的規模越大，條例規則在管理中的作用就越大。一個組織所採用的技術越先進、產品質量要求越高，勞動分工越細緻，組織結構的層次越多，部門數目越大，條例規則的維繫組織團結、維持組織營運，促進組織發展的作用就越大。

叔孫通就是因為認識到了這一點，又分析到高帝亦有此願，制定規矩的時機已經成熟。在這一背景下，他才制定禮儀，並流傳千古。「馬上可以得天下，但馬下不可以治天下」。漢高帝率軍東征西討，平定天下。高帝順民心，廢除秦朝苛刻的法規，但並沒有新的合適的禮法去代替原來的禮法。所以群臣飲酒爭功，在皇帝的宴席上醉酒大呼，拔劍擊柱，無所約束。皇帝與臣子的尊卑界限不明顯，其中隱伏著不穩定因素，難怪高帝會感到不高興和擔心。叔孫通是一個識時務的人，他認識到環境對新禮法的急需，認識到自己有制定新禮法的能力，又有皇上的支持，所以才請命，不辭勞苦地制定一系列新禮法，同時也爲自己謀得實惠。

叔孫通制定新禮儀是順應了時世的變化，滿足了當時漢王朝對管理條理化的要求，所以，經過積極推行後，才順理成章地取得了宣揚儒家禮樂、維護封建等級結構劃分、維護皇室尊嚴、維護漢王朝封建統治與管理的作用。

◎開築大運河

在交通運輸中，航運是一種耗資少、投資省、運費低的運輸方式，尤其在結合灌溉、發電、水產等事業統一開發，綜合利用水資源，則經濟效益更大，所以自古爲人們所重視。

中國發展水運事業的自然條件十分優越，大陸海岸線長一萬八千多公里，河流五萬多條，總長四十二萬多公里，有大小湖泊九百多個。我們的祖先在這塊土地上已經大力發展了水運，其中隋代修建的大運河是世界上古代流程最長、規模最大的運河。

隋代開鑿南北大運河是歷史上最著名的工程之一。大運河南通餘杭（今浙江杭州），北達涿郡（今北京），貫穿了今河北、河南、安徽、江蘇和浙江等省，溝通了黃河、淮河、長江、錢塘江和海河五大水系，把中原與江南、河北和關中地區聯結在一起，形成了以洛陽爲中心的南北水運大動脈。在這條大動脈中，起自河南境內黃河之濱，分向南北的通濟渠和永濟渠，作爲貫通南北承運交通的兩大紐帶而起著重要作用。

隋代開鑿南北大運河的原因之一，是爲了克服當時漕運上的困難，同時以利於對關東地區和江南經濟富庶地區的控制。隋朝初年，京師所在地的關中「及三河地少而人眾，衣食不給」。但是，當時關東和江南地區的經濟發展水準已超過關中地區，山東、河北一帶產糧地區也「府庫盈積」，尤其是江南地區經濟發展尤爲突出。隋文帝期間曾多次在沿河之濱設置穀倉，轉運糧食，但終因各種原因，未能解決好漕運問題。當隋煬帝即位後，漕運問題愈加嚴重，這才迫使隋煬帝同時採取營建東都於洛陽與開鑿南北大運河決策，以縮短政治中心和經濟中心的距離。

通濟渠是隋代大運河的最重要一段，它共分兩段：西段自東都洛陽西苑引谷、洛二水，循東漢所開陽渠故道，傍洛東行，至偃師，匯洛河，至鞏縣洛口入黃河；東段自黃河南岸的板渚引黃河水，最後流入淮河。通濟渠是從中原通向江南的水運紐帶，也是施工迅速、成效顯著的一段。這段工程從大業元年（公元六〇五年）三月開工，八月結束，歷時不到半年，工程規模之大，進度之快，堪稱奇蹟。其成功的一個重要原因是，運河流經黃淮之間的淤積平原，易於開挖，而且儘量利用沿途天然河流和歷史上相繼開鑿的鴻溝、汴渠等人工運河。這樣，不僅開鑿工程量大爲減少，而且在水源方面，既有充沛的黃河之水爲主源，又有淮河北側的汝、潁等支流補充和調節水量。

通濟渠開通的重要成就，在於「引河通於淮」線路的選定。以前的汴渠，是自開封東循獲水至今江蘇徐州轉入泗水。古汴河航道，不僅「汴水迂迴，回復稍難」，泗水河道彎曲、不易航行，而且流經徐州附近，還有呂梁、百步二洪之險。此二險處，水流急且河道中巨石齒利。隋開通濟渠，從開封以東與古汴道分道東南行，循睢水、蘄水故道直接入淮，其目的除截彎取直外，更重要的是避開呂梁和百步之險，使之暢通無阻。新的運河線路，大大便利了南北水運交通。

永濟渠也是隋代大運河的骨幹河段，它從中原通向北方，溝通了黃河以北的主要水系，成爲貫通南北水運交通的北部紐帶。它開鑿於大業四年（公元六〇八年），是在東漢建安年間所開白溝的基礎上疏浚、拓寬和改建而成的，它主要以沁、淸、淇三水作水源。淸、淇二水本是白溝的水源，永濟渠的南段就是利用白溝故道，只有沁水一源是新加的。它的建成，雖然在隋、宋時期的水運作用次於黃淮之間的通濟渠，但因其水源較多，水量充足，而且沁水入黃河處距離通濟渠的渠首板渚較近，有利於舟船渡過黃河，對溝通南北水運交通，曾產生過顯著作用。同時，由於永濟渠「引沁水南達於河」，從沁水的凹岸自流引水，所以工程設施較通濟渠爲易。它的建成爲今海河五大水系之一的衛河的形成奠定了基礎。

南北大運河的修築，爲經濟發展提供了便利，大大地推動了沿河一帶商品流通和經濟繁榮。

這個中國水運史上的大手筆爲當今宏觀管理和微觀管理留下了許多啓示，值得思考和探索。

基礎設施建設是經濟發展的基石

隋煬帝修建南北大運河，除了加強對關東、江南地區的控制之外，最重要的還是加快了漕運，緩解了京都用糧之苦。它的成功，不但保證了海上運輸的通暢，而且對於防止水災，促進沿河一帶經濟發展也提供了基石。從隋煬帝的做法中，不難發現對於一個經濟發展中國家，加強基礎設施是如何的重要。

三軍作戰，糧草先行。基礎設施建設尤爲當今經濟發展的先鋒，作用不可低估。在商品經濟社會中，任何商品的生產、消費、分配和交換都離不開基礎設施的建設。無疑，沒有通往西藏的公路、鐵路，要在那裡創辦一個企業，並且要產生效益是何其艱難。然而，一旦重視了基礎設施的建設，這個地區就有可能成爲經濟中心。隋代大運河的建成，形成了以洛陽爲中心的，向四周輻射的經濟網路，使得後人不論建都何處，都把洛陽當作陪都，這不能不歸功於洛陽交通運輸便利之故。事實證明，基礎設施是一個地區、國家、城鎮經濟發展的基石、硬體，甚至是判斷是否具有經濟潛力的依據之一。在商品經濟高度發達地區，其交通、通訊、供水、供電等基礎設施往往是先進而又齊全的。舊中國，公路、鐵路少，商品流通遲緩，通訊設備缺乏，資訊溝通受阻，也是造成中國落後的一個原因。值得慶幸的是，國人已開始重視基礎設施的建設了，因而中國的經濟發展是有潛力的。

基礎設施建設投資大，回收率小，回收期長，需要有一定的經濟實力作爲後盾，因而基礎設施建設的落實在落後的國家因資金不足而存在著很大困難。但是，我們要始終意識到，加強基礎設施建設猶如磨刀不誤砍柴工，只要具備了先進的基礎設施，就不愁沒有投資，沒有回報，不愁經濟不發展。以往大規模的基礎設施建設全部依賴政府撥款，給政府財政造成很大壓力，不利於本國經濟發展。目前，國際上流行的BOT方法，能夠在一定程度承上解決這個問題。B即Build，建造，即由外商、外國財團承建基礎設施；O即Operate，營運，即設施建成後，由外國投資者經營，但有一定年限；T即Transfer，轉移，當過了經營年限後，由本國政府收回對設施的經營權。BOT方法中經營年限、外國投資者的投資比例、利潤分成等都是可以協商的。這種做法暫時解決了落後國資金貧乏的苦處，還引進了外資，最主要的是並沒有喪失對設施的所有權，因而這種方法及由此而引發的其他不同種做法，值得效仿。

在基礎設施建設中，要避免短視，要有長遠的眼光。由於基礎設施建設，如修建運河、鐵路、橋樑，耗資大，一旦投入，資金不易收回，因而要重視一個地區的整體規劃，否則會出現三、五年前修建的設施不得不提前報廢，損失慘重。特別在一些新興城市、地區的規劃中更要重視這一點。基礎設施的建設是爲了滿足未來經濟發展需要的，是本地區經濟發展後勁充足的保證，因而基礎設施的建設著眼點要高，要充分考慮十年、二十年甚至半個世紀以後的需求，還要和本地區半個世紀以內的發展目標相結合，否則便有捉襟見肘之感。

一個國家、一個地區要重視基礎設施建設，一個企業也該如此。一個企業的基礎設施包括廠房、設備等。在選擇工廠地址時，一個企業就要考慮廠址所在地區的基礎設施如何，廠址與市場太遠會增加產品成本，廠址周圍交通不便利，會影響原材料的輸入及產成品的輸出。一個企業在購買設備時，更要注意設備的使用年限、可靠性及維修的難易程度，還有設備所代表的技術先進與否。因爲設備的正常運轉是維持生產的前提，如果爲了省錢而購買劣質設備的話，不但會影響產品質量，從長遠經濟效益來看是不合算的。因而，企業若要在一個行業裡長期生存下來，並取得一定的市場地位，就要在設備上超過競爭對手。

因勢利導，逃避風險

通濟渠巧妙地避開了呂梁、百步二洪之險，爲世人所驚嘆，這是它高於前人獨創之處，截彎取直，因勢利導，終於獲得了成功。

機遇與風險並存。風險的存在激勵著人們，也阻礙著人們。成功之路，布滿荊棘，只要戰勝風險還是會有所得。因而，識別風險是至關重要的，如果意識不到存在於周圍環境或事物本身發展過程中的風險，要達到目的是很難的。風險有當前的風險和潛在的風險，要識別他們必須依靠詳細的調查及嚴密的推理。隋代的人們是在實踐中領受到呂梁、百步二險，如若他們缺乏必要調查、實踐，發現不了二險及其地勢、水性的話，繞過二險就純屬偶然。

對待風險有兩種態度：一種是直接面對消除風險，另一種躲避風險。無疑，通濟渠開通採取的是第二種方法。如果採取第一種方法，其成本是很高的，人們必須爲二洪中巨石的處理大費腦筋，而且成功的可能性無從預測，甚至很小，因爲要改變呂梁、百步的水性，使其不發生洪水，其代價昂貴，成功率低。所以採用第二種方法實乃明智之舉。

主動地躲避風險比直接接受風險，更有利己方發展。一個企業在預測未來風險的同時，就要主動地採取手段避免受到風險的打擊。比如，當一個產品處於生命周期中衰退期時，企業就要預測到衰退期市場萎縮，產品銷量下降，利潤下降對企業經營的風險，從而提早做出決策，退出市場或轉產，把未來的損失降到最小。

躲避風險的方法須依具體環境而定，其遵循的宗旨應該是損失最小。

利用一切可以利用的資源

通濟渠和永濟渠的開通，都大量地藉助歷代已經挖掘的河道、水源，從而使看似浩大的工程在極短的時間內得以完成。可以說，在利用已有資源上，大運河是成功的。

開發資源、變廢爲寶，是保證組織生存發展的前提條件。大運河利用已有水源、河道的經驗告訴我們，開發利用已存在於自然界中的資源，會達到事半功倍的目的，利用現有資源，等於增加了可供使用的資源，能夠緩和生產需求和資源供應短缺的矛盾。當然，使看似無用的資源充滿活力，重新利用它，絕非易事。它需要創新、突破常規思維。如果開鑿大運河之時，人們只遵循慣用方法，重新開河道，引水源，其效果、耗資絕不如利用已有的資源來好。

利用一切可以利用的資源，爲你的事業增加出人意料的成功點，它需要你的眼光！

13 博弈

◎田忌賽馬

大約兩千三百多年前的戰國時期，齊威王與宗族諸公子賽馬。齊國大將田忌亦在其中。齊王的馬按速度分爲上、中、下三等，田忌的馬也如此分等。田忌總是用自己的上等馬與齊王的上等馬比賽，中等馬對中等馬，下等馬對下等馬。因爲田忌的馬總是比齊王同等的馬稍遜一籌，所以田屢次賽馬均告敗北。孫臏就爲田忌出主意說：「齊國的好馬，都聚集在大王的馬廄裡。而您希望用同等的馬與他的馬比賽，想取得勝利就太難了。但我能有辦法取勝。馬有上、中、下等的區別。請用您的下等馬與大王的上等馬比賽，用你的上等馬與大王的中等馬比賽，用您的中等馬與大王的下等馬比賽。這樣的話，您雖然會失敗一局，但您會勝兩局，所以總的來說您還是贏了。」田忌先設法探聽出齊王各等級的馬的出賽次序，再使用孫臏的辦法，果然勝了齊威王。田忌便把孫臏推薦給齊威王。齊威王拜孫臏為軍師，經常向他請教有關兵法的問題。

立足全局進行管理

局部利益最大與全局利益最大是不一定相一致的。局部利益最大化的總和可以導致全局利益最大，譬如說，如果奧運會中的每一個比賽項目（局部）都由中國人拿了冠軍（利益最大化），那麼中國當然是金牌第一了（全局利益最大化），這一點很好理解。但局部利益最大化的總和並不一定就會導致全局利益最大化。譬如，如下圖所示，已知A、B、C、D四個城市之間的道路長短，現在要尋找一條從A城到D城的最短路線。如果每次都依照從現有點出發到所能到達點的距離最短的原則（局部利益最大化）來選取路徑，則應該從A城到B城，再經由路長為7的那條路到達D城，整個路徑長為3＋7＝10（這是局部利益最大化的總和）。而依照全局利益最大化的原則，則應選擇A→C→D的路徑，全長為6＋2＝8（全局利益最大化），此結果優於局部利益最大化的總和。所以，應該辯證地科學地看待全局利益和局部利益的關係：局部利益最大化有助於

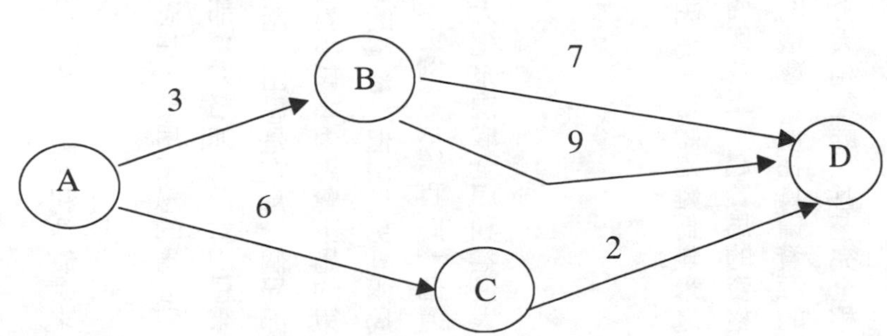

產生全局利益最大化，但並不一定就產生全局利益最大化，有時甚至需要暫時捨棄局部利益最大才能獲得全局利益最大化。這是科學運籌的管理思想。

孫臏作爲一位傑出的軍事家，是深諳管理藝術的。如果按照田忌的思想，要用田忌的馬去與齊王的同等級的馬比賽。因爲三場都用同等級的馬比賽，雖然齊王的馬都實力略強，但對田忌來說，都不可能有機會拼搏取勝。如果把三局比賽的每一局看成一個局部的話，田忌是在每一個局部之中爭取局部利益最大。但孫臏則縱覽全局，從而定下下馬對上馬，上馬對中馬，中馬對下馬的策略。在第一局中，田忌的下等馬遠遠落後於齊王的上等馬，引起了旁觀者的奚落。但由於另外兩局的勝利，他取得了全局的勝利（全局利益最大）。於是，田忌賽馬這一史例昭示給我們一個道理：管理是一門藝術，一門統籌全局的藝術，可以透過犧牲局部利益最大化來換取全局利益最大化。

資源需要有效的管理

資源是硬體，管理是軟體。沒有資源當然決不可能產生什麼效益，因爲「巧媳婦難爲無米之炊」。譬如說如果田忌根本沒有馬（有形資產）或者地位低賤、不具備與齊王一起賽馬的資格（資歷、名望、地位也是一種資源），則田忌根本不可能有賽馬勝齊王的機會。但在具備資源的前提之下，對於同樣的資源，由於管理水準的不一樣，產生的結果往往會大相徑庭，甚至完全相

反。對賽馬順序進行排列，便是具體在田忌賽馬這一案例之中的資源配置方法。應當承認，從齊王和田忌的資源來說，齊王略佔優勢。按照田忌的賽馬次序（他的管理思想與管理水準的具體化），結果是屢戰屢敗。而按照孫臏的賽馬次序去比，則贏了。由此可見，在資源一定的條件下，透過管理方法的優化，可以達到資源配置的優化，從而盡可能地發掘潛力，甚至以弱勝強。近幾年來，中國企業界出現的所謂「向管理要效益」，也體現出管理與效益的緊密聯繫以及中國開始既重視資源又重視管理的趨勢。

管理要與其他學科結合

管理是一門科學，而且它具有不同於其他學科的特點：它是一個很大的系統工程，它包容其他學科的部分思維方式與學科成果，並應用於工農商軍以及個人的行爲管理實踐，以達到合理配置資源，以求利潤最大、效用最大的目的。

田忌賽馬主要體現了管理思想與運籌科學的結合。如果用a、b、c分別代表田忌的上、中、下三個等級的馬；A、B、C分別代表齊王上、中、下三種速度的馬；V代表馬的速度，則有$V_a < V_A$。$V_b < V_B$，$V_c < V_C$，$V_a > V_B$，$V_b > V_C$；且以「＋」、「－」分別表示田忌勝、負的結果，則可能的比賽程序只有六種：

(1) aA －，bB －，cC －，三負。

(2) aA −，bC +，cB −，二負一勝。

(3) aC +，bB −，cA −，二負一勝。

(4) aC +，bA −，cB −，二負一勝。

(5) aB +，bA −，cC −，二負一勝。

(6) aB +，bC +，cA −，二勝一負。

由上可知，田忌採用的是第一種程序，所以場場皆敗，此乃下策。孫臏用的是第六種程序，即以己之長攻彼之短，所以兩勝一負，取得了全局的勝利。

在這裡，孫臏運用了一些運籌學的思想。因爲如果只憑運氣，任意排列賽馬次序，田忌勝齊王的概率只有六分之一，而孫臏恰恰選用了唯一的致勝方案，並設法付諸實施（必須賽前設法預知齊王的賽馬排列順序），從而取得了勝利。所以這應該是孫臏具內才、善運籌以及周密實施計劃的結果，而不是僅僅依靠好運氣。這一史例亦告訴了後人：管理思想需要與其他學科的成果相結合，從定性走向定量，細緻周密地實施方案，以達到提高管理水準的目的。

◎孫龐鬥智

孫臏是我國戰國時期的著名軍事家，著有軍事文集《孫臏兵法》。他是孫武的後代，齊國阿（今山東陽谷東）、鄄（今河南范縣西南）一帶人，曾經和龐涓在一起學習兵法。龐涓給魏國做事後，有機會當上了魏惠王的將軍，可是他自己覺得才能不及孫臏，就暗地裡派人召來孫臏。孫臏到了魏國後，龐涓擔心他比自己高明而賽過自己，於是忌妒他，製造罪名挖掉了他雙腳的膝蓋骨，在他的臉上刺了字，想使他隱姓埋名不再拋頭露面。孫臏後來在齊國使者的幫助下回到齊國，不多久便受到了齊國的重用。

公元前三四二年，魏國攻打韓國，韓國頻頻向齊國求救。次年，齊威王派田忌為將軍、孫臏為軍師，率軍救韓。田忌、孫臏又一次採用「圍魏救趙」之計，直奔魏國都城大梁，誘使魏軍回救，以解韓國之圍。魏國果然急忙停止對韓作戰，調回龐涓，並命太子申為將軍，與龐涓一道帶兵十萬出擊齊軍。

孫臏對田忌分析說：此次魏軍來勢兇猛，實力甚強，並有一定的準備，不可貿然決戰。魏軍向來輕視齊軍，龐涓求勝心切，我們可以因勢而利導，避戰而示弱，退兵減灶，引誘魏軍出擊，然後待機後發制人。田忌依計而行，未與魏軍接觸就主動後撤，在退兵途中第一天造了十萬人做飯用的鍋灶，第二天減為五萬，第三天減為三萬。龐涓一連追擊三天，發現齊軍的鍋灶一天比一天少。龐涓不禁得意忘形：「我早就知道齊軍膽小怕死，進入我國境內才三天，士兵就逃走了一半。」於是他丟下步兵輜重，親率輕騎精銳，日夜兼程追擊齊軍。

這一天，齊軍退到馬陵道，孫臏見這裡道窄地險，樹多林密，很適宜設兵埋伏，他還計算了魏軍的行程，判定龐涓將在日落後到達這裡，於是命令士兵砍下樹木將道路堵住，精選一萬名弓箭手夾道埋伏，還派人將路旁一棵大樹的一段樹皮削去，寫上「龐涓死於此樹之下」八個大字，要求將士一看到大樹下有人點火，就發起進攻。

天剛黑時，龐涓果然帶兵進入馬陵道。魏軍發現道路被堵塞，大樹上有字，忙點火把走近觀看，剛讀完那八個字，齊軍便萬箭齊發，伏兵四起，魏軍大亂，死傷無數。龐涓也身中數箭，他自知中計，鬥不過孫臏，萬般無奈，拔劍自刎。齊軍乘勝追擊，俘虜了魏軍統帥太子申，徹底打敗了魏軍。

孫臏「圍魏救韓」與「圍魏救趙」相比，其獨特之處在於示以虛形，中途伏擊，誘敵深入，以減灶的方法迷惑敵軍，誘其上鉤，然後再後發制人，給魏軍以毀滅性的打擊。

示弱於敵，誘敵深入

關於「示弱」的思想，中國的兵法有許多論述，如孫子說：「能而示之不能」間；《六韜》提出：「見弱於敵。」孫臏在「圍魏救韓」戰鬥中運用的謀略之一便有示弱於敵。

「示弱於敵」的智謀在商戰中也廣泛採用。在商業競爭中，誰先佔有主動權，誰就把握了競爭的勝敗，誰也就先佔領了市場。而主動權的取得不是憑空而來的，而是發揮人的聰明才智去努力爭取而獲得的。「示弱於敵」便是爭取競爭主動權的一項有效謀略，透過隱蔽我方企業的競爭實力與意圖，使競爭對手產生錯覺，放鬆對我方的戒備，從而出敵不意，攻其不備。

如同兵戰，商戰中的示弱也有兩種情況：一種是強而示之弱，即在我方企業實力強大而競爭對手不及時，佯裝弱小力薄的樣子，給競爭對手造成思想上的輕視，引誘他們貿然發起對我方的挑戰，然後待他們思想麻痺後，我企業再以強大的攻勢出其不意地還擊，達到後發制人的目的。這種情況在商業競爭中最爲常見。另一種是以弱示弱，即我企業的實力本來就不如競爭對手，而又故意誇大而顯示虛弱，讓競爭對手反而以爲其中有詐，而不敢貿然向我方發起攻擊。

在商戰中示弱於敵要注意以下三點：

(1)準確地把握敵我之間的強弱，並根據競爭對手的弱點投其所好。企業實力包括企業產品的長處和短處，產品的壽命周期，市場佔有率以及企業現有資源和可獲資源的總量，企業管理水準，經營能力，組織效率等等。只有對敵、我雙方的實力進行全面了解，才能作出比較，正確判斷敵我雙方各自的強弱狀態，才能知道競爭雙方未來的發展趨勢，才能先卜後知，積極創造條件，使競爭形勢朝著有利於我企業的方向發展，使之完全就範，從而達到管理優化的目的。「知彼知己，百戰不殆」不僅爲古今中外軍事家所推崇，而且也成爲許多企業家從事生產經營活動、市場爭奪的座右銘，成爲經營決策的信條之一。

(2)示弱要與伏奇相結合。孫臏不僅減灶示弱，迷惑魏軍，而且派了萬名弓箭手埋伏在馬陵道兩旁，這樣，一方面可防止敵軍乘隙而攻打齊軍，另一方面又可以伺機打擊魏軍。企業在市場競爭中向對手示弱時也要掌握這個原則。

(3)示弱要適可而止。企業示弱的過程是創造戰機的過程，一旦戰機成熟，就要收弱揚強，及時攻擊競爭對手。孫臏率兵退到馬陵道後，發現那裡地險道窄，樹木蔥郁，適合伏擊，又估計到魏軍將在日落後到達那裡，便認識到攻打魏軍的戰機已經成熟，便毫不猶豫地策劃了馬陵道伏擊戰。倘若戰機成熟，仍一味地示弱，則達不到出奇制勝的目的。商戰的示弱也是如此。因爲企業長時間的示弱，將導致競爭對手識破我方真實意圖的可能性增大。我方競爭意圖及謀略被對手識破後，再巧妙、高明的謀略也不能正常地發揮作用。更可怕的是，競爭對手一旦識破我方的戰略意圖，便會迅速調整競爭方案和重新布置營銷力量。如果競爭對手對我方實施將計就計的智謀，反而容易使我企業上當受騙，遭致打擊，甚至在競爭中戰敗。

在商戰中示弱於敵，可具體透過以下方法了解競爭對手的情況：

(1)了解競爭對手的近期和遠期發展目標，分析對方產品的市場佔有情況，從而把它們與自己企業的發展規劃和產品市場佔有率相比較，以準確判斷自己的產品能否與對手的產品角逐，將佔有的市場份額到底會多大？

(2)對於我方企業與競爭對手的同一類型的產品，從性能、質量、價格、售後服務方面進行詳細比較，估計哪種產品能擁有更多的消費者，判斷哪家企業將給顧客提供更多的方便和更滿意的服務。

(3)了解雙方的產品哪一種更適合在當地銷售，更能適合當地消費者的生活習俗、消費心理和消費水準。

(4)進行雙方銷售網點的調查，聽取零售商的意見和建議。因爲零售商直接和消費者打交道，最容易從消費者那裡獲得真實的商品反饋訊息，以便採取有效措施改進產品，使自己的產品比對手的產品更能適合消費者的需要。

企業在向對手示弱的同時，爲把握商業戰機，應加強企業內部管理，改善產品的質量、性能，調整產品的定價策略，溝通與顧客、代理商的感情，提高企業在公眾心目中的形象，以便時機一旦成熟，便給競爭對手全面有力的攻擊，從而達到後發制人、克敵制勝的效果。當今世界，商業機會來得快，去得也快，稍縱即逝。如果企業不未雨綢繆，提前作好競爭準備，即使機會來了，也只能望著機會白白錯過。

以退爲進，後發制人

孫臏在「圍魏救韓」戰役中的指揮藝術還包含了後發制人的思想謀略。孫臏經過認真分析研究敵情，認識到經過一定準備的魏軍來勢兇猛，實力強大，齊軍鋒芒則稍鈍，因此便決定不與魏軍貿然作戰。於是孫臏退兵減灶，先避免和魏軍直接交鋒，而牽著魏軍的鼻子東奔西跑，致使龐涓大軍既疲憊勞累又麻痺大意，此齊軍由被動變爲主動，自劣勢轉爲優勢。

後發制人也是商業競爭中以劣勝優，以弱克強的韜略。在商戰中，處於競爭劣勢的一方，面對競爭對手的咄咄逼人之勢，可以先避開其鋒芒，而採取各種巧妙的手段，示弱於敵，迷惑、麻痺對手，以及以退爲進，疲憊、消耗對手的競爭實力，而後乘對手顯出虛弱或放鬆戒備時猛然發起攻擊。

運用後發制人的競爭謀略，要正確認識和處理後發制人與先發制人的內在關係。《李衛公問對》中講：「後則用陰，先則用陽。盡敵陽節盈我陽節而奪之，此兵家陰陽之妙也。」商戰中的「先後」也是如此。後發制人要用潛力。先發制人則用銳氣，把競爭對手的銳氣挫傷到最大程度，而把自己的潛力積蓄到最大程度再去攻擊競爭對手，這才是企業家運用潛力與銳氣的奧妙所在。總之，先行有先行的好處，後趕有後趕的優勢。但有一點需要明確，就是後發制人的最終目的是爲了先發制人，在落後中求先進，在被動中求主動。

許多善於謀略的企業家，在經營管理上，往往採用「以退爲進，後發制人」的策略，他們寧肯讓其他企業先走一步，爲自己的發展探路，而不願去進行無把握的風險投資。但當看到某種產品受市場青睞，有發展前途時，他們就會考慮插手經營。他們先是廣泛搜集顧客對這種先上市的產品的意見，並根據這些意見對產品加以改進，然後再進行開工生產，投入市場。由於這些產品工藝起點高，產品質量比首先上市的好，價格也更便宜，因此往往能博得消費者的喜愛，可以把許多競爭對手的客戶爭取過來。

用「後發制人」的謀略進行市場爭奪，有兩方面的好處：一是可以大大降低甚至避免新產品投入市場所冒的風險。二是可以根據搜集到的反饋資訊，對商品加以改進，使之更符合消費者的需要，因此做到以最少的耗費取得更大的成就；在生產工藝上，有經驗、教訓可供藉鑑，可以少走彎路。

日本著名實業家松下幸之助，深諳「以退爲進，後發制人」的道理。他所經營的日本最大的電器企業松下電器公司，被人譏諷爲「模仿公司」。但松下幸之助對此毫不介意。松下強調的是產品的質優價廉，迎合大眾的需要，而不是領導產品發展的潮流。松下雖然很少推出新產品，可是其產品的市場佔有率卻非其他電器公司能夠比得上的。松下的訣竅是什麼呢？那就是實行拿來主義，把別人的產品拿過來加以改進，然後再投入市場。新力最早發明貝泰麥斯錄像機，該機在市場上擁有眾多的消費者和巨大的消費需求。但松下公司經過市場調研，發現貝泰麥斯錄像機有一個相當大的缺陷：該機只能錄製二小時，而大多數消費者已不滿足這麼短的錄製時間，他們希望擁有錄製四至六小時的錄像設備。於是松下著手開發一種小巧的VTK系列。VTK系列，錄製時間比貝泰麥斯長，價格卻便宜百分之十八左右，一上市便吸引了大批消費者，不久便佔有了錄像設備市場的三分之二。

又如，八〇年代，日本本田公司與鈴木公司進行一場競爭，獲得成功，也得益於採取後發制人的戰略。

八〇年代，日本本田公司爲了實現生產多元化的戰略目標，抽調部分資金、設備及技術人員研究開發汽車項目。鈴木公司獲取這個資訊後，便起了圖謀日本摩托車生產大王之桂冠的野心，想把本田公司徹底擠出摩托車製造領域。於是，鈴木公司大量增加投資，擴大生產規模，增加產品種，對外則不斷宣傳其擴展規劃，大造鈴木公司將是摩托車生產領域未來盟主的輿論，並公然宣布其產品一律優惠出售，向本田公司進行明目張膽的挑戰。鈴木公司目中無人，咄咄逼人之勢激怒了本田公司的廣大職員，普遍要求進行立即反擊，壓壓鈴木公司的囂張氣焰。本田公司的領導層經過認真分析，認爲鈴木公司的實力遠不及本田公司，一定會急於速戰速決，與其過早反擊，倒不如待其新添置的生產線全部安裝投產後，再予以打擊，這樣一來，鈴木公司即使想撤退用於擴大生產的人力、物力及資金也無能爲力了，屆時便可徹底擊垮鈴木公司。於是，本田公司表面上對鈴木公司之舉無動於衷，暗地裡卻留下了部分原先準備用於開發轎車的資金和物力，增加對摩托車生產的投資，對外則繼續宣傳本田公司將致力發展轎車生產，以麻痺鈴木公司。鈴木公司果然上當，把所有的資金全部追加到摩托車的生產上，頓時產量大增。數月後，本田公司看到時機已經成熟，便對鈴木公司的挑戰進行了一場徹底、有力的還擊，宣布本田摩托車一律讓利大酬賓。其中，助動車削價百分之五十，以僅相當於高價位自行車的價格出售。結果，鈴木公司大敗，產品嚴重庫存積壓，以致在相當長的一段時期內都未能恢復元氣。本田公司取得勝利，正是得益於以逸待勞，後發制人的競爭策略。

再說日本率先製造出世界上第一台晶體管收音機和晶體管電視機的事例。由於晶體管等發明皆出自歐美人手中，而日本對此沒有提供任何幫助，因此日本人當時在國際上常被譏諷爲缺乏創造力的民族。這大傷日本人的民族自尊心，許多愛國之士要求進行尖端技術的發明創造。但當時日本剛戰敗不久，無力進行這方面的投資。於是日本許多企業家、科技英才暫置國際上的譏笑於不顧，而致力於以晶體管等新發明爲出發點的應用開發和產品開發。結果，數年後，晶體管收音機、晶體管電視機的第一個產品分別在一九五五年和一九五九年誕生於日本新力公司。該公司的名譽董事長驕傲地表示：「如果晶體管的誕生稱作一項發明的話，那麼晶體管收音機和電視機的誕生則可稱作是一種改革，但改革也是出色的創造，缺乏創造力的人是不可能實現這種開發的。」日本之所以能在晶體管領域由弱變強，關鍵在於其企業家、科技人員臥薪嘗膽，後發制人。

◎鄱陽湖決戰

鄱陽湖決戰是爆發於公元一三六三年的一次水戰，參戰雙方分別是後來建立明王朝的朱元璋以及當時以武昌爲中心，勢力強大的陳友諒軍團。該役之規模及慘烈程度均是史所罕見，而最終的結局則是朱元璋以二十萬人馬擊敗了陳友諒裝備精良的六十萬大軍，掃除了他統一南方的一大勁敵，也爲統一中國奠定了基礎。

元朝末期，朝廷腐敗，民不聊生，致使各地起義風起雲湧。元至正十二年（公元一三五二年）春，郭子興領導紅巾軍在濠州（今安徽鳳陽縣東）號令起義。時年二十四歲的朱元璋遂報效郭子興爲親兵，並以屢戰輒勝而爲郭子興所重視，朱元璋從此開始了坎坷的發展道路。於元至正十六年（公元一三五六年），朱元璋率軍攻佔集慶，並將它改名爲應天，開始擴展自己的地盤和勢力，其時，朱元璋北面有紅巾軍主力小明王的部隊與元軍主力抗衡，東西兩側有張士誠、徐壽輝和陳友諒分擔元軍的壓境，而南面只有幾股孤立的元軍不能對其構成很大的威脅。在這種既嚴峻又有利的形勢下，朱元璋著力廢苛政，減賦稅，善養其民以安民心，同時還四處網羅人才，招才納賢，得到了劉基、宋謙等有著豐富的軍事才能和政治經驗的謀士，不僅取得了廣大民眾的支持和志士仁人的輔佐，而且因此利用屯田、設立「民兵萬戶府」（一種後備役制度）等政策措施，在短時期內迅速地擴展了自己的軍隊實力。

時至公元一三五七年，陳友諒也開始竭力擴展自己的勢力範圍。控制了徐壽輝部屬的紅巾軍，並在幾年之中即佔據了安慶、池州（今安徽貴池）、南昌、汀州（今福建長汀）等地。至元至正二十年（公元一三六〇年），陳友諒殺害徐壽輝並攻佔朱元璋的戰略要地太平（今安徽當塗），自立爲漢王。由此，原爲朱元璋西面屏障的陳友諒變爲其勁敵，對朱元璋的勢力發展構成了嚴重的威脅。同時，陳友諒還聯絡張士誠，讓其從東面策應，使朱元璋陷於兩面受敵的窘境。

在此危境之中，朱元璋決定採取「先陳後張」的措施，一面防守住江陰、常州、宜興、長興一線，阻止張士誠軍隊的進攻，另一方面集中主力對付陳友諒軍隊。不久，朱元璋在應天大敗陳友諒軍，並收復了太平，幾乎控制了江西的全部勢力範圍，於是兵鋒直指湖北。就在形勢大好的情況下，朱元璋接到小明王受元軍與張士誠部隊進攻的告救信，於是親率大軍救援小明王所在地安豐。然而朱元璋的背離主戰場，給陳友諒造成了可乘之機。元至正二十三年（公元一三六三年），他以數百艘巨艦及六十萬大軍傾巢而出，進攻軍事重鎮南昌。南昌守軍全力守禦，屢敗陳軍。陳友諒的大軍屯兵南昌城下不得進者達三月之久。七月中旬，朱元璋率二十萬援軍進入鄱陽湖水域，並佔康郎山一帶（今康山附近）與從圍城中撤下的陳友諒軍遭遇，鄱陽湖決戰從此拉開了序幕。

戰鬥開始之後，兩軍主力都全力以赴。在康郎山水域激戰達四天之久。朱軍大將徐達、俞海通等為先鋒，奮力拼殺，以火砲攻焚陳軍艦船數十艘，給敵人以重大殺傷，鼓舞了朱軍的士氣。但是陳軍艦隻船身巨大，與朱軍船隻相比，佔了居高臨下之利，陳軍士兵亦十分兇悍頑強，雙方不分勝負，而朱元璋軍屢瀕險境。其中有一次，朱元璋坐艦遭陳軍大將張定邊艦的攻擊，且因擱淺而無法退避，幸虧大將常遇春及俞海通奮力救護才得以脫險。黃昏，朱元璋乘東北風起，命敢死隊用小舟裝滿蘆葦火藥，乘風放火焚燒陳友諒的軍船。陳軍猝不及防，兵遂大亂，燒死溺斃者不計其數，陳軍元氣大傷。此戰朱軍亦損失慘重。在以後兩天的戰鬥中，陳軍再次受挫，於是陳友諒就轉攻為守，不敢再戰。從康郎山水域退下來的陳軍，原先企圖北出長江，但卻在罌子口遭到朱軍一部的狙擊，只好退至渚磯駐泊。朱元璋的軍隊也轉移至左蠡（今江西都昌西北），扼守往北出長江的要道。在這以後三十天裡，雙方並無重大戰鬥，而只是一些試探性接觸。雖然此時陳友諒軍隊陣容依然十分強大，但卻已無後退之路，而周圍各要點也被朱軍控制，處境十分危急。相持期間，陳友諒的左右金吾將軍相繼率部向朱元璋投降，於是陳軍的軍心士氣益發動搖，然而，陳友諒為洩憤立威，將所俘朱軍將士盡數殺掉。與此相反朱元璋卻放還俘虜，為傷兵治病療傷，並下令以後一律不要殺戮俘虜的陳軍，而且派人祭奠戰死的陳友諒弟侄及其他陳軍將士。八月，陳軍糧盡，向長江突圍，卻在南湖角及湖口遭到朱軍的猛烈狙擊，落荒而逃至涇江（今安徽寧國縣西）。朱元璋乘勝追擊，陳友諒中流矢而死。陳軍失去統帥，混亂異常，一部分由陳定邊率領以夜色掩護逃脫，其餘五萬餘人馬投降了朱元璋。鄱陽湖決戰就此結束。陳友諒勢力自此幾乎被消滅殆盡，一蹶不振。於次年九月，朱軍攻破其據點武昌，陳軍殘部被徹底消滅。

縱觀鄱陽湖決戰的經過與結局，朱元璋以處於劣勢的裝備與兵力戰勝了裝備精良的陳友諒大軍，譜寫了歷史上以少勝多、以弱勝強的又一戰例，並且為後人留下了寶貴的經驗和歷史教訓，值得藉鑑。

知己知彼，從容定對策

對策是決策者在某種競爭場合下的決策，或者說是參加競爭的各方為了自己獲勝採取的對付對手的策略。這種決策普遍存在於人們日常生活和工作中，對策也不例外，只不過對策在處理國家政治、經濟問題上顯得尤爲重要。對策的好壞、正確與否，將直接關係到任何項目或事業的成敗，因此，對策是必須建立在調查研究，盡可能地知己知彼的基礎之上，設法發揮自己的長處，以期獲得圓滿的結果。鄱陽湖決戰中，朱元璋則成功地運用了管理上對策這一技術，顯示出他知己知彼、以己之長攻敵之短的指揮和決策才能。

鄱陽湖決戰後不久，朱元璋建立了明朝。此後，朱元璋與其臣下論平天下的策略時說道：「朕遭時喪亂，初起鄉土，未圖自全，及渡江以來，觀群雄行爲，徒爲生民之患，而張士誠、陳友諒，尤爲巨蠹。士誠恃富，友諒恃強，朕獨無恃，惟不嗜殺人，布信義，行節儉，與卿等同心共濟。初與二寇相持，士誠尤逼近，或謂宜先擊之，朕以友諒志驕，士誠器小，志驕則好生事，器小則無遠圖，故先攻友諒。鄱陽之役，士誠卒不能出姑前一步，以爲之援；而先攻士誠，浙西負固堅守，友諒必乘隙而入，吾背腹受敵矣。」儘管這是事後之道，但結合當時鄱陽湖決戰的前後經過，確也言之在理。由此可見，在敵我雙方殊死鬥爭中，朱元璋極爲透徹地分析了敵方的長處和短處，同時也客觀地評價了自己的長處和短處，對「先陳後張」和「先張後陳」兩方案經過分析和權衡之後，毅然做出了「先陳後張」的決策實爲上上之策。因爲張士誠「無遠圖」，只知保守自己的地盤範圍，不必多加掛慮，而陳友諒佔據了上游要地，但卻是名號不正，「人心各一，上下猜疑」。他雖然兵多將廣，然而他是殺了徐壽輝才最後掌握了這一集團的最高指揮權，許多將領對他面服心不服，因此有些徐壽輝的部屬鑑於朱元璋的英明乾脆就投降了，但是陳友諒也不得不加以防範。所以儘管陳友諒表面陣容強大，但他還是決定先攻打陳友諒，等到陳友諒一旦被擊潰，那麼打敗張士誠也只不過是舉手之勞而已。相反，如果先行攻打張士誠，陳友諒必定會全力救援，朱軍將處於兩面作戰的被動境地，於其非常不利。當然朱元璋似乎並沒考慮兩面同時進擊的方案，然而選擇這樣的方案，與「先張後陳」又有什麼區別呢？

此外，朱元障知己知彼，從容以定對策，還表現在善待俘虜上。當陳友諒屢戰屢敗，退守渚磯時，把一腔怒火發洩到被俘的朱軍身上，命令手下士兵把他們全部殺掉。朱元璋得知這一情節之後，立刻還以反應，命令立即遣返全部陳軍俘虜，並且給傷兵以治病療傷；同時還派人祭奠敵方陣亡將士，朱元璋這種從容大度的氣度充分體現了作為一軍統帥高超的決策藝術，贏得了敵我雙方廣大將士的民心，奠定了堅實的群眾基礎。正是陳友諒的驕狂自負與暴躁反常形成的強烈反差，使得朱元璋士兵軍心大振，而且使陳友諒將士無心戀戰，士氣低落，造成了鄱陽湖決戰的失利。

綜上分析可知，朱元璋在你死我活的鬥爭中，成功地運用了對策技術，贏得了民心，鼓舞了己方士氣，減退了敵方將士的作戰熱情，取得了歷史性的勝利。這只是對策技術在戰爭中的運用。實際上，對策技術的運用範圍極為廣泛，從宏觀到微觀，從國家、企業到個人，對策無不需要。在政治領域、國際上政府間的各種外交談判，各方都想在談判中處於有利地位，爭取到對自己有利的結果。在經濟領域內，各國之間的貿易談判、各公司企業之間的加工和訂貨談判，各公司企業爭奪國際或國內市場等等都需要有正確致勝的對策。儘管對策技術運用的領城各異，但科學的對策卻有著共同之處，它必須知己知彼，充分掌握和分析敵我雙方實力的對比，它必須考慮到實施後的風險以及隨著具體的時間、地點和歷史條件的變化而作出應付的能力。也正是因爲能克敵制勝，所以對策將日益被決策者廣泛的注意。

循循誘導，激勵士氣

要想成就一番事業或其他任何工作，不可能是一帆風順的，總免不了會有挫折和坎坷，然而，道路是曲折的，前途是光明的。作爲一個領導者在領導群眾從事工作中遇到挫折，首先自己的態度和心態是極爲重要的，然後如何引導群眾，改變心態，做到動之以情、曉之以理，激勵群眾的熱情和積極性，充分發揮主觀能動性，克服困難，以取得成就，這又是領導者的又一技巧。縱觀鄱陽湖決戰的經過，我們不難發現朱元璋在這方面的作爲很值得藉鑑。

當兩支水師相遇時，陳友諒的戰船船體高大，且佔據了順水之利，氣勢龐大。相比之下，朱軍的船隻就要小得多。雙方交戰，陳軍可以居高臨下，而朱軍卻要仰攻，於此，朱軍有些將士表現了畏難怯戰的情緒。然而朱元璋卻相當鎮靜，並對將士動之以情，曉之以理：兩軍相搏勇者勝，陳友諒久圍南昌，現在退兵迎戰，勢必會作一死戰。諸公須盡力作戰，只有前進，不能後退，能否消滅敵人就看這一仗了。然後他分析說，陳友諒船大，又首尾相連，不利操縱進退，必能擊破。如此這番話語，使他的將士們認識到了這場戰爭的重要性，並堅定了他們的信念，鼓舞了士氣。最後，朱軍終於渡過難關，取得了勝利。

這一管理技巧，儘管在當時還沒有具體的文字記載，但朱元璋卻將它運用得恰到好處，給後人留下了深刻的印象。尤其是對領導者或指揮者而言，在碰到挫折和艱難的時候，要有堅強的毅力，不能知難而退，應當沉著冷靜的分析形勢，同時，還要對手下循循誘導，分清事情的輕重緩急，幫助手下恢復高昂的士氣，扭轉他們的低落情緒，以致共同闖過難關，到達勝利的彼岸。

公關

◎張儀破縱

素有縱橫家之稱的張儀在戰國時期為秦國擊破六國合縱立下了汗馬功勞，終使秦國統一了天下。

戰國時期，秦、楚、韓、趙、魏、燕、齊七國稱雄天下。其中，秦自春秋以來，已經極為強盛。春秋時的秦穆公是當時的「五霸」之一，據有黃河以西關中之地，其東鄰為晉，曾為三平晉亂、置晉君，周王寄以方伯之重任，諸侯賓從。這以後因為內憂頻仍，而三晉之國勢（三晉指三分晉國的韓、趙、魏三國）又極為強盛，河西關中之地盡為三國所得。至公元前三六二年，秦孝公即位，乃任用大法家、大政治家商鞅變法，勵精圖治，使秦國富強冠於列國，而國內政治有力，擴張領土、兼併中原的欲望也日益加強，但是關東六國為了防止強秦入侵，採取了聯合抵制的策略。「六國皆以夷狄遇秦，擯斥之不得與中國之會盟。」在這種情形下，又有縱橫家蘇秦因在秦國不受重用而遊說六國，使六國訂立了合縱盟約，有計劃、有組織地抗擊秦國。秦國的擴張計劃受到了很大的阻礙。

正在秦國困於六國之時，與蘇秦同出於一師門的張儀因受蘇秦羞辱之激而來到秦國，並向秦王遊說他的擴張制勝方略。秦王正因爲以前忽視了蘇秦而有今日困於六國之苦，於是聽取了張儀的建議，並擢之爲客卿。

張儀以縱橫捭闔之術，離間六國合縱，威逼六國爭相割地以賄秦，使秦國兵不血刃而取六國廣闊之地。張儀連橫戰略的成就，對推動由長期分裂走向統一起到了重要的作用。爲了貫徹其破縱達到連橫的目的，張儀多次依仗秦國富強冠於列國的實力優勢，對六國進行威逼利誘。公元三二八年伐魏逼和，就是張儀利用實力威逼利誘的一例。當時張儀建議秦王以公子繇爲質，以蒲陽換取魏之上郡十五城。爲達其目的，他威脅魏王說：「秦之遇魏甚厚，魏不可以無禮於秦。」迫使魏王答應這一屈辱條件。後來，張儀又被秦王派到魏國爲相，建議魏王事秦，以作爲諸侯相繼事秦之先導。魏王不聽從時，秦惠王就興兵伐魏，這樣，張儀藉重秦國勢力使魏河西之地皆喪於秦。「遠交近攻，分化離間，各個擊破」，是張儀實施破縱的具體策略。在未統一全國之前，秦國始終對不與其接壤的齊國竭盡拉攏之能事，對韓、魏則不斷打擊。如公元前三二三年，張儀遠使齊、楚，與齊、楚會盟，會間，張儀厚賄齊、楚之相，秦、楚、齊遂結爲同盟，從而孤立了韓、魏。六國之間的矛盾，也是張儀利用的對象。公元前三一三年，齊以助燕王噲之太子爲名，出兵伐楚，企圖兼併之而引起諸侯強烈不滿，準備攻打齊國。當時，齊、楚結爲聯盟，秦國爲撈到好處，假裝許諾把商於之地六百里獻給楚國，而讓楚斷其與齊的盟約。楚王因貪利而相信秦國，結果齊王因恨楚斷絕關係而與秦結爲聯盟，孤立了楚國，分化了齊楚的聯盟。

張儀破縱術的成功，不論對政治家、軍事家，還是對企業家，都有著很深的啓示，這是一段值得琢磨、推敲的歷史。

攻心爲上——高超的公關術

一個政府，一個企業，都是處在一定的環境中生存和發展，與環境休戚相關。如果把一個企業看作一個封閉的系統，企業就必須從環境中獲得原材料，又要向環境中出售他們的產品。企業所處環境包括政治、經濟、新聞等社會環境，如何與這些環境獲得和諧一致，使環境爲已所用，就要使用公關術。

公關，從狹義上講就是一個企業從組織的目標出發，運用最先進的傳播手段，進行市場和生存環境的調查，找出企業發展的途徑，樹立企業良好形象和信譽。

張儀遊說六國，破了蘇秦的合縱計，很大程度上依賴於他公關的成功。攻心爲上的公關術，被張儀發揮得淋漓盡致，使秦國以較少的戰爭得到六國的順從。張儀多用嘴，用口才，而少用武力，對六國言之以理，曉以利害，有孫子的「不戰而屈他人之兵」的味道。張儀遊說韓國時，對韓王說：「韓國多是險惡之地，不適於種糧，韓國所有的糧食儲量還不夠兩年用的，韓國的士兵也不過二十萬。秦國卻有百萬的精兵，披堅執銳的秦國戰士，非常人能敵。若以這樣精兵攻打你弱小國家，如同千斤頂壓的石頭，韓國將難免於難了。」一席話，說得韓王心服口服，只得答應張儀，奉事於秦國，真如張儀所言，秦國取韓國，如同探囊取物。然而，張儀選擇了非武力的方法，避免與對方的全面衝突，而讓對方在意識到自身不利條件後，答應了張儀的條件，同樣的目的，截然相反的公關手段。攻心爲上，還使秦國在六國間樹立了「不以強欺弱」的良好形象，可謂一舉兩得。

要實施攻心爲上的公關術，首先要抓住心，摸準心的位置，找出這顆心的弱點再攻之。張儀遊說韓王的成功，離不開他對韓國形勢的利弊分析，尤其是恰如其分地抓住了韓國力量小，經不起秦國攻打的特點。因此，攻心爲上的公關術，就要站在對方的立場，考慮對方的所需所欲，考慮對方的強弱點，然後利用自身的強項去攻打對方的弱點，沒有不成功的。

企業要發展，離不開市場，離不開顧客的支持。抓住顧客的心，攻心爲上，是企業在進行生產、促銷、樹立自身形象的一切活動的出發點。韓王因要求安全，怕秦王攻打，所以才答應張儀的條件。顧客是企業活動的最終對象，也是企業公關的重點對象。如果缺乏對顧客的了解，缺乏對顧客需求的分析，企業開發出的產品很難確保有市場，特別是難以保持與顧客的長期聯繫。只有讓顧客誠心誠意掏錢購買的產品，才是成功的產品。

攻心爲上的公關術是建立在知已知彼的基礎上的。不認清自己的優勢，即便摸準了對方的心，也找不到攻心的策略。在談判桌上，雙方溫文儒雅，攻心便是最佳策略，談判的雙方是一對對手，但不是要決出勝負的對手，談判沒有勝負，只有互相讓步。於是，體諒對方的難處，擺出自身的目標和難處，尋求一種雙方滿意的方案，有賴於攻心術的應用。甲方不了解乙方，乙方不了解甲方的談判，很難達成一致協議。只有甲方主動地去了解乙方的難處及對我方的要求，再加上認清自身的目的和有利的條件，才能做出令對方心服口服的舉措。

攻心爲上，絕不是不顧對方利益，而是在考慮對方的利益基礎上，爲自己的發展創造良好的環境。

各個擊破——企業佔領市場的重要手段

市場是如此的廣闊，使一個企業只能佔領其中的一部分。在市場細分基礎上，確定企業的目標市場，是每個企業都要考慮的事情。

秦國強於六國中任何一國，張儀採取「遠交近攻，分化離間，各個擊破」的策略取得了成功。試想，如果秦不顧六國之實力，而採取一步到位，全殲六國的策略的話，秦的後果將是不堪設想。一個國家尚且注意到各個擊破，不冒過大的風險的做法，一個企業在佔領市場中更應該如此。

市場細分理論認為，根據購買者的需求不同，按一定的標準把一定市場劃分成若干個不同的購買者群體，以便選出企業的目標市場。在競爭白熱化和國際化的形勢下，集中企業的所有資源於細分市場上，對企業的發展至關重要。人們需求的多樣化，各行業存在的極大差異性，迫使一個企業不能滿足所有市場的要求，而只能分而佔之。

張儀先與遠離秦的齊、楚訂立聯盟，而把與其接壤的韓、魏作為其攻擊的目標，是基於兩國力量弱小，又因版圖相連，若攻打下去便可擴大秦國的地盤，圖謀更大的事業。張儀若選取齊、楚作為其最先攻擊的對象，那麼他在出兵齊、楚時，有可能引起韓、魏的不滿，而起兵攻秦，使其腹背受敵，後果不堪設想。企業在選擇目標市場時，也要注意市場佔領的難易程度的問題。一般而言，企業在選擇目標市場之前，要對所細分的市場進行評價，決定哪個市場更有助於企業目標的實現。

企業為了將力量更集中於細分的目標市場，需要把目標市場絕緣起來，使其完全暴露在企業的火力之下，如同張儀在與齊、楚訂立聯盟後再攻打韓、魏一樣。企業可以透過目標明確的廣告戰略，喚起目標市場消費群體的注意力，還可以透過直銷、開展示會等手段與消費者進行直接的接觸，刺激他們的購買欲望。在市場經濟條件下，公司、企業成千上萬，他們針對各自的目標市場會採取許多意料不到的策略。鞏固自身目標市場的消費群體，使他們對企業的產品一直保持忠誠，而不受其他公司、企業產品的影響，就要在絕緣目標市場顧客群上多作文章。

隨著目標市場的各個擊破，企業的實力在不斷地擴大，可以擊破的目標市場就更大。

◎張騫通西域

西漢時期，「西域」有廣義和狹義之分。廣義的西域是指玉門關（在今甘肅敦煌以西）、陽關（在今敦煌縣西南）以西的中亞、西亞及至歐洲等地區。狹義的西域指天山以南、崑崙山以北、蔥嶺（今帕米爾）以東的塔里木盆地並立的三十六個小國。公元前二世紀初，匈奴貴族勢力伸展到這個地方，設官監視、徵收苛稅、掠奪和奴役當地人民。

漢武帝即位後，對匈奴發動了多次戰爭，互有勝負。建元二年（公元前一三九年），漢武帝又下令第十一次對匈奴用兵，爲了更有把握戰勝匈奴，想派人去聯合大月氏國，共同夾攻匈奴。大月氏原居住於敦煌、祁連之間，文、景時期，爲匈奴所破，建國於媯水（今阿姆河）流域。要找到大月氏國，一定要經過祁連山下的沙漠草原地區，這些地區，正是匈奴佔領的地方。同時，一路上人煙稀少，糧食缺乏，沙漠地帶沒有水，又沒有人帶路，困難重重。漢武帝只得發布命令，公開招募使臣。

張騫本來在宮中擔任「郎官」，他曾研究過匈奴的問題，反對和親，主張作戰，爲了保衛漢朝和北部人民免於匈奴的騷擾，他報名去大月氏。於是，武帝任命他爲出使西域的使臣，隨行還有堂邑父一百多人。他們離開長安，經過隴西郡（今甘肅南部），渡過黃河的上游，到了河西，在祁連山下偷偷地進入了匈奴人活動的地區。一天，他們正在走著，突然遇到匈奴的一隊騎兵。他們全部被匈奴扣留，押送到匈奴單于王庭（今內蒙古呼和浩特一帶），整整囚禁了十一年。匈奴單于對張騫威逼利誘，都沒有使他屈服。後來乘匈奴人的疏忽，他才逃出來，又繼續西行，張騫連走了數十天，到達大宛。大宛熱情接待他，並派嚮導和翻譯送他到了康居（今錫爾河下游及其以北的地區），再由康居轉到大月氏。這時大月氏佔據了大夏（今阿富汗北部）的故地。他們在那肥沃的土地上，安居樂業，忘記了對匈奴的仇恨，不想再去攻打匈奴了，並且認爲漢朝離大月氏太遠，結成聯盟來左右夾擊匈奴實在太困難。這樣，張騫只得啓程回國。途中又被匈奴人捉住拘留了一年多。公元前一二六年，匈奴單于死，發生內亂，張騫逃了出來，返回長安。

張騫這次出使，前後經過了十三年，歷盡了千辛萬苦，跋涉萬餘里，他把沿途了解的風土人情、地形物產和政治軍事情況，向漢武帝作了匯報。

公元前一一九年，漢朝進軍漠北，匈奴向西北退卻，依靠阿爾泰山以南的人力、物力和漢朝對抗。因此，怎樣徹底割去匈奴右臂的問題，便被提到議事日程上來。這一年，張騫建議再次出使西域聯絡烏孫。於是，武帝任命張騫爲中郎將，派他第二次出使西域。

這時，漢朝已佔有河西之地，河西走廊暢通無阻了。因此張騫率領的大使團，經過幾個月的長途跋涉，順利地到達了西域的烏孫國。由於烏孫內部正有爭權奪利的紛爭，又對漢朝的情況不了解，只答應先派人到漢朝看一看。這次出使西域，原定的目的雖未達到，但張騫派副使分別訪問了中亞的大宛、康居、大月氏、大夏等國，擴大了影響。張騫自己則帶領數十名烏孫人回到長安。這些烏孫人是第一次到中原地區來的西域使者。他們到長安後，漢武帝贈給他們許多禮品，他們也看到漢朝很強盛，這才放心與漢朝結好。

誠招天下客——企業公共關係的目標

公共關係是一門現代綜合性的管理藝術，它運用多種科學技術、多項藝術手法和高超的管理技巧，把自然科學、社會科學和管理科學有機結合起來，爲企業的經營管理服務。透過公共關係可以對內調節、對外宣傳，擴大本企業的社會影響，提高企業的知名度，完善企業在公眾心目中的形象，爲企業的生存和發展創造良好的輿論環境和社會環境，可使企業獲得巨大發展，在競爭中贏得勝利。良好的公共關係可以爲企業各種決策提供諮詢意見，也能有效地增強社會群眾對企業的了解與支持，加強與它的合作，也能促進企業與同行業間的業務交流，促進產品銷售，擴大企業生產。當前，世界上很多國家經常透過各種各樣的展覽會、交流會等形式達到同行間交流的目的。

張騫兩次出使西域，其歷史意義不僅在於聯合大月氏，來夾攻匈奴的政治、軍事目的，更爲重要的是他開闢橫貫亞洲內陸的東西交通要道，到過各個國家宣傳漢朝，擴大漢朝的影響。以此，漢朝和這些國家都不斷派使者互相來往，保證了各國之間的邊界的安定。他們彼此間又積極政治訪問，學習各國的先進技術和擴大各國間的經濟貿易往來。漢朝爲了便於與這些國家的往來，修築了令居（今甘肅蘭州市西北）以西的道路，沿途設亭驛。

張騫兩次出使西域，開闢通往中亞、西亞各國的道路有兩條：一條是由玉門關經鄯善（今新疆若羌東北），沿崑崙山北麓至莎車（今新疆莎車縣），西越蔥嶺到大月氏、安息等國，稱爲南路；另一條是由玉門關沿天山南麓西行，越蔥嶺到大宛、康居等國，稱爲北路。漢朝和外國的商人正是透過這兩條道路從剛開始的了解溝通，到後來的貿易往來。中國是使用蠶絲最早的國家，到西漢時期，絲織業得到進一步發展。到了公元前五世紀，我國的絲綢開始西傳，成爲西方國家上層人士必不可少的珍品。所有的這些，都加深了西方對中國的依賴和影響力，而且透過從溝通到貿易繁榮國內的經濟，增強了國力。

故張騫出使西域，從對西域各國的完全不了解，到互相接觸、溝通，到最終的來往、訪問、貿易，都是出自於開始的一種願望——互相了解，才有後來輝煌的成果，這個道理是值得認真學習和繼承的。

正確的決策來自於周密的調查

企業進行經營決策必須以外部環境爲依據，必須對外部環境進行深入地研究。外部環境的研究對企業經營決策是十分重要的，這是因爲企業是組成整個社會經濟體系的一個基層性的小系統，整個社會是它的生存和發展的土壤，無論是社會的發展、社會經濟的變動，還是市場的變化、國際形勢的發展，都對它直接或間接地發生作用，產生嚴重的影響，左右它的發展。在這種外部環境中，企業要健康生存、順利發展，必須適應社會環境的各種要求，滿足市場的需要，使自己的生產經營與整個社會的需要，與社會經濟的發展和商品市場的變化等，協調一致，密切銜接。要做到這一點，最關鍵的工作就是要使企業的決策者站得高，看得遠，做出比較穩定的符合環境長遠發展趨向的決策。這些正確的決策必須是經過認真研究實際情況，掌握大量真實可靠的數據，且搜集資料數據、發展動向、環境情況和限制條件，然後加以歸納、總結，最後作出決策。

在這個故事中，張騫在第一次出使西域中，兩次被匈奴所擄，兩次成功地從匈奴的大本營中逃脫，這都是張騫善於觀察形勢，遇事隨機應變，抓住時機逃離。在第一次被扣留期間，前後經歷十一載春秋，張騫大智若愚，內心不屈服於來自匈奴的各種威逼利誘。因爲他知道匈奴的地理位置，即使逃出了居住區，他也會在茫茫沙漠之中迷失方向，最後還是死路一條。因此，他表面上好像完全屈服，喪失了意志，安心在那邊生活，實際上他是在受密切監視的情況下，尋找和搜集各種對自己有用的資訊，如設防漏洞、軍事部署和出逃路線，掌握大量材料，以減少他最終逃脫的失敗的可能性，可見，他時刻沒有忘記自己的神聖使命，其意志的堅定超出常人的想像。儘管匈奴單于賜給他一個匈奴女子作爲妻子，而且生了兒子，但他還是沒有被同化，反而藉機麻痺敵人，使他們放鬆對他的警惕，這就爲他的出逃創造了條件。由此可以看出，張騫是多麼明智，他沒有把眼光放在眼前的利益之上。在第二次被捕時，張騫再次表現出他善於觀察形勢和匈奴國內發展動態，時刻關心祖國的命運。在匈奴內部發生內亂，別人均忙於內部的爭權奪利之時，對他放鬆了監視，故他抓住這一契機又逃了出來，返回了長安。因此，調查的詳細與否直接關係到張騫出使的成敗。在現今的企業管理決策之中，其精確與否主要還是在於是否進行了全面的調查與分析。張騫的那種執著的調查研究態度是值得我們藉鑑的。

◎文成公主進藏

唐朝初年，在西藏高原上出現了一個強大的民族政權吐蕃—吐蕃（現今四川、青海、西藏一帶）地方大，民性悍，是個不易被征服的國家。到七世紀中葉，吐蕃出現了一位新國王—松贊干布。

大業元年（公元六〇五年），松贊干布出生於澤當（今拉薩東南）。在其當政期間，由於吐蕃和當時在其西部的另一部落羊同不斷發生戰爭，促使松贊干布欲與唐朝保持和平親密的關係。貞觀八年（公元六三四年），派使臣到達長安，七年後又派祿東贊爲使者來唐，兩次向唐太宗提出聯姻事宜。

當時的太宗只有文成公主，故對異邦的求婚很感頭痛，內心也不願意把最親愛的女兒從泱泱大國送到「蠻夷」之域去，但冷靜一想，覺得吐蕃這個國家不可輕視，若不應允，很可能會惹出麻煩，於是一口應允了把文成公主嫁給吐蕃王。

可是，後來又有天竺（印度）等四個鄰國派使者來唐提出同樣的願望，若冷落了這些國家人亦不妥當。幸虧對吐蕃國還只是口頭應允，尚未公開宣布，有迴旋餘地，於是，太宗想出了一個兩全其美的辦法：他出了三道難題，要求所有求親特使當面解答，答得最好的，其國王可迎娶文成公主。吐蕃特使祿東贊順利解答了這三道難題，唐太宗於是宣布將文成公主嫁給吐蕃王，而其餘特使對此解決辦法也表示信服，歸國稟報，各國王亦不得不認同此解決辦法。

唐太宗派禮部尚書江夏王李道宗護送公主入藏，松贊干布令人在沿途準備了馬匹、犛牛、船隻、食物和飲水，以示對公主的歡迎，減輕公主旅途中的辛苦，並親率大隊侍從和護衛人員從邏些（今拉薩）起程到青海去迎接陪同文成公主到達了邏些。

文成公主進藏使漢藏關係翻開了新篇章，雙方均贏得了和平穩定的外部環境，爲內部的經濟文化發展創造了有利條件。可以說，唐朝的「貞觀盛世」及吐蕃國隨後在文明史上的巨大進步，都與這一事件不無關係。尤其是吐蕃國方面，由於中原先進技術和文化的傳入而出現了巨大的變化和進步。從文成公主進藏後，開始出現了手工業和手工製品及小塊的農田，學會了防止水土流失和土地平整，上層人物也開始不再住帳篷而改住房屋……。

文成公主進藏由於其影響巨大而成爲歷史上的重大事件。如果從現代公共關係學的角度來對此進行分析，則唐太宗和松贊干布都可謂是公共關係的專家，他們在處理與外部國家、部落關係的策略和技巧上都顯示出了其強烈的公關意識和聰穎的智慧。當代企業家應能從這個歷史故事中得到深深的啓迪。

和爲貴——公共關係追求的境界

從這個故事我們可以看出，文成公主進藏的全過程表現了「和爲貴」這個中心思想。雙方謀求和諧的外部環境的公關意識使文成公主與松贊干布最終得以完婚，也使兩國在和諧親密的關係中得到了更好的發展，唐朝出現了「貞觀之治」的盛世，吐蕃國也從此向文明社會大大地邁進了一步。

「和」同樣也是現代企業公共關係的一種崇高境界。和實生物，和氣生財，和平生寧，和諧生美，和美生福，一句話，和爲貴。公關活動的根本目標，就在於追求組織之間、人際關係之間關係的和諧。無論古今中外，無論政治、文化、軍事、經濟、外交等領域，都概莫能外，企業公關亦是如此。

企業外部公共關係的根本目的是爲了本企業的生存和發展創造更好的外部條件，但如何達到這個目的呢?不同的觀念和不同的處理方法，對組織來說，會導致迥然不同的結果。公共關係是爲企業利益服務的，而任何企業或組織都是與其他組織處於緊密相聯、休戚相關的社會環境之中的。

一個組織的發展，並不像狹隘自私的人所想像的那樣，必須以損害他人的利益爲基礎和前提，也不是與周圍的整體環境漠不相關。一個高明的公關人員，應該是能高瞻遠矚、獨具慧眼地看到其他組織的存亡興衰對本組織的深刻影響，並善於化不利因素爲有利因素，透過幫助別人、成就別人來更好地促進自身的發展。反之，一個低能的公關人員，以爲只有損人才能利己，只看見一時的利益，以鄰爲壑，見危不幫，甚至只知一味地損害別人，其結果是害人並沒有真正利己，反將最終自食其果。所謂的「城門失火，殃及池魚」，「唇亡齒寒」等古語啓示我們的正是這個道理。

因此，對於企業的公共關係來說，不僅要正確處理好企業內部的關係，而且要正確處理好本企業與鄰近組織、同行及相關組織的關係，採取相互支持、相互促進的方略，以求得共同發展；不僅要爲本企業創造經濟效益，而且要兼顧社會的整體效益。故公關人員尤應切記「和爲貴」的原則，莫忘得道多助，多助必興，失道寡助，寡助必亡的古訓。

實際上，世界上的著名企業都已經高度重視企業外部公共關係的和諧問題，這方面成功和失敗的事例都多得不勝枚舉。美國波士頓公司所屬的「神秘膠帶」公司在芝加哥郊外有一座分廠，到一九七三年時這裡發展成一個繁榮密集的地區，工廠雖很注意生產過程中的污染問題，但其臭氣仍不能有效控制。工廠邊上有一所公司捐助的中學，長期在遭受污染的環境中學習，師生們對工廠不負責任的抱怨日漸強烈，並引起家長和社區居民不滿，揚言要訴諸法律。面對這種狀況，工廠沒有迴避矛盾，他們採取了積極的措施，從根本上改變了緊張狀態：第一，投資建造焚化爐，基本解決了臭氣問題；第二，聘請專職公關專家處理社區公眾的有關問題；第三，調查了解公眾對工廠的態度與意見，並用小冊子向公眾介紹本廠的產品及對社區的貢獻；第四，邀請各界人士參加焚化爐安裝儀式並參觀焚化過程；第五，高級主管到那所中學進行演講，介紹工廠的歷史及現在情況，並為中學設立「優異學生獎」。這些措施很快有了效果，社區公眾及學生的抱怨和不滿漸漸消失，工廠的形象日益提高。

這個成功的例子說明，企業的外部公共關係工作是重要的話。試想，如果該工廠不是以積極的態度，採取了多種措施，聽任社區公眾將問題訴諸法律，則工廠將會面臨極其尷尬的局面，不僅形象一落千丈，而且經濟上亦必然要遭受更大的損失。

誠然，企業外部公共關係絕非僅僅社區關係一個方面，在現代經濟社會中，它還包括了其他多方面的關係，主要有：顧客關係、媒介關係、政府關係、競爭關係等，如何與這些方面的組織搞好關係，同樣是企業公關人員應予以高度重視的問題。

公正性——公共關係的重要原則

唐太宗在五方求親但卻只有一個公主的情況下，透過「考試」的方式終於公正地解決了這個問題，避免了厚此薄彼的嫌疑。由於給了五國以平等的機會，不僅令祿東贊高興而歸，亦令其他五國使者不得不服，唐朝與此四國的關係亦未因此而出現不快。這些都是因為堅持了公正性原則所帶來的好處。

公正性原則在處理現代企業與外部各方關係時同樣是重要的，這個原則不僅適用於企業與外部多方的關係，也適用於與某個單一組織的關係。

所謂公正，是指公關人員對人、對事都要站在公正的立場上，採取公正的態度。「公正」二字，「正」是基礎，爲人正直才能處事公平；「公」是前提，對人對事出於公心方可立得端、行得正。唐太宗用「考試」來確定可以迎娶公主的國王，這種辦法就表現了「公」和「正」，「公」者，即爲了與各方友好和睦相處；「正」者，爲各方提供了均等的機會。

要做到公正，首先要掌握事實，了解實情，如果掌握的情況不全面不準確，想公正也公正不了；其次要明辨是非，如果掌握了事實，但不能明辨是非，指鹿爲馬，顛倒黑白，則公正依然無法實現；最後要有戰略的眼光和坦蕩的胸懷，即要具有長遠的，全局的觀念，斷事不以私情，否則，處事時就可能鼠目寸光，或藉公正之名卻行歪門邪道，亦無公正可言。可見，要做到公正，此三者缺一不可。

企業在處理外部關係時，能否做到公正，很可能是關係到企業生死存亡的大事，企業家及公關人員對此不可不察也。坐落在大阪市郊區的可尼公司未能堅持公正性原則導致的慘敗便是極好的反面教材。該公司是一家生產電器的公司，有段時間從公司傳出一條消息：公司的兩名董事擅自挪用公款建造私人住宅，並夥同一財務人員貪污公款二千萬日圓。當地一家報紙得知後，爲弄清此事，派記者A君到該公司調查，這使公司董事大爲惱火，竭力設法阻撓A君的調查。先給A君製造見不到調查對象的困難，進而採取威脅的手段想使A君退卻，如給A君寫恐嚇信、打碎A君家裡的玻璃，未能得逞後又來軟的，董事們宴請A君並以重金收買，可A君不爲金錢所動，並撰文揭露此事。在調查快要有結果時，董事們終於狗急跳牆，僱用黑社會殺手暗殺了A君，想以此來結束此事。然而事與願違，人們知道A君被殺真相後，頓時輿論嘩然，群情激憤，社會各界人士聯合抵制該公司產品，又將兇殺案訴諸法律。最後，公司只得倒閉，董事們也受到了國家法律的制裁。

此事件中，可尼公司的應付措施既無「公」的態度，更無「正」的行爲，最終是自取滅亡。這血的教訓值得我們記取。

名人效應——公共關係的催化劑

吐蕃國與唐朝的聯親由太宗之女與吐蕃王松贊干布來實現，這是最佳的人選。由於兩人在各自國家中均是重要人物，使此事件在密切雙方關係上發生了重大的影響作用，這實際上就是「名人效應」是符合現代公共關係學原理的。

現代公共關係學的研究表明：公共關係或公共關係活動中，有無名人名流的參與，其效果是截然不同的。因此，企業或組織與社會名流建立起各種方式的往來關係，對企業或組織是十分有利的。這裡所說的名人或名流是指在公眾輿論和社會生活中有較大影響的人物，如黨政要人、工商界、金融界的實業家，科學、教育、學術界的專家學者、文化、藝術、體育界的名流，以及新聞、出版界的重要人物等等。由於這些人物往往是新聞輿論或公眾輿論注意的焦點，知名度高，因此，與他們建立良好的往來關係，利用他們巨大的影響力，將能大大地增強企業公共關係活動的效果，爲企業組織創造良好的輿論氣氛起到催化作用。企業組織與名流建立良好的關係，至少有三方面好處：

首先，與社會名流建立良好關係，能充分利用他們的見識、專長爲企業組織的各種決策提供有益意見。名流見多識廣、交往廣泛、資訊靈通，在與他們的交往中可獲得廣泛的社會資訊、專業資訊，以指導企業組織的生產、經營、公關等各種活動。

其次，與社會名流建立良好的關係，能透過他們良好的社會關係網路爲企業組織廣結良緣。有些社會名流有著廣闊的社會關係網路，或在某一方面、某一領域有特別大的影響，企業組織可以透過他們與有關公眾對象疏通關係，擴大社會交往範圍。

最後，與社會名流建立良好的關係，能藉助他們較高的社會聲望，提高企業組織的知名度。有些社會名流有較高的社會地位，或在某一方面某一領域有較突出的貢獻，具有權威性，或是公眾心目中的「英雄」、「明星」等。企業組織透過重要的公眾關係活動，將企業組織的名字與這些社會名流的聲望聯繫起來，利用公眾崇拜名流的心理，可以提高企業組織在公眾心目中的地位。

總之，企業組織與社會名流建立良好關係，將使企業組織的公共關係工作取得事半功倍的效果，因而應是企業公關工作的重要內容。誠然，一個企業的財力有限，建立名流關係應該有所選擇，量力而行。白雲山製藥廠就是巧妙地利用「名人效應」創出了名牌企業的聲譽和形象。有一次廠方獲知中國東方歌舞團出訪回國路經廣州，便立即派人前往歌舞團駐地，送去了消除疲勞的新藥A.T.P腸溶片，贈與試用，歌手們大贊其療效。此消息很快成為新聞，廠為傳播，白雲山製藥廠的產品與行爲也受到了稱讚。此外，廠方還邀請各方知名人士來提意見，如香港某著名演員在參觀工廠時，對感冒清的包裝提出了改進意見，這不僅對銷售工作起到了促進作用，而且消息見報後還提高了企業的知名度。

可見，「名人效應」實乃公關增效的催化劑。若能巧用「名人效應」，必將助你公關成功。

◎烽火台傳信

在古代，沒有電話、傳真機和通訊衛星等設備，人們是如何進行資訊交流和資訊溝通的呢？信件是其中的一種，但傳遞時間過長，容易造成資訊過時；白鴿傳書或許可以加快傳遞時間，但也只限於一對一私人間的資訊流通；軍中快馬，則適用於戰爭部隊行軍中前後軍的資訊傳送；而烽火台的出現則大大加快了資訊的傳播速度和傳播面，是古人智慧的結晶，也是適者生存的結果。

關於建造烽火台的見解由誰提出，以及烽火台最早運用於哪個年代，已成了考古家、歷史學家的研究課題，即便如此，烽火台對古王朝的意義卻不容忽視，特別在戰亂年代，其意義更爲深遠。透過在地勢高的地方構築——平台，專供燃放指定的各色煙火，向遠方傳遞軍情，這便是構築烽火台的本意。古代將領從觀察到烽火台燃放煙火的顏色中，清晰而又及時地掌握了前方的動態，爲其運籌帷幄、決勝千裡提供了依據，同時在戰鬥中贏得了主動權。在古王朝國界上所修建的防禦工事中，往往每隔幾十米便有一個烽火台，使烽火台成了密切注視敵方行動的瞭望台，成了無聲的傳聲器，其作用類似於兩軍對壘中的金和鼓。它是一種最高指示，是一系列信號的集合體。

烽火台的作用不僅僅在於向己方及時地反映情況，特別是突發事件，如敵軍夜間偷襲，更重要的是給對方一種威懾力量，使其不敢輕舉妄動，有效地阻止了他們的一些進攻。烽火台有時還被作爲迷惑敵方的工具，透過對特定顏色的不同含義的設計，採取逆常思維，給敵軍一假象，如當我方前後受敵時，可利用烽火台假裝遭偷襲，或假投降，而誘騙敵方深入我軍腹地，從而殲滅之。後來，人們透過大膽想像，不僅在烽火台上燃放各色煙火，還用樹旗來傳送特定信號，使烽火台的作用越來越大，傳遞出的資訊量也愈來愈多。在以後的戰爭中，每佔領一山頭，就插一面己方的旗來表現勝利的作法與烽火台也有聯繫。

隨著科技的進步、發展，電子業的興起，人們可以在瞬間知道遠在萬里之地所發生的事情，通訊事業的發展絕非古人可想像。於是，烽火台成了歷史陳跡，供遊人觀賞，慨嘆古人智慧之用。每當面對烽火台，似乎可見當年刀光劍影、硝煙烈火，從其產生到消亡的過程，給世人留下了深刻的啓迪。

資訊——現代化管理的前提條件

目前，對資訊概念的認識在學術界還沒有統一，可謂仁者見仁、智者見智。在系統論中，資訊被認爲是一個系統組織化程度的表現；而在控制論中，資訊則被認爲是一種普遍聯繫的形式。被絕大多數人所接受的資訊概念則被認爲是可被利用的數據，它包括小到一個數字、一個單詞、一句話，大到宇宙空間星群，資訊遍布四周，因而有人稱當今乃「資訊爆炸的年代」。如何從多如牛毛，雜亂無章的資訊世界中迅速查找出對自己有用的資訊，並加以處理、運用，是實現現代化管理不可缺少的前提條件。

資訊是管理決策的依據，是管理的靈魂，一個簡單的資訊也許就包含著無數的機遇，如某某上市公司要在最近配股的消息一公開，就引發了股市的動盪和變化。人們依據這條消息及自身的知識、經驗作出獨特的判斷，並貫徹到行動中去。離開了資訊，決策就成了無源之水、無本之木了。供決策的資訊可能來於各個方面，生產、財務、銷售，來於各個渠道，報紙、電台、與朋友的交談、屬下的會報、上級的指示等。但決策的過程無非就是，搜集資訊，根據資訊資料分析、預測未來趨勢，並作出最佳判斷，決策正確與否，與所得到的資訊的真實性、全面性、及時性有密切關係。一個決策正確與否，在於它轉變爲實際行動後，從實際中反饋來的資訊是否與預期目標相吻合。所以，作爲管理者，不可不重視資訊。

資訊在管理中的作用，還表現在它是組織的經脈，資訊是組織上下層溝通的內容。如何構築一通暢的資訊溝通渠道，往往是一個管理者在組織設計過程中要遇到的問題。這個問題處理得好，溝通渠道順暢了，在管理上就見效益了。烽火台傳送訊息，可以在極短的時間內將資訊傳送到目的地，這是它在古代被廣泛採用的原因之一。在組織的每一個層次都產生出巨大的資訊，如何把有用資訊從下到上綜合起來，從上到下傳達下去，就需要考慮管理層次和管理幅度的問題，管理層次越少，資訊集合、傳達速度越快；管理幅度即指一個管理者所直接管理之人數的多少，幅度越小，漏掉的資訊就越少。在一個金字塔的組織結構中，一個資訊從上到下經過幾次傳送後容易變樣，處於金字塔頂端的人不容易聽到處於最底層的呼聲，古時帝王爲民體恤者少的一個原因也在於一人在上的金字塔結構，這樣，資訊流通受到了阻礙，內部流通缺少了，組織者、管理者不了解具體的情況，這樣的組織是遲早要腐朽的。所以，在龐大的跨國公司或有成就的企業裡，常常見到類似總經理信箱的設置，專門用於職工提建議，體恤民情。因此，資訊猶如組織的經脈，其通暢與否關係到一個組織的存亡。

僅重視組織內部資訊暢通還不夠，一個組織還需要有一套機制與外界資訊能自由溝通、交換。

烽火台的設置，可以看作內外資訊溝通的窗口。一個組織不同部分對環境的依賴程度不同，對外界資訊依賴程度也就不同。對一個企業而言，其銷售部面臨著瞬息萬變的市場，市場主宰著企業，因而銷售部必須時刻關注市場動態，掌握諸如市場佔有率、競爭對手優勢、近期行動等有關資訊，並對這些資訊迅速作出反應。因此，一般而言在銷售部門內管理層次較少，管理幅度不宜太大，而且允許每位成員就市場發表見解，力爭發現最佳市場機遇和最好的市場營銷策略。因此，自由地與外界作資訊交流，是健全組織不可少的條件之一。

資訊的獲取和處理可以利用現代化的設備，電腦是運用得最爲廣泛的一種。發展至今，資訊已被人們分門別類地劃入不同系統中，從而實現了具有特定功能的管理資訊系統。CIMS（電腦集成製造系統）的出現，更是把資訊貫徹於一個企業的每一角度，從資源、生產、銷售、計劃、決策全部資訊化，用電腦加以處理，輔助生產、輔助決策。可以說，電腦的應用使資訊的作用如虎添翼，人們不再煩惱於成千上萬的數據的處理了。要實現管理現代化，與電腦及資訊已經分不開了。

憂患意識——成功的意識

古人並非無緣無故設置烽火台，而是源於內心的一種恐懼、擔心，對外來侵略的擔心，從而轉爲對社稷安危的擔心，這就是憂患意識。在憂患意識的驅使下，產生了烽火台，從而減少了危險，增加了安全感，社稷才得以保存，離開了憂患意識，不能做到居安思危，要想成功是很困難的。殊不知古人還有「狡兔三窟」之說，要做到「高枕無憂」尚須努力。

憂患意識是企業成功人士所應具備的品質。商場如戰場，雖無槍林彈雨，但也是荊棘叢生，競爭激烈。在同一行業內，面臨著同樣的市場，如何佔領最大份額的市場，同時保持住這個市場份額，抵禦其他企業的進攻，這些使企業家整日不得安寧。開放的市場經濟，風雲突變的國際經濟，即使一些大財團、大銀團也不敢小窺環境中存在著危險的因素，在逆水行舟，不進則退的殘酷競爭中，企業家不得不養成一種憂患意識，並且只有具備了這種意識，他才會表現得不滿現狀，銳意進取，從而勇往直前。日本新力等世界著名公司在其成長的路上時刻都準備著應付意外事件的發生，從而一步步地戰勝對手，開發新產品，佔領市場，開發新市場，連續不斷地進取，才有他們今日的地位。誰想靠運氣在國際市場上揚威只可能有一次！要永遠保持住你的領先地位，必須具備憂患意識。

憂患意識的深刻內涵在於正確地洞察存在於未來的風險，這不是對一般人的要求。有人預感到了某種危險，但沒有採取行動防患於未然，他也不能成功。只有準確地預測到了危險並採取有效的措施去防止它的發生，才算是真正的憂患意識。當一個企業在一個市場面上一帆風順時，你是否意識到中國復關後所帶來的風險，因而在產品成本、產品質量、銷售渠道、內部管理上下功夫而防患於未然呢？禍起蕭牆的古訓，告誡人們的不就是要有憂患意識嗎？一個企業發展不是自身能完全決定的，它與外界環境變化有關，因而企業在成功時居安思危，在陷入困境要有洞察未來的機遇，並從今準備迎接機遇，這樣的企業才能起死回生。一個國家經濟的發展亦是如此，經濟的高速度增長往往伴隨著高的通貨膨脹率，於是高的經濟增長速度下是否意識到高通脹率會反過來損害經濟的發展呢？有沒有什麼手段來抑止通脹率的增長呢？這便是憂患意識。

憂患意識不是與生俱來的，淵博的知識，廣闊的視野是他的基礎，不然你是如何在一片大好聲中準確地抓住那個剛冒出頭來的危險因素，而殺其於襁褓之中呢？一個企業、一個國家的發展往往是在保護其有利因素的成長，剔除其不利因素中交織上升的。憂患意識的養成絕非一日之功，他需要平時不斷地觀察、分析，直至找出事物發展的規律。企業採取了一項新措施，會帶來企業內外的哪些變化？對於這一問題，只有熟知企業情況及運作規律的人才能很好地作出答案，才會從答案中找出「隱患」。僅直覺、憑感覺是不足以作爲發現「隱患」的依據的，只有科學地分析與預測才是根據。

優秀的企業家、管理者都必須重視憂患意識的培養，爲企業憂患、爲國憂患，都是有志者的特徵，也是走向成功的新起點。

15 選才

◎燕王噲禪讓與燕昭王招賢

燕國是戰國時期北方的一個大國，擁有數千里土地，數十萬兵卒，但國力並不強。燕王噲即位以後，有鑑於鄰國之強和燕國之弱，打算進行改革，振興燕國。燕國丞相子之是個專橫而善於玩弄權術的人，與齊國大臣蘇代關係甚密。有一次，蘇代出使燕國，在燕王面前說，齊王不信任他的臣子，因此，齊國不可能強盛稱霸，而要使國家強盛，就必須信任大臣。蘇代這樣說的目的就是要讓燕王信任子之。燕王聽信了蘇代的話，放手重用子之。接著，燕王的手下又有人建議燕王學習堯、舜：「把國家的管理大權讓給子之。」不明事理的燕王噲答應了，把君位「禪讓」給子之，並把俸祿在三百石以上的大臣的官印都收回，交給子之另行任命。結果，沒多久，天下便大亂，百姓無法安居樂業，齊國趁機派兵攻打燕國。於是，造成了「士兵們不戰而退，城門洞開，燕王噲死，子之亡」的可悲局面。這就是歷史上有名的燕王「禪讓」誤國的悲劇。

當時，齊兵攻燕，燕國的百姓不甘心接受亡國的命運，聯合起來將齊兵打退，並找回太子職，立他爲王，這便是燕昭王。燕昭王即位之後，面對因連年戰亂而變得滿目瘡痍的國家，立志不惜代價，廣招人才，復興燕國，期待著有朝一日能報仇雪恥。爲了得到賢才，昭王晝思夜想，寢食不安。燕國有位名士叫郭隗，昭王聽說他年高望重，便前往拜謁，請教招賢之策。昭王問郭隗：「先生，齊國趁內亂之機，發動突然襲擊，攻戰了我們的國都，搶奪財寶，殘害百姓，爲人民所痛惡。但我深知，目前燕國地小力弱，國破民窮，無法馬上去報仇。我想找尋一大批有真才實學的人同我一道改革政治、振興國家，向齊國討還血債。請您告訴我，這件事應該從哪裡著手呢？」

郭隗沒有正面回答，他首先從有什麼樣的國君就會有什麼樣的臣子談起，講述明君重才的道理。他說：「凡能成就帝業的君主，總是與可以做自己老師的人在一起；能行王道的，總是與可以做自己良友的人在一起；而那些亡國之君，圍繞他的勢必是一些庸庸碌碌的奴才。」郭隗又說：「以我所見，作爲一國之君，能否招徠賢士，取決於他對賢士是否以禮相待。如果盛氣凌人地求賢，只有幹苦力的服勞役的肯來；如果按一般的君臣之禮去求賢，具有一般才能的人可能會來；只有完全放下君主的架子，屈尊折節地求賢，才會將才智高出自己百倍的賢才吸引過來。」「大王您誠心地博選國內的賢才，尊他爲師，天下的人聽說您拜賢臣爲師，天下有才能的人就會來到燕國。」昭王聽了之後大喜，忙問道：「那麼，選誰爲師呢？」郭隗說：「君主如果真的想得到賢才，您就不妨先從我的身上做起吧！好讓天下的人都知道，像我這樣不才的人都受到了您的尊重和重用，何況那些德才大大超過我的人呢？這樣，國內外的賢才也就會不遠千里地來投奔您了。」昭王聽了，立即決定給郭隗蓋一座富麗堂皇的宮殿，選擇良辰吉日，舉行隆重的儀式，親自恭請郭隗住進了宮殿。自此以後，燕昭王每天都前去探望郭隗，當面向老師求教。爲了廣招賢才，昭王按照郭隗的建議，在易水河畔建造了一座「黃金台」，堆滿黃澄澄的金子，專門用來招納賢才，接待志士，這麼一來燕昭王招賢愛賢的名聲就傳開了。許多有才幹的人，爲燕昭王待士的赤誠和慷慨所感動，紛紛從四面八方來到燕國。其中，有一位齊國人鄒衍，是當時著名的陰陽五行家。他研究天人之理，頗爲善辯，號稱「談天衍」，著書立說很多，在當時頗有影響。鄒衍歷遊韓、魏、齊、趙等國，都受到了極高的禮遇，燕昭王聽說鄒衍要從齊國來，便早早地等候在城外，看到鄒衍來了，親自用衣袖裹著掃把，一邊退著走，一邊爲鄒衍在前面掃清道路。其禮遇之重比起魏王、趙國平原君有過之而無不及。而且，在鄒衍入座時，燕昭王還把他請到老師的座位上，而自己卻坐在弟子席上，畢恭畢敬地請鄒衍以師長的身分給自己講課。爲了表示對鄒衍的尊敬，燕昭王還特意爲鄒衍建造碣石宮，供其居住。

國君有事召見使臣，乃理政之常規。而燕昭王卻不以君主爲尊，主動禮賢下士，自己如有要事，總是到鄒衍住處，登門請教。所有這些，感動了鄒衍，鄒衍終於在燕國長住下去，輔佐昭王治理內政外交。昭王大開國門，不僅歡迎知名學者，而且還把「願破齊國者」和「善用兵者」盡數收留下來，給予優厚的待遇，從而出現了「士爭趨燕」的局面。其中，樂毅從魏國來了，劇辛從趙國來了，屈景從衛國來了。燕昭王在這些賢士能人的輔佐之下，與百姓同甘共苦，兢兢業業奮鬥了二十八年，終於使燕國殷富起來。於是，任樂毅為上將軍，聯合其他諸侯國共同伐齊，大敗齊軍，攻下齊國的七十多座城池，了卻了報仇的心願。

上面兩個歷史故事，給了我們一個很重要的啓示：人才是一項最重要的戰略資源。用人的成敗，牽動著整個事業的興衰成敗。

人才是管理成功的保證。識才、重才、用才是成就事業的根本。無論是「燕王噲禪讓」還是「燕昭王招賢」，他們的出發點是共同的：都想從人才使用上入手，進行改革，從而達到振興燕國的目的，但是卻引出了截然不同的結果。

無論面對的是一個國家，還是一個企業，管理作為科學和藝術的結合體，總是立足於人的。人是能動的，是最具靈活性、適應性與決策性的資源。無論在哪一個歷史時期，識人、知人、用人，都是管理者能否成功的關鍵所在。

(1)識才。同樣是燕國的君王，為何一個成功，一個失敗呢？最主要的原因，在於一個會識才，一個卻不識士。燕王噲本身學識平庸，雖然很重才，甚至可以做出「禪讓」的舉動，但終因聽信小人讒言，不加以嚴格的審查與判斷，便將管理國家的重任全權委託給玩弄權術、勾結外國的子之，導致了國破人亡的結局。

諸葛亮有一篇文章《三賓》，其中將各種人才分為上賓、中賓和下賓，以此來量才為用。文中把「上賓」描寫為「詞若懸流，奇謀不測，博聞廣見，多藝多才」，是「萬夫之望」。可見對要委以重任的具有治國安邦之策的謀略型、決策型人才的要求是很高的。由於決策在組織的管理中的作用是第一位的，作為行為的選擇，決策常常關係到全局的成敗。謀略人才的政治地位和社會地位高於其他人才，而且其地位越高，價值越大，影響就越深遠。因此，選擇時就需要更加慎重。謀略型人才不僅要求具有又專又博的良好知識結構，而且要求有很好的道德修養。在用人之時，德行常常是考慮的首要因素。有才無德的人，「其才適足以濟其奸」，重用了有很大的危險。著名科學家愛因斯坦說過：「第一流的人物對於時代和歷史進程的意義，在道德品質方面，也許比單純的才智成就方面更大。」子之好玩弄權術，既才學平庸，又無忠良之美德，而燕王噲沒有廣泛地聽取民眾的意見，只是憑蘇代和幾個臣子的三言兩語就輕率地委之以重任，造成了可悲的結局。

與燕王噲相對，燕昭王在識才方面就顯露出作為領導者所應有的才學。昭王首先相中郭隗，他聽說郭隗年高望重，依靠的是廣泛的群眾意見，而不是一、兩個人的進言，爾後，又相中了在諸國聲望都很高的鄒衍、樂毅、劇辛、屈景等賢才。而且，他不僅廣募謀略之士，對有一技之長的人——「善用兵者」、有「常人之能」的普通人——「願意破齊國者」，都收留下來，依其才而用，並且同樣地優待他們，利用物質與精神上的激勵充分調動他們的積極性，充分發揮各種層次人才的優點和長處。要使國家昌盛富強起來，僅僅依靠幾個謀略者、領導者是不行的，必須依靠廣大的民眾，讓人人為國家盡責。這一點，對任何一個組織的管理也是同樣的道理。

(2)重才與用才。管理人才要因人而異，特別是要區別人才的層次來管理。對謀略型人才，因為他們本身的智能與素質都較高，所從事的活動具有創造性和決策性，所以，對待他們不應使用強制的管理手段，以免造成這些人才的流失，相反，應該從「誠」字入手，滿足他們物質上和精神需求，對這部分人來說，精神需求，自尊需求的滿足更能激勵他們。因而，「禮遇」是很重要的，不失為得人心的一種重要方法。燕昭王作為一個國家的管理者，首先是「拜師郭隗，金台招士」，爾後又是「厚禮待士，卑身求教」，即使對才能並不是十分突出的「願破齊國者」，也盡禮相待，十分難能可貴。與其說燕昭王是個至高無上的一國之君，不如說他是一名知人善任、禮賢下士的優秀管理者。

此外，用才時，還須注意用人之所長，無論對組織還是對個人都是十分有利的。「尺有所短，寸有所長，物有所不足，智有所不明。」人的知識和才學，由於天賦、經歷、地位的不同和時間與精力的限制，必然有所為，有所不為，即所謂「人無完人」。而管理者的責任就在於要善於識別人才的最佳才能，使用人才的「長」，只有這樣，才能更好地做到人才資源的最優配置。

(3)「千金市馬」的啓示。燕昭王剛即位，如何建立起自己愛賢重才的美名呢？郭隗利用了

「千金市馬」的心理戰術，其主要思想是：「先用五百兩黃金買一匹死去的千里馬的馬骨，以此來表示自己的愛馬之心。這個消息一被傳開，就必然會吸引那些有千里馬的人，將馬送來。這位想買千里馬的人也就因此實現了自己的願望。」郭隗受「千金市馬」的啓示，提出「大王想要得到賢士，從我的身上做起吧」。郭隗名望很好，是有名的賢者，受到新接位的昭王的特殊禮遇，這件事一定會被廣爲傳誦。藉此來吸引那些懷才不遇的仁人志士是最好的方法。這裡面實際上包含著一個如何抓住對方的心理需要，並給予不斷地滿足，最後成就事業的過程。

因此，社會發展到了今天，人們的需要越來越廣泛。現代人事管理已經發展到對「複雜人」的管理時期，人們需求層次的不斷提高，以及需求層次不同的人群的分化，越來越要求管理要因人而異，有針對性地進行激勵。比如，對創造型人才，要充分開闊其思路，讓他的創造力得以充分的發揮，採取較爲放鬆自由的管理方法，但要以利以禮對其進行激勵，培養其對組織的感情；對操作型人才，鑑於操作的條理性、規範性，主張採用賞罰分明，規範化的管理等等。

從上可以看出，「燕王噲禪讓」與「燕昭王招賢」是人才管理方面兩個很好的反例與正例，從中吸取經驗與教訓，剖析並學習其中所蘊含的管理思想，會對現代企業組織的人事管理起良好的藉鑑和幫助作用的。

◎蕭何月下追韓信

漢高祖劉邦說：「夫運籌帷幄之中，決勝千里之外，吾不如子房；鎮國家，撫百姓，給饋餉，不絕糧道，吾不如蕭何；連百萬之衆，戰必勝，攻必取，吾不如韓信」，「吾能用之，此吾所以取天下也！」張良、蕭何和韓信乃建漢三傑，漢高祖劉邦重用蕭何，蕭何月下追韓信成爲傳頌千古的識才、薦才、用才的佳話。

蕭何是一位有才、識才、惜才、薦才、不妒才的賢士。劉邦的起義軍攻入秦國首都咸陽時，諸將爭搶財寶、美女，唯獨蕭何徑直趕往官府，搜集秦國遺存律令方面的典籍，精心保護。楚漢相爭時，他以丞相身分留守關中，輸送軍隊糧餉，支援前線作戰。他的又一突出貢獻是爲劉邦發現、推薦並挽留了軍事帥才韓信，對劉邦戰勝項羽，建立漢朝，作出了巨大貢獻。

楚漢相爭時，漢王劉邦有將缺帥，蕭何心急如焚，四處覓才，終於發現了家貧位卑卻是奇才的韓信。韓信少時靠乞討爲生，無賴少年常常欺侮他。一天一個屠夫之子帶著一大幫人攔住他，要他從其胯下鑽過去，韓信略一皺眉，屈身從屠夫兒子的褲襠底下爬了過去。韓信甘受胯下之辱，一時爲人所恥笑。後來韓信投奔項羽，屢次出謀獻策，項羽不僅不採納，反而辱他曾受過胯下之辱，不配論帶兵打仗的大事。韓信氣怒之下，轉而投奔劉邦，但仍不得志。後遇蕭何，蕭何開門見山地問：「您能談談當前天下的形勢嗎？」韓信胸有成竹地分析了天下的時勢、前景以及劉邦出兵爭天下的時機和條件，十分中肯。蕭何又請韓信談談爲將之道，韓信大發宏論，提出爲將者須具備五才，即智、仁、信、勇、忠，克服十錯，即勇而輕死者、爭於求勝者、貪而好利者、心慈手軟軍紀不嚴者、有智無情恃人驕敵者、輕信他人者、疑心太重者、猶豫不決者、事必躬親包辦一切者，以及放任自流者。一個元帥果真有了五才，再克服十錯，就能攻無不克、戰無不勝，無敵於天下。蕭何聽後，贊不絕口，又問韓信若當元帥將如何，韓信對自己很有信心，於是蕭何禮待韓信，請他留宿相府，並決心向漢王極力保薦。

蕭何四次向漢王力薦韓信。第一次，劉邦不以爲然地回答：「他出身低微，曾受胯下之辱，前些天還因爲狂言惑眾，差點斬首。用他爲將，豈不可笑？」蕭何諫道：「自古以來出身卑微的將帥大有人在，譬如伊尹和姜太公。韓信出身卑微，但文韜武略，乃是天下奇才，希望大王重用他爲元帥。如果我舉薦錯了人，我甘願受錯薦之罪。」劉邦不信又不好完全拒絕，便暫封韓信當管糧的連廒官。韓信到任幾天便井井有條，上下頌揚。蕭何很高興，又不甘這樣浪費人才，便再次向劉邦推薦韓信爲元帥。劉邦仍然不願，只提拔他爲治粟都尉，韓信到任不到幾日，又一次成績卓著。蕭何第三次鼓足勇氣，力薦韓信。劉邦也佩服韓信的才幹，但又怕錯任元帥，因而猶豫不決。於是韓信連夜騎上馬，不辭而別，逃離漢營，想另謀出路。

蕭何聽到韓信棄職出逃的消息後大吃一驚，沒顧得上稟告漢王，急忙連夜追趕韓信。追出三十里路，天就黑了，幸好有了月光。蕭何馬不停蹄，窮追不捨，一直追了一百多里，終於在寒溪河邊追上了韓信。蕭何埋怨韓信不辭而別，請韓信回轉漢營，並立下保證說他將再次力薦韓信，如果漢王仍不重用韓信，則他也將與韓信一起離開。他的誠意打動了韓信。

兩人回轉漢營之後，劉邦責怪蕭何爲什麼逃跑的將軍有幾十人，蕭何卻偏偏只追韓信一人。蕭何說：「諸將易得，一帥難求。韓信乃是極爲難得的帥才。」在蕭何的堅持以及要隨韓信一起離開漢營的威脅之下，劉邦終於任命韓信爲兵馬大元帥，並舉行了隆重的拜將儀式。儀式後，劉邦與韓信單獨交談，韓信精闢地分析了當時的軍事形勢，提出了擊敗項羽的戰略措施，使劉邦非常信服，並悔恨認識韓信太晚了。

此後，韓信領兵抄襲項羽後路，破趙取齊，佔據黃河下湖之地；不久率軍與劉邦會合，擊滅項羽於該下，爲建立漢王朝立下了汗馬功勞。於是劉邦用蕭何，蕭何月下追韓信，遂成爲中國歷史上識才、薦賢、用人的著名史例。

不拘一格降人才

管理學歸根到底是管理人才的學問。人才是十分重要的，而人才是各式各樣的，獲得人才的難易程度也不同。千將易得，一帥難求，善識人才的伯樂亦難得。楚漢相爭初，項羽與劉邦的實力相差懸殊，許多劉邦的將軍因害怕項羽或不願離開蘇皖家鄉作戰而逃跑，韓信卻是因爲懷才不遇而逃跑的。蕭何不追別人，只追韓信，體現了他透過現象區分本質的能力，也體現了他知人的本領：

「諸將易得，一帥難求。那些逃跑的將領，都是些平庸之輩，失去他們並不可惜。像韓信這樣的軍事奇才是非常難得的，失去了就再也遇不到第二個了。如果漢王劉邦有爭奪天下之志，就必須重用人才，而韓信就是這樣的軍事人才。」蕭何忠誠、有賢才、能識才，又能無私薦才，因而也是極為難得的人才。

正確了解人才以後才能評價人才，不能因為偏見而堵塞了了解人才的途徑。得人才者要有見識，並且根據人本身的品德與才學，而不是地位、貧富等身外之物來評價人才。項羽、劉邦與蕭何對韓信的評價就體現了各自的見識與性格。管理中用人應該是辨明人的長處與短處，給予適當的職位以完成一定的活動，而不能一味求全苛責。如果求全，則無人可用，管理者本身也會因為不完美而失去任管理者的資格。更何況韓信受胯下之辱一事，不同的人有不同的看法，這不同的看法也體現出管理者自身的性格與管理水準。項羽勇而無謀，是血氣方剛之將，因而認為韓信受胯下之辱便無資格論帶兵打仗一事，致使韓信憤而離開楚營。韓信則認為大丈夫為人能屈能伸，審時度勢，當忍則忍，方為有勇有謀之人。蕭何則親自與韓信交談，根據韓信的見識而認定他是賢士，屢次向漢王劉邦薦才。劉邦也對韓信曾受胯下之辱以及家貧位卑而有所偏見，但他信任蕭何，納用忠諫，最終破除了自身的偏見，重用人才，並且在與韓信交談之後，相見恨晚，知錯認錯。相比之下，劉邦「不善將兵，卻善將將」，在識才用人方面比項羽高明多了，因此楚漢相爭漢得勝。而蕭何辨識人才又不嫉賢妒能，認準人才後千方百計地薦才留才，對後世的管理者來說更有啓迪意義。

方式恰當留人才

識別人才是留人才的前提，因為不認準人才就談不上留了。但識別出了人才卻不一定能留住人才，留住人才是需要合適的方式的。

美國心理學家馬斯洛提出，人類的需要可分為由低到高的五個層次：生存需要、安全需要、尊重需要、社交需要與自我實現需要。不同的人的需要層次不同，激勵的方式也不相同。劉邦、項羽用人之例，便體現了這一點。對於普通士兵，他們中的不少人是為了有一口飯吃而投軍的，他們的需要還停留在生存需要和安全需要這一層次上，如果缺糧斷餉，或兩軍對壘、敵人實力遠勝己方時，往往容易開小差做逃兵，所以需要用嚴格的軍法加以約束。而韓信有勇有謀，卻苦於無法施展，他的需求已經到了自我實現這一層次上。要留住這樣的人才，所採取的方式當然不同，為留住他所需要花費的心思會更多，待遇也會更高。

蕭何四次力薦韓信，又月下追出百里之外，甚至以自己的前途和地位為韓信作保證，終於促使劉邦採用恰當的方式留住了韓信。劉邦留下韓信的方法有三條：首先是任命韓信為大元帥，交給他調動武官用的虎符、調動文官用的玉節、元帥印和元帥劍，提供給韓信施展帥才的機會，即自我實現的機會，這便是所謂用事業留人。其次，劉邦築拜將台，文武百官戒齋五日，大街上張燈結彩，漢王也齋戒沐浴，親自到韓信住處迎接。蕭何為韓信牽馬墜鐙，舉行了隆重的拜將儀式，這種十分的信任、破格的禮遇、禮賢下士的態度，以及蕭何的四次舉薦，月下追韓信以及誠懇的保證都打動了韓信，部分滿足了韓信自我實現的需要，這即所謂的用感情留人。最後，韓信想必會得到與元帥身分相稱的物質享受，這種待遇必然要比當一般的將軍的物質待遇要高，這就是所謂的用待遇留人。相比之下，項羽用人則不如劉邦高明，即使項羽有蕭何這樣的善識才肯薦賢的臣子，他也會因爲自身的見識所限而不能很好地採納，所以項羽失韓信，又失天下，而劉邦則得韓信，用蕭何，加上張良等人，終於建立漢王朝，成就了一番霸業。

現代有的企業家重新提出了事業留人、感情留人與待遇留人的說法，這也是劉邦重用蕭何、蕭何月下追韓信這一史例中所包含的管理思想在今日企業界管理層中的體現與應用。

16 用才

◎毛遂自薦

戰國時期，諸侯割據，烽煙不息。趙惠文王九年，秦國出兵圍攻趙國都城邯鄲，趙國生死存亡係於一線之間。趙王只得派出平原君趙勝到楚國搬兵求救。平原君趙勝是當時聞名於諸侯各國的「四君子」之一，好養食客，即門下收羅四方人士，供其食宿，爲其效勞。當時平原君門下有門客數千名，他想挑選二十名文武雙全者與之同行。千挑萬選，費盡周章，仍然只得十九人。爲難之際，一個名叫毛遂的人來到平原君面前主動請纓。平原君看看他，問道：「你來我這裡幾年了？」毛遂回答道：「三年了。」平原君說：「有才之人，就好像是放在布袋裡的錐子，那銳利的尖很快便會刺破布袋顯露出來。而你雖然已在我門下待了三年了，我還沒聽說你有什麼才能，我看你還是留在家裡吧！」

毛遂不卑不亢，亦不退縮，他說：「今天我向你自薦，就是要請求你把我放進布袋。假若你早把我放入了布袋，我的鋒芒早就顯露出來了。」平原君聞此言，感到有理，便決定帶毛遂一起去楚國。

向人求援總是比較困難的。平原君與楚王談了許久，希望說服楚王聯合趙國抗擊秦國，並且盡早發兵攻秦救趙。可此事對內涉及軍政民財、對外牽扯與強秦與其他諸侯列國的外交關係，因而楚王一直猶豫不決。

正當此時，毛遂走上前去，說：「大王，這本是幾句話就可以解決的問題，爲什麼要用這麼長時間？」楚王不悅，訓斥毛遂，命令他退下。可是毛遂不僅未退下，反而手按寶劍，逼近楚王，說：「大王這樣斥責我，是不是覺得楚國是一個大國？請您明白，在這十步之內，您的性命全在我的手上，大國又有什麼用呢？楚國地廣兵強，本應是天下無敵的。可上次秦國幾萬人馬就攻破了你們的國都，侮辱了你們的祖宗。如此奇恥大辱，連我們趙國都爲你們感到憤恨，而大王卻滿不在乎。其實，趙楚聯合抗秦，也是爲你們楚國復仇啊！」

楚王受到威脅，又被毛遂的說理打動，於是答應與趙國結盟，共同抗秦。楚國很快出兵解了邯鄲之圍。平原君回到趙國，讚揚毛遂說：「你的三寸之舌，強於百萬之師。」

毛遂自薦傳爲千古佳話。迄今，它仍因包含著豐富的管理思想（包括管理人才之道、選擇人才之道和人才自我管理之道）而具有強烈的現實意義。

管理人才之道：養其誠，得其心

管理學，最最強調的是對人的管理，而人各有所長，有才能的人千千萬萬，各式各樣，管理方式便不可單一化、簡單化。管理理論中有X理論與Y理論。X理論主張人是「經濟人」，需要物質利益刺激，需要嚴格的規範化管理；Y理論主張人是「社會人」，主張刺激人的積極性的因素除了物質利益以外，還有社會的心理的因素。在新技術產業迅速崛起的今天，對非技術勞動者，如清潔工、售貨員等的管理可以偏重於使用X理論，而對技術性勞動者，如教師、作家、設計師等的管理則應偏重於使用Y理論。平原君養食客，便是對人才養其誠、得其心的範例。

毛遂願對平原君忠誠效力，赴楚國並對楚王犯顏進言，是冒著生命危險的。他爲什麼會這樣呢？是因爲平原君收其爲門客、供養三年，長時間付出的結果。平原君把他作爲一位文武雙全的士帶去楚國擔當搬兵救趙的重任，表現了對毛遂的信任。毛遂立功後，平原君又及時讚揚毛遂（想必亦該有所犒賞），又是獎罰分明的表現。而且平原君對待門客不同於對待僕人，平時並無多少約束，也沒有「吃飯必須要用幹活來交換」的規定，只是在長期的供養與寬鬆、信任、尊重的環境中培養門客對主人的感激與忠誠，以便在某一關鍵時刻門客自覺自願地忠心爲主，竭盡所能。

選擇人才之道：德才備，兼聽明

先貴誠，後貴才。

現代有的企業家提出選擇人才的標準首先是誠，其次是才。誠乃是一種品德，它保障組織成員維護本組織的利益，保障一個人忠誠、負責、有信用、令人信任。才是一種技能，一種用來完成任務所需要的技巧與學識。才是很重要的，沒有人才，一個企業就難以設計創新出新產品，毛遂若無才，就不能連威脅帶說理地勸服楚王出兵救趙；但誠更重要，倘若一個設計師有才無誠，帶著設計好的新產品投奔對手公司，倘若毛遂有才無誠，暗中背叛平原君，投敵求榮，破壞趙國向楚國搬兵求援的計劃，後果會如何呢？

平原君選擇文武雙全者，他的選擇範圍是門下數千門客，這些人已透過多年的主人與門客的關係培養出了忠誠感，他挑選的標準是文武雙全，這其中便已經包含了品德與才能兩個方面。

先民主，後集中。兼聽則明，偏聽則暗。

民主與集中，是現代管理方式中的一對矛盾。有民主無集中，難免一盤散沙，無法收拾；有集中無民主，難免偏聽則暗、訊息閉塞、壓抑人才。平原君在選拔人才的過程中，表現了他的先民主後集中、民主與集中相結合的原則。平原君的門客有數千名，可是他只想挑二十名，他也不可能對數千名門客作一一的調查、親自查驗。從他與毛遂的對話中可以看出，他是根據他聽到的關於門客的評價加上自己的一些觀察形成自己對門客的印象從而挑選人才的。這是一種民主的方式。允許毛遂自我推薦，也表現了他的民主選才的原則。但選人的最終拍板權是集中於平原君一人之手的，這便是一種集中制的表現。毛遂平時不見有什麼才名遠播，又自我推薦，不同世俗，所以並非每個領導人都會像平原君似的贊同毛遂，並給予他以表現的機會。而毛遂面對楚王不畏強權，侃侃論理，使平原君不辱使命的結局，也證明了平原君選人之道的正確性。

成就人才之道：既具才，又薦才

人才的成就需要內外條件兼具：內在條件是指一個人具有一定的修養、智慧和技能；外在條件則是指才能能夠為人所知，能儘量發揮出來、建功立業。內外條件缺一不可。缺內因，則即使有良好的機會也難以把握；缺外因，則造成埋沒於歷史枯草中的多少懷才不遇人士。

歷來有伯樂，但伯樂不夠多，所以懷才不遇，湮沒無聞者便多。有伯樂薦才識才固然好，當缺乏別人推薦的時候，在對自己正確評價的基礎上的自我推薦（現代又名自我推銷）便顯得格外重要了。如果毛遂未認識自己具備完成使命所需的膽識、口才、見識，他也難於自我推薦；如果毛遂不自己站出來，積極主動地推銷自己，便很可能失去了表現的機會，從而終生不過是數千門客中一平凡門客而已。毛遂自薦遂成為人才管理（包括自我積累、自我認識和自我推銷）的範例。

隨著時代的發展，現代社會生活工作節奏不斷加快，人變得越來越獨立，變化也越來越迅速，真正最了解自己的是自己，而且成敗得失往往取決較短時間的接觸和了解。顯才機會容易一閃而逝，所以，毛遂精神對本身已具備才能的現代人來說具有深刻的啓示。

◎甘羅十二出使

公元前二四一年，秦國破壞了趙、韓、魏、燕、楚等五國合縱之後，實力愈來愈強。當時擔任秦相的文信侯呂不韋，爲把趙國河間併入自己的版圖，假作與燕親和的姿態，企圖拆散燕、趙之盟。燕把太子丹作爲人質送往咸陽與秦修善言和。呂氏認爲時機已熟，想派張唐到燕國爲相，指揮燕軍和秦攻趙。不想，張唐卻推辭說：「到燕國必定取道趙國，我幾次攻趙，趙人已懸賞封地一百里捉我。」呂氏十分不快，回家後他家的小門客甘羅問道：「大人爲何悶悶不樂？」呂氏嘆了口氣，說道：「我欲派張唐赴燕國任相，他執意不肯啊！」甘羅一拍胸脯：「小人能讓他去！」呂氏白了甘羅一眼，道：「我都不行，你一個毛頭小孩能行嗎？」甘羅不服氣地說，「過去，項橐七歲就難倒孔子，當了他的老師，我已經十二歲了，大人爲何不信我，反而責斥我呢？」

於是，甘羅來見張唐，說道：「您與白起將軍比誰功勞大？」張唐忙答：「白將軍百戰百勝，功勞自然是他大。」甘羅又問：「范雎與呂不韋兩位相國誰更專權？」張唐答：「呂不韋更厲害。」甘羅接著說：「過去，范雎派白起攻打邯鄲，白起稱病不出，結果白起被范雎逼得自殺於咸陽城外。眼下呂相國費盡口舌請您出任燕國相，您都不肯，不知該會息在何方了！」張唐聽了膽戰心驚連忙應允。幾天後，甘羅又對呂不韋說：「請給小人五輛兵車，我願先到燕國爲張唐疏通。」

甘羅到邯鄲後，趙王親自出迎。甘羅問道：「燕太子丹到秦國的事大王知道嗎？」趙王點頭稱是。甘羅又說：「大王可知張唐欲任燕國相。」趙王又點頭。這時甘羅危言聳聽地說道：「既然大王都聽說了，很自然就會明白您的國家所處的地位了。燕太子至秦，說明秦國信任燕國，張唐出任燕相，說明秦也信任燕。這樣你們趙國夾在中間就很危險了。秦國之所以聯絡燕國沒有別的意圖，主要是爲了奪取趙的河間地區。依小人之見，大王倒不如把河間的五座城送給秦國，秦王一定高興。我再設法替大王說服秦王驅逐燕太子，反過來幫助你們攻打燕國，這樣你們肯定會得到更多的土地。」趙王被甘羅這番言語說得心裡先是怕後是喜，以爲按照甘羅的主意，是吃了個小虧討得個大便宜，便當即答應向秦割讓河間五城。後來，秦果真沒有再派張唐去燕國，趙國趁機發兵攻燕，一舉攻下上谷三十六城。爲了感謝甘羅的「好意」，趙又白送給秦十一座城池。甘羅立下大功，被秦王政封爲上卿，因此，歷史上流傳下了「甘羅十二爲上卿」這句話。

尋求全局利益最優化的系統觀

尋求全局利益的最優化，正確處理整體利益與局部利益的關係，是現代管理理論系統觀的核心思想。對於高層管理者來說，應當以系統觀統籌兼顧制定出合理的發展戰略目標，那麼他所領導的組織才能得以進步。對一個國家、一支軍隊、一個企業來說，戰略目標是奮鬥的綱領和旗幟，它的本質就是爲了爭取全局的主動性。一旦確定了行動綱領，一切行動都應該圍繞著實現自己的戰略目標而進行。在一定的歷史條件下，制定的戰略目標是相對穩定的，與之相反，爲它服務的策略手段，則相對靈活多樣。目的只有一個，但實現目的的手段並非一種，這就需要高層管理決策者審時度勢，適時權變，以便獲得最大的策略效應。「甘羅出使」正是表現了這種「以全局利益爲主、靈活應變」的管理思想。

戰國七雄爭霸，逐鹿中原，最後秦國之所以能夠滅六國而定天下，所以能夠在與東方六國的反覆爭奪和較量中，後勁愈來愈足，並最終取得勝利，是和它逐步探索形成的對自己最爲有利的「連橫」戰略分不開的。它正好是反其道而行之，目的就在於破壞六國可能形成的系統對自己的威脅，透過瓦解、獨立的戰略，使七國關係複雜化，透過外交、離間等手段製造六國之間的矛盾從而阻止它們聯合，這個戰略不能不說是「對系統觀點」從反面進行的補充。

對秦國而言，兼併六國、統一天下是它始終不變的奮鬥目標，那麼如何實現呢？秦在反覆的鬥爭實踐中認識到了「連橫」抗擊「合縱」是最爲有效的辦法。甘羅出使也正是這種戰略思想成功的範例。秦欲佔領趙國的河間地區，這是實現戰略目標的一個實際步驟。爲此，秦國必須拆散趙、燕聯盟。一般說，拆盟的方式有兩種：一種是越過趙，直接去說服燕國，這種正面交往不妨稱之爲「正術」，另一種則是巧妙地離間趙、燕，誘使趙國攻打燕國，秦國則坐收漁人之利，這可以稱爲「奇術」。兵法曰：「善戰者，以正合，以奇勝。」誰善於出奇制勝，誰就能掌握最後的主動權。甘羅先說服張唐出任燕相，爭取聯燕抗趙；然後又以此爲武器威脅趙國割地給秦然後攻燕國。這就是靈活運用了「正合奇勝」的原理。因爲如果在一極化的戰略格局中，秦國若與六國單獨較量，力量上都是處於絕對優勢的。秦與趙的軍事行動中，並不需要和燕形成「牢不可破」的聯盟，而只要它保持中立即可。這一點甘羅、呂不韋都認識到了。但呂氏卻在實施計劃的過程中碰到張唐這個難題，使自己的意圖不能實現，自己也怏怏不快。甘羅的高明之處就在於它巧妙地迴避了「迫使張唐任燕相」這個難題，若張唐赴任途中被趙擒獲，必然導致計劃的全盤失敗，若張唐不去勢必有與呂氏結仇造成不必要的內部紛爭，無人出使也達不到秦的戰略目的。甘羅找出了燕、趙彼此只會自顧而看不清全局利益的缺點，抓住了趙王害怕秦國的心理弱點，單刀直入，把秦國的真實意圖和盤託出後，使趙王不得不割地討好秦國，反向倒戈攻燕，犯下致命大錯，與燕結下不解之仇。直到後來秦國滅趙國時，燕國雖然也提防秦國，但對危在旦夕的趙國卻坐視不救，結果導致唇亡齒寒的局面。趙被滅亡後，災難很快也降臨到燕的頭上。趙王由於看不到趙、燕是彼此相互依存、相互聯繫的整體，只考慮自己的眼前利益，最後終遭滅頂之災。

在現代社會發展中，國與國之間、企業與企間之間都存在著激烈的競爭，要想在競爭中保持不敗，尋求發展的機會，作爲各層的管理者都應當充分樹立起系統的、權變的管理思想，充分發揮部門間合作、行業間聯合的優勢，使企業的經營、國家的治理最終實現效益的最優化。

知人善任，以人為本的人才觀

人才是建功立業之本，治國安邦之源。世界上一切事物中，人是第一可貴的。人力資源是所有資源中最寶貴的資源，人是生產力諸因素中最積極、最活躍的因素，沒有大批的人才，社會生產力就得不到充分的發展。及時發現、大膽選擇、積極培養、正確使用人才，對一個國家來說就能振興強盛，對一個地區來說就能繁榮發展，對一個企業來說就能興旺發達。現在企業的競爭表現在產品質量的競爭，質量高低取決於企業的技術水準和管理水準的高低，後者又取決於企業內部人才的多少和發揮效能的程度，由此可見人才對於現代經濟發展的戰略意義。

今天的管理者都知道人才的重要性，但這是遠遠不夠的，更重要的還應該善於發現人才，這才是最重要也是最困難的。通常的人才都是深藏不露，含而不發的。甘羅，在一般人眼中不過是一名十二歲孩童，他的機智靈活、深謀遠慮是很難為常人所相信的，連呂不韋這樣精於權術的人開始對他也不屑一顧，若非甘羅機智陳述理由，秦國大概便將失去這次「不戰而屈人之兵」的機會了，更重要的將會失去一個「十二為上卿」的難得將才。由此不難看出呂氏知人善任的管理才能。

作為一個高級管理者應當善於識人用人，樹立起現代化的用人思想。封建主義的人才觀表現出明顯的僕農經濟思想和封建宗法思想的痕跡，在用人問題上表現為「平均主義」、「嫉賢妒能」。其中論資排輩是封建宗法思想在用人上的突出表現，這是古代社會生產力水準低下的產物。統治者爲了維護既得利益、鞏固封建統治秩序，必然重門弟、講等級，論資排輩愈嚴重，扼殺人才愈慘重。呂氏作爲封建時代較開明的政治家，又正值政治動盪、朝代開創的時期，生死成敗的搏鬥迫使他破格重用年輕有爲的人。

我們所處的時代是變革的時代，世界範圍內的新技術革命和國內的經濟體制改革形成兩個巨大的衝擊波，蕩滌著傳統的舊觀念、舊體制。經濟體制改革就是要創造出一種環境，使拔尖人才能夠脫穎而出。要把善於發現人才、團結人才、使用人才看作是管理者是否成熟的主要標誌之一。作爲領導者必須精於此道，才能較好地完成自己肩負的歷史使命。樹立現代人才觀應當包括：愛才、護才、用才、選才、育才、人才開放等思想。愛才、護才是指要尊重知識、尊重人才，這是國家企業興旺發達之本。用才、選才是指「知人善任、用人所長」。「用人不疑、疑人不用」，「知人」是「善任」的前提條件，要用好人，首先管理者必須識別人才；用人要用其所長，達到人盡其用，這就是「善任」，一般人都有自信心，都有成就感，都抱有透過自己的努力去完成某項工作或某種事業的心情和願望。管理者的信任可以給予人巨大的精神鼓舞和無形的力量，使他們以高度的責任心，拼搏進取，攻克難關。育才、人才開放是指要進行智力投資，注意人才開放。人才流動是社會化大生產的需要，它有利於解決人才浪費和人才奇缺的矛盾，有利於人才成長，有利於調整國家、企業內部人才結構的合理性。

◎劉邦任用陳平

漢高祖劉邦是個善用人才的君主，在楚漢戰爭取勝後曾自己總結：「運籌帷幄之中，決勝千里之外，我不如子房（張良）；治理國家，安撫百姓，調運軍糧，使道路暢通無阻，我不如蕭何；率百萬之眾，戰必勝，攻必取，我不如韓信。這三個人都是傑出的人才，但我能任用他們，這是我得天下的原因。」他的見解言及本質，正因爲知人善任，劉邦才能最終統一全國成就霸業。他的善用人才在任用陳平這件事上也得到了充分顯示。

陳平後來曾任漢的丞相，他的事蹟系統地記載於《史記・陳丞相世家》。秦末楚漢相爭時，陳平原爲項羽手下的人，後來只身北渡黃河離開項羽，透過別人介紹見到了劉邦。劉邦透過談論，覺得陳平的見解精闢，很賞識，意欲重用，便問陳平在項羽手下任什麼官職，陳平說任都尉，於是劉邦當天就任命陳平爲都尉。劉邦手下的人知道了，議論紛紛，都說大王得了敵人一個逃兵，一點底細不摸，才一天工夫就與其共乘一輛車，還讓他管理軍隊。但劉邦毫不在意，反而更親近陳平。

周勃、灌嬰等將軍在劉邦面前講陳平的壞話。說他是一個繡花枕頭，外表好看未必真有本事。還說陳平在家時和嫂嫂有私情，說他收受士兵的金錢，跟著項羽，現在又歸漢，是個反覆亂臣，勸劉邦一定要仔細考慮，不可大意。劉邦把陳平的介紹人魏無知叫去詢問陳平的情況。魏無知說：

「我向你介紹的，是陳平的才能，而你打聽的，是陳平過去生活上的某些行爲。現在楚漢相爭，急需人才，我只看他的計策是不是有利於國家，別的都是次要的。」劉邦覺得有道理，便又去問陳平：「你原來跟著項羽，現在又投奔我，是怎麼回事？」陳平回答：「項羽信任的只是其家人和親戚，別人不管怎樣有本事都不受重視。我聽說大王和項羽不同，很重視人才，所以才脫離項羽，投奔大王。現在你受流言所惑，對我產生懷疑，我也不再辯白，如果你覺得我有用就讓我留下，如果沒有用那我離開就行了，全憑大王一句話。」劉邦聽了陳平的肺腑之言，更有留意，趕忙向陳平表示歉意，並提拔他爲護軍都尉。從此以後，劉邦的將領們再也不敢議論陳平了；而陳平輔佐劉邦，忠心耿耿，盡職盡責爲劉邦打天下立下了汗馬功勞。

從劉邦最初接納陳平到後來不斷重用他，採用他的計策完成了不少大事，可以看到以下的人才管理思想：

人才的識別與選擇

人才是一個企業中最寶貴的財產，企業管理的關鍵是人才管理。識別和選拔人才，是企業人才開發的重要任務和環節，能否科學地識別和選拔精明強幹的優秀人才，從事企業的決策、指揮、生產、經營和技術工作，是衡量一個企業能否興旺發達的重要標誌。科學的識別和選拔關鍵在於是否有正確的指導思想、科學的原則和方法，這是識別和選拔優秀人才的根本保證。劉邦對陳平的識別與重用，可以看作是這一思想的具體運用。治理國家的關鍵也在於君主能否識別和選拔人才。識別人才的科學方法，應該是看準人才的寶貴之處，不爲缺點所蒙蔽，能用人之長。陳平剛到漢營時受到誹謗，說他有「盜嫂」、「受金」的惡行。且不說這也許不是事實，或事出有因，重要的是劉邦自有科學的選擇依據：透過談話，發現其才智，才能決定取用與否。楚漢相爭之際，急需足智多謀的能人志士，他們的良謀妙計將是國家和君主依靠的對象。擇人而任，不能因爲一些小缺點而喪失了有大才能的人才，劉邦在這一點上是有眼光的，事實證明重用陳平的決斷是明智的，陳平被任用後，多次出奇謀，爲劉邦處理問題，發揮了別人無法替代的重要作用。歷史也證明陳平是一個奇才，司馬遷評價他：「……但側擾攘楚魏之間，率歸高帝，常出奇計，救紛糾之難，振國家之患。及呂后時，事多權矣，然平竟自脫，定宗廟，以榮名終稱賢相，豈不善始善終哉？非智謀孰能當此者乎？」確實，在那時動盪的楚漢之爭中擇明主輔佐，成功後幫助治理國家，到諸呂專權又能策略地保全自己，直到匡扶王室定宗廟，在當時做到是很難的，足以看出陳平確是難得的人才，劉邦選拔人才的標準還是相當準確的。事實上，收留陳平不久，劉邦爲匈奴單于包圍，七天沒有食物吃，處在無法突圍的危險境地，就是陳平在關鍵時候想出奇計，使得他能安全脫險。劉邦能掌握人才識別的標準，爲他以後的成功打下了必不可少的基礎。

用人不疑，以信任、支持人才發揮才幹

需要是現實生活中現象的動因和根由，人才的需要也是企業行爲的動力根源。人才的需要是多層次的，除了物質上豐裕的供給外，如能滿足他們對於信任和信賴這樣感情上的需要，人才就可以發揮出創造性的作用，做出重大的貢獻。

陳平到漢營不久，就使出離間計使項羽氣走了他的重要謀臣范增，這是在劉邦信任重用的基礎上實現的。聽了別人的誹謗及陳平的辯解，劉邦不僅不懷疑陳平，反而給他豐厚的賞賜，拜他爲護軍都尉。陳平爲他清晰地分析了局勢，看出項羽有其「骨鯁之臣」亞父范增和鐘離昧爲他出謀劃策，令劉邦難以對付。爲了除去項羽的這兩個「左膀右臂」，陳平提出：「大王誠能坐捐數萬斤金行反間，間其君臣以疑其心」。對如此巨額的要求，劉邦毫不猶豫，馬上拿出重金供其活動，「咨所爲不問其出入」。充分表現對人才的信任。陳平也沒有辜負這份重託，從容行事，散布謠言，使項羽不相信鐘離昧。又在楚使到來時，假意認作是范增的使者，用精美的食物熱情相待，等到得知是項羽的使者，馬上冷淡，換上粗茶淡飯。使者回去報告，使項羽懷疑亞父范增，不肯聽從他的作戰計劃，致使軍事上徒喪優勢。氣得范增大怒而走，病死在外。於是劉邦除了心頭大患，爲以後的勝利鋪平了道路。

不論國家還是企業，在任用高級管理者時，因爲他們的創造性思想將對國家或企業的前途起

決定性的影響，所以對他們充分信任，他們才可以從容謀劃，充分發揮能動作用，真正表現人才是企業成功的決定性力量。這時取得的成就往往超過預期。用人的關鍵在於信任。如果對同僚處處設防，半信半疑，反而損害事業發展。

修己

◎蘇武牧羊

西漢初期，游牧在長城以北的我國匈奴民族逐漸興盛起來，他們憑藉強大的騎兵優勢，不斷對內地進行騷擾和掠奪，成爲廣大漢族人民的一大禍患。當時的西漢王朝由於處在鞏固政權、恢復經濟的時期，尙無力反擊，因此不得不採取妥協退讓的「和親」政策（即透過最高統治者之間的聯姻，以求得彼此相安無事）。至漢武帝時，漢朝經過了七十多年的休養生息，國力迅速強盛，軍事反攻的時機已經成熟。於是改和爲戰，在元朔、元狩年間（公元前一二八—一一七年）的十年時間裡，先後發動了三次大規模的反擊戰爭，給匈奴統治集團以沉重的打擊，基本上解除了邊界上的隱患。從此以後，匈奴勢力衰落，不過仍然有一定實力，而經過這幾次戰爭的漢王朝，也是元氣大傷，沒有力量輕易出手反擊了。這時，解決雙方關係的矛盾，就只能採取外交手段了。蘇武就是在這種形勢下奉命出使匈奴安撫的。

據《後漢書》中班固作《蘇武傳》記載，蘇武，字子卿，年輕時依仗父親的權勢做了官，與兄弟一道升至中郎將，後又逐漸升到移中廄的監官。蘇武的這次出使，沒有其他的政治目的，完全是爲了改善兩國、兩民族的關係。這是符合當時廣大人民的利益。可是就在他到達以後，匈奴單于竟以漢王朝軟弱可欺而「益驕橫」，對和平友好並無誠意。匈奴將領虞常謀反，原是他們自己發起；他私自拜見蘇武使團副使密謀一事，作爲使團頭領的蘇武事前根本不知。結果叛軍全部被消滅。對這一事件本來是可以妥善處理的。但是匈奴單于卻因此一怒而對漢朝懷恨在心，欲殺掉全部漢朝使臣，還接連採取種種手段，迫使蘇武投降。這表明他們毫不以兩國、兩民族的關係爲重，而仍然自恃野蠻和霸道行事。在這種情況下，蘇武寧死不屈，據理力爭，表現出正義的氣概。在整個鬥爭的過程中，蘇武堅持了崇高的民族氣節，誓死維護國家尊嚴，頂住了威脅利誘，戰勝了種種折磨。匈奴把蘇武囚禁起來，放置在大地窖裡，不供給他水、飯。天下雪了，蘇武就臥在地上吃雪，和著氈毛一塊下咽，好幾天不死。匈奴認爲他是神明，就把它放逐到北海上沒有人煙的地方，叫他放牧公羊，直到產了羔羊才可回來。蘇武到了北海以後，官府供給的糧食運不到，他就挖掘野鼠儲藏的草種子來吃，拄著漢朝出使的信物旄節放羊，不管晚上躺下和白天起來都拿著它，連上面的旄都掉光了。就這樣經歷了十九年的漫長歲月終於回到漢朝。他出使時還是壯年，回來時頭髮鬍子都全白了。

蘇武富貴不能淫，貧賤不能移，威武不能屈的崇高精神品質，爲歷代所頌揚。班固在《漢書》中讚曰：「孔子稱：『志士仁人，有殺身以成仁，無求生以害仁。』使於四方，不辱使命，蘇武有之矣。」

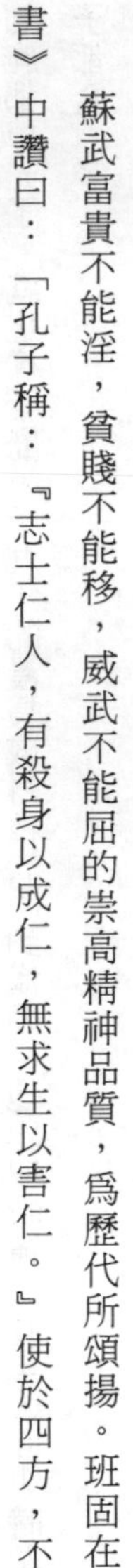

忠誠、組織認同與現代管理

現代管理理論十分重視對管理決策過程的研究，個體對組織的忠誠、依附以及他對組織的認同是影響個體決策的重要因素。

個體對組織的忠誠和依附感是個體逐漸在組織的環境中「內化」了組織目標（組織本身的服務目標和生存目標），並將它融入自己的個性結構，體現在自己的心理和態度中的一種相對穩定的情感特徵。起初，組織目標常常是透過權力行使強加到個人頭上的，組織中的個體對它有一個吸收同化的過程。一旦形成了對組織的忠誠和依附感，就能保證個體在行動上、決策上與組織目標自動的一致。這種忠誠還體現在兩個方面：其一促使個體對組織服務目標的依從；其二促使個體對組織自身的存在和發展需要的依從。著名管理學家，諾貝爾經濟學獎獲得者赫伯特・西蒙認爲：組織的參加者，就是這樣透過服從組織決定的目標，透過逐漸將這些目標吸收到個人的態度中，養成了一種與他作爲自由個體的個性頗爲不同的「組織個性」。

蘇武出使匈奴，面對投降與持節的選擇上表現出的「寧死不屈」的高尚愛國主義氣節，就是一種忠誠心對個人行爲決策影響的實際範例。他之所以能不貪圖富貴、苟且偷生，之所以能斷然拒絕並鄙視漢朝降將衛律、李陵等多次勸誘，是出於他對漢王朝君主的忠心，他知道自己代表的是一個國家，自己有使命更有責任保持應有的民族氣節。一個國家、一個王朝也是一個龐大的組織，無論是封建時代的還是現代社會的，這個組織總要透過各種形式和手段：歷史文化的教育、信仰的培養灌輸等等影響生活在其中的個體，使他們逐漸將這個組織的生存、發展、服務等目標內化沉積在各自的個性中，從而養成自己對這種組織的依附感與忠誠心。在封建時代，「君爲臣綱」、「忠君愛國」的價值觀念被人們普遍接受，更成爲像蘇武這樣的有志之士所追求效仿的行爲準則，他在出使匈奴過程中表現出的英雄氣節其背後深層的動機，正是出於對封建王朝和君主的忠誠，這才能使他唯恐「屈節辱命、背主叛親」，才能使他寧忍放逐牧羊十九餘年的艱苦而不願接受種種誘人的投降條件。誠想如果蘇武不是代表漢朝的使臣，而僅是區區一介民夫；如果他對漢王朝沒有完全的忠誠，而是貪生怕死見利忘義，也許他會做出「錯誤的」決策，而因此被世人恥笑，爲後人唾罵。這也是符合管理學關於「決策正確性判斷」的標準的。由於任何個人決策和組織的目標都是置於某種特定的時代背景和制度環境中的，因此對任何決策「正確性」都可以從兩種不同的立場上加以判斷。廣義地講，一項決策如果與一般的社會價值標準相吻合，並且其後果從社會角度看是可取的，那麼它是「正確的」。狹義地講，如果它與組織給決策指定的參考框架相一致時，它就是「正確的」。由此不難看出蘇武決策是符合當時國家（組織）的原則利益要求的（或是組織目標）。美國著名管理學家巴納德也十分清楚地指出過：一個人以組織成員的身分做出的決策，與他作爲個人所做的決策是不一樣的。這就是說，一個人以非個性面貌行動時，組織的價值尺度便取代了他的個人價值尺度，成爲判斷其決策「正確性」的準則了。因此，他的決策可以視爲一個變量，其特定的性質取決於對它起支配作用的特殊的價值尺度。這也是「組織決策的非人格性」特徵。

在個體對組織產生的依附感和忠誠心的背後是個體對組織的認同，既可以是對組織目標的認同，也可以是對組織的生存而言的認同。這兩種認同現象——對群體的認同和對職能的認同，在實際管理中是非常普遍的。「認同」一詞最早出現在精神分析的文獻中，弗洛依德這樣描述過它的性質：「與父親身分的認同，區別於把父親當作一個客體所做的選擇。」他進一步指出，認同是群體內聚力的一個根本機制。西蒙將認同定義為：「一個人在做決策時對備選方案的評價，如果是以這種方案給群體造成的後果爲依據，我們就說那個人與那個特定的群體認同了。」比如一個人之所以贊成某一個行動方案，是因爲該方案「對美國有利」，那麼這個人就讓自己與美國認同了，同樣蘇武寧受磨難而不屈服的決策是以他自己對漢朝的認同爲依據的。

西蒙進一步分析了在組織管理決策中認同的心理機制，他認爲有三個因素促成了認同：

(1)個人與組織成就的利害關係。以組織價值尺度爲依據所做的決策，從組織的角度講是具有「非人格性」的，但這些決策的作出卻是出於個人的動機。一個人之所以願意作出非人格性的組織決策，是因爲有大量因素（或稱刺激）將他與組織聯結在一起，這些因素包括薪水、聲望、友情及其他許多因素。在許多的個人價值中，不僅依賴於個人與組織的聯繫，也有賴於組織本身的發展和成就。管理者個人工資水準和權力大小，均與他所管理的單位大小有關。組織的發展狀態，會給管理者帶來更多的工資，更高的地位，以及承擔職責的更多機會，這些動機導致了他對組織生存目標的認同。

(2)私營管理心理的轉移。在私營經濟中，經營活動的一個前提是：管理部門將以企業組織的盈利爲準則去制定決策。如果忽視了公共部門與私營部門兩者的區別，就很容易將這種習慣的決策心理，轉移到公營經濟部門中去。習慣以「我的」企業考慮問題的經理或行政長官，也喜歡以「我縣」、「我局」、「我處」去考慮問題。這一動機所導致的認同，同樣主要是對生存目標的認同，而不是對特定組織目標的認同。

(3)注意的焦點。認同過程的第三要素是管理者注意力的指向。這一指向的集中點是受管理計劃影響最爲直接的那些價值和群體。透過選用特殊的價值、特殊的經驗知識和特殊的備選方案，並排除其餘的價值、其餘的經驗知識和其餘的備選方案，人的注意力就可以將看待問題的視野收攏起來。因此，認同使人的心理對理性選擇的限制有了一個牢固的基礎。

總之，認同過程就是個人以組織目標（服務目標和生存目標）去代替個人目的，使前者成爲其制定組織決策時所使用的價值指南的過程。透過認同作用，有組織的社會便迫使個人接受了社會價值模式，以取代個人動機。社會所造成的認同模式，可以導致社會價值與組織價值之間的一致性。在這種情況下，組織結構對社會是有利的。認同的不良影響主要是，它妨礙了組織成員在必須權衡他所認同的有限價值與其他價值時，做出正確決策的能力，即可能限制管理人員在探索性、開拓性工作中的才能發揮。

◎舌戰群儒

劉備敗走漢津口之後，勢單力薄，元氣喪盡。正當一籌莫展之際，諸葛亮向他提出結盟東吳的主張，並孑身前往東吳，「憑三寸不爛之舌」，在魯肅等人的協助下，舌戰群儒，最終達到孫、劉同起兵馬，共抗曹軍的目的。

當時，面對曹軍的強大攻勢，東吳有兩派意見。主戰派以魯肅爲首；投降派則大半是儒生。這些儒生將保全自己的利祿和身家性命放在首位，如果投降曹操，他們可以保持既得利益。而與曹操開戰，一旦失敗，他們就將失去這一切。東吳投降派的首領是張昭，在諸葛亮會見東吳眾謀士時，他首先向諸葛亮發難：「近聞劉豫州三顧先生於草廬之中，幸得先生，以爲如魚得水，思欲席捲荆、襄。今一旦以屬曹操，未審是何主見？」諸葛亮看準張昭是投降派的頭子，所以第一個要駁倒張昭，他從容回答道：「吾觀取漢上之地，易如反掌。我主劉豫州躬行仁義，不忍奪同宗之基業，故力辭之。劉琮孺子，聽信佞言，暗自投降，致使曹操得以猖獗。今我主屯兵江夏，別有良圖，非等閒可知也。」言下之意把張昭比做「等閒」之人，這就打擊了張昭的氣勢。張昭不服，再一次對諸葛亮發難：「先生自比管仲、樂毅，但劉備在沒有得到先生之前，還能縱橫寰宇，割據城池。爲什麼先生到了劉備身邊後，曹兵一出，棄甲抛戈，望風而竄？」諸葛亮聽罷，立即予以反擊，說他在甲兵不完，城郭不固，軍不經練，糧不繼日的情況下，而取得了博望燒屯、白河用水的勝利，使夏侯惇、曹仁輩心驚膽顫，「竊謂管仲、樂毅之用兵，未必過此」。接著諸葛亮又對張昭發起進攻：「昔高皇數敗於項羽，而垓下一戰成功，此非韓信之良謀乎？夫信久事高皇，未嘗累勝。蓋國家大計，社稷安危，是有主謀。非比誇辯之徒，虛譽欺人：坐議立談，無人可及；臨機應變，百無一能─誠爲天下笑耳！」在諸葛亮的進攻下，張昭無言回答。

但東吳的投降派人多勢眾，虞翻又出來問難：「今曹公兵屯百萬，將列幹員，龍驤虎視，平吞江夏，公以爲何如？」諸葛亮則侃侃回答：「曹操收袁紹蟻聚之兵，劫劉表烏合之眾，雖數百萬不足懼也。」虞翻又說：「軍敗於當陽，計窮於夏口，區區求救於人，而猶言『不懼』，此真大言欺人也！」諸葛亮又作反擊：「劉豫州以數千仁義之師，安能敵百萬殘暴之眾？退守夏口，所以待時也。今江東兵精糧足，且有長江之險，猶欲使其主屈膝降賊，不顧天下恥笑。─由此論之，劉豫州真不懼曹操者矣！」虞翻在諸葛亮的反擊下也啞然。接著步騭又發難：「孔明欲效儀、秦之舌，遊說東吳耶？」諸葛亮說得好：蘇秦、張儀都是豪傑，非比畏強凌弱，懼刀避劍之人也。君等聞曹操虛發詐僞之詞，便畏懼請降，敢笑蘇秦、張儀乎？在遭到諸葛亮的痛斥後，步騭默然無語。而後，諸葛亮又痛斥薛綜等人假藉抬高曹操，貶低劉備之詞，使他們滿面羞慚，不能對答。

接著，諸葛亮順利說服周瑜、孫權，由此揭開了孫、劉聯盟，合力抗曹的序幕。諸葛亮舌戰群儒的故事成爲人們傳頌的佳話。

因勢利導——貫穿於管理始終

管理作爲一門應用科學，它是以實踐爲先導的。在實踐過程因主觀與客觀條件的不斷變化，管理的主體也隨著形勢的發展而變化策略，但總原則應是因勢利導，即在大勢趨向正面之時，順水推舟；當發展趨勢向反面之時，則避開鋒芒，延緩戰機。這其中有三條出路─投降、媾和、退卻。靈活運用三個手段之佳境，就在於把媾和與退卻有機的結合在一起，靈活地運用「走爲上策」這一正常法則。

以上史例中，劉備大敗於漢津口，失眾勢寡，無立錐之地，大有被吞滅的危險。孔明指出：「曹操勢大，急難抵敵，不如往投東吳孫權，以爲應援，使南北相持，吾等於中取利。」退卻是保存實力，伺機再戰的兵家常識。在當時與曹軍相比，劉備軍隊必敗無疑，但一味地退卻也未必就有出頭之日，只有「媾和」東吳才能既保全了自己，又可藉孫權之力抗擊曹操。

那麼既要抗曹，又怎麼聯合東吳呢？諸葛亮再將此計延伸，因勢利導，從分析孫權地位入手誘導孫、劉兩家聯合抗曹。孫權此人本性缺乏進取，偏安一隅，故盤踞江東的幾十年間，勢力範圍一直沒有得到大的發展。當年魯肅在孫權縱論天下大勢時，曾為孫權勾畫出了一幅建立王業的「戰略藍圖」：「昔漢高祖欲尊事義帝而不獲者，以項羽為害也。今之曹操不可卒除。為將軍之計，惟有鼎足江東以觀天下之釁。今乘北方多務，剿除黃祖，進伐劉表，竟長江所極而據守之；然後建號帝王，以圖天下，此高祖之業也。」然而孫權並沒有按魯肅的這一戰略思想去做，錯過了許多向外擴張的機會。而孔明來到東吳之後，從降曹與抗曹的利害關係入手，具體深刻地分析了雙方的力量對比和優劣長短。「豫州雖新敗，然關雲長猶率精兵萬人；劉琦領江夏戰士，亦不下萬人。曹操之眾，遠來疲憊；近追豫州，輕騎一日夜行三百里，此所謂『強弩之末，勢不能穿魯縞』者也。且北方之人，不習水戰。荊州士民附操者，迫於勢耳，非本心也。今將軍誠能與豫州協力同心，破曹軍必矣。操軍破，必北還，則荊、吳之勢強，而鼎足之形成矣。」諸葛亮的分析進一步堅定了孫權與曹操決戰的信心，後也才有「赤壁之戰」大破曹軍，使東吳的軍力達到了鼎盛時期。

口才——管理中必備之手段

管理科學從主體到對象都是人，管理的過程也是人與人之間交流的過程。語言作為媒體起到了至關重要的作用，無庸諱言，管理者的表達能力是管理成敗的關鍵。一個人的口才是綜合能力的具體表現，只有具備廣博的知識、機敏的反應和高度的概括，才能說服別人，引導別人向管理決策的既定目標邁進。

口頭表達作爲管理必備手段，關鍵是要因人而異，因爲作爲被管理者是千差萬別的，多層次的，唯有適合對象的語言才能說服別人，打動別人。管理的目的是爲了把不同對象的意志統一起來，調動人們的積極性和創造性，進而發揮他們的主觀能動性，創造條件達到管理目標，這其中定有贊同者，也會有反對者，對待志同者應採取因勢利導的方法，循循善誘，啓發他們更深層次的思維；而對持異見者，應客觀分析，找出差異點駁倒，或者運用反證法誘其進入誤區，使其自悔。

本文史例中，東吳以張昭、顧雍爲首的主降派，多次責難諸葛亮，而諸葛孔明則採用了陳述事實和引經據典相結合的方式，對虞翻提出的：「軍敗於當陽，計窮於夏口，區區求救於人，而猶言『不懼』，此真大言欺人也！」諸葛亮客觀地反駁道：「劉豫州以數千仁義之師，安能敵百萬殘暴之眾？……猶欲使其主屈膝降賊，不顧天下恥笑。——由此論之，劉豫州真不懼曹操者矣！」當嚴畯問諸葛亮作何經典時，諸葛亮說：「尋章摘句，世之腐儒也，何能興邦立事？且古耕莘伊尹，釣渭子牙，張良、陳平之流，鄧禹、耿弇之輩，皆有匡扶宇宙之才，未審其生平治何經典——豈亦效書生，區區於筆硯之間，數黑論黃、舞文弄墨而已乎？」這一番話使「嚴畯低頭喪氣而不能對」。

對心驕氣盛的周瑜，諸葛亮剛採取了氣激和智鬥的方式，誘其上鉤。周瑜本是主戰派，但他看不起劉備兄弟三人，並想乘機要挾諸葛亮，使諸葛亮有求於他，謊說：「曹操以天子為名，其師不可拒。且其勢大，未可輕敵。戰則必敗，降則易安。」諸葛心裡明白，但表面上卻佯裝同意周瑜的主張。先是說：「將軍決計降曹，可以保妻子，可以全富貴。」接著又「真心誠意」地獻上一計：「亮居隆中時，即聞操於漳河新造一台，名曰銅雀，極其壯麗，廣選天下美女以實其中。操本好色之徒，久聞江東喬公有二女，長曰大喬，次曰小喬，有沉魚落雁之容，閉月羞花之貌。操曾發誓曰：『吾一願掃平四海以成帝業；一願得江東二喬，置之銅雀台，以樂晚年，雖死無恨矣。』今雖引百萬之眾，虎視江南，其實為此二女也。將軍何不去尋喬公，以千金買此二女，差人送與曹操，操得二女，稱心滿意，必班師矣。此范蠡獻西施之計，何不速為之？」周瑜曰：「操欲得二喬，有何證驗？」孔明曰：「曹操幼子曹植，字子建，下筆成文。操嘗命作一賦，名曰《銅雀台賦》。賦中之意，單道他家合為天子，誓取二喬。」喻曰！「此賦公能記否？」孔明曰：「吾愛其文華美，嘗竊記之。」諸葛亮即時誦《銅雀台賦》時，巧妙地曲解了『攬二喬』於東南兮，樂朝夕之與共」的詩句。致使周瑜聽罷勃然大怒，離座指北而罵：「老賊，欺吾太甚！」孔明急切止之曰：「昔單于屢侵疆界，漢天子許以公主和親，今何惜民間二女乎？」瑜曰：「公有所不知，大喬是孫伯符將軍之婦，小喬乃瑜之妻也。」孔明佯作惶恐之狀，曰：「亮實不知，失口亂言，死罪！死罪！」瑜曰：「吾與老賊誓不兩立！」孔明曰：「事須三思，免致後悔。」瑜曰：「吾承伯符寄託，安有屈身降操之理？適來所言，故相試耳。吾自離鄱陽湖，便有北伐之心，雖刀斧加頭，不易其志也！」接著又望諸葛亮助一臂之力，共破曹賊。

18 獎罰

◎南門立木

商鞅是戰國時期的政治家、改革家；衛國人，姓公孫，名鞅，後受封於商地，稱為商君，亦稱商鞅。他少年時侍奉於魏國相國公叔痤門下，公叔痤知道商鞅是個賢才，便在重病彌留之際，向魏惠王力薦商鞅接替己職，但魏惠王卻認為公叔痤推薦商鞅是病重和老糊塗的結果，沒有對商鞅予以重用。未受任用的商鞅聽說秦國的秦孝公下令在國內求賢，就來到秦國，經由秦孝公的寵臣姓景的太監引見，三次求見孝公方受到孝公的賞識和任用。

孝公任用了商鞅以後，商鞅想變更法度，遭到甘龍、杜摯等眾大臣的反對。孝公想採納他的建議，但又恐怕別人議論。商鞅舌戰群臣並對孝公解釋說：「講究高深道理的人不能迎合舊習俗，建立特大功業的人不能與眾人商議。所以聖明的人如果能使國家強盛，就不必依照老例；如果

能使百姓得利，就不必遵循舊法規。」孝公聽了商鞅與群臣的舌戰和解釋，誇道：「好！」並封商鞅爲左庶長，終於定下了變法的新令。

商鞅親自負責新法的制定，對舊規作了很大的變更。如百姓必須互相監督舉發，違者以同罪論；努力耕織致富的豁免徭役或賦稅；明確尊卑等級；有功者使其榮耀，無功者不得顯榮等。

新法令已經準備就緒，尚未公布，商鞅恐怕人們不相信，就在國都後面市場的南門立起了三丈高的大木桿，用十兩銀子招僱能把木桿移到市場北門的人。人們對移動這根木就送給十兩銀子表示奇怪和懷疑，所以沒人敢動。於是商鞅又說，「能移動的給五十兩銀子。」人群中有一個試著把大木頭移至了北門。商鞅立即派人付給了此人五十兩銀子的重賞，用以表明信而不欺。最後公布下達了變法的命令。

變法命令施行了一年，秦國上千的人來到國都咸陽聲訴新法不便施行。這時候太子駟違犯了新法。商鞅說：「在上有權勢的人首先犯法，這法在下面就很難推行了。」要依法處置太子。但太子是君主的繼承人，不能施行刑罰，於是就對太子的兩位老師公子虛和公孫賈施行了刺面的刑罰。消息傳開，舉國上下人人遵行新法令，不敢違犯了。新法施行了十年，秦國的百姓非常高興，路不拾遺，山無盜賊，家庭富裕，人人滿足。軍民勇於公戰，不敢私鬥，城鄉都很安定。

從商鞅南門立木到商鞅施行新法令的過程，我們如果仔細去體會，則至少有以下幾個方面的收獲。

不以規矩，不成方圓

商鞅上任左庶長後，所做的第一件事是制定新法令。從現代領導學的角度看，商鞅此舉是很明智的，它在當時紛繁複雜的局面中緊緊抓住了問題的關鍵，也使商鞅的改革獲得了良好的基礎。

從領導者的角度看，要使職工在短期內服從管理並不難，只要靠宣傳鼓動，物質刺激和高壓的行政手段或領導的身體力行就能實現這一點，但要想使這一服從行爲長期持續下去就不行了，非得靠規章制度不可。《韓非子・難一篇》中有這樣一個故事：古時歷山下的農民，因地界鬧糾紛，舜帝就到那裡去與農民一起種地，一年後就把田界劃清了。黃河邊上的漁民因爭奪捕魚區發生糾紛，舜又到那裡去與漁民一起捕魚，一年後就使漁民能互相謙讓有秩序地捕魚了。但韓非子卻以爲此法不可取，他說，舜制止一個錯誤用了整整一年，「舜有盡，壽有盡，天下過無已者。以有盡逐無已；所止者寡矣」。如果立下法規，定下制度，頒布天下，要求老百姓必須執行，並下令：「做事符合法規制度者有賞，違反者受罰」，此令早晨公布，到晚上風氣就會改變。只需十天，全國的問題就可以全部解決，哪裡需要等上一年呢？

韓非子對舜帝行爲的評說是有道理的。領導人當然也需要親自帶頭做事，以身作則。但是必須在先確立了法規制度的情況下帶頭，必須透過法規制度將解決問題的工作程序確定下來。所以，從領導學的角度看，立法規、定制度比事事親自做重要得多。山東萊陽油漆廠廠長蓋樹鶴就深深懂得制度的重要，上任之初便發動全廠職工制定了一整套企業管理制度，並嚴格按照制度賞罰。凡爲企業社會做出貢獻的職工，該廠長一律按功行賞，違規者予以懲罰。使全廠上下秩序井然，正氣發揚光大，邪氣終被治服。

孟子說：「離婁之明，公輸子之巧，不以規矩，不能成方圓；師曠之聰，不以六律，不能正五音。」。（《孟子・離婁上》）這段話，是孟子給當時的國君講治國平天下之道而作的比喻，它同樣給我們的領導者，尤其是給予新上任的領導者啓示：要做到賞罰分明，要管理一個組織，必須藉助於制度。

制度的執行貴在賞罰必信

商鞅令人置木於南門，並以重金賞給了移木人，其意圖是什麼呢？實際上商鞅是透過此舉向百姓昭明：國家制定的法令制度絕非兒戲，而是言之有信，是重於泰山不可動搖的。因此這次南門立木實質上亦可稱爲南門立「信」，它爲新法的執行作了很好的鋪墊。

物質需要是任何人所必需的，現代組織理論也認爲，人們參加組織的基本動機是獲取生活保障，即作爲一種謀生手段，所以，獎賞與懲罰是引導人們行爲的基本而重要的手段，要使規章制度被持續地執行下去，就離不開賞罰手段的運用。深諳此道的商鞅透過南門立木一事樹立起了制度不折不扣的權威性。

要使賞罰取得好效果，使制度真正發揮作用，領導者必須掌握以下要領：

(1)賞罰要適時。當有人試著將置於南門之木移至北門後，商鞅立即予以獎賞，此正是「賞不逾時」也。無論獎勵還是懲罰都有一個時效問題，因為賞罰的目的是希望使受獎者趨獎向善，使受罰者避罰背惡，要達到這個效果的關鍵就是及時。《司馬法．天子之義》說：「賞不逾時，欲民速得為善之利也，罰不遷列，為民速睹為不善之害也。」意思是說，無論獎罰，都應使受獎或受罰者及時感覺到為善或為惡所獲得的利益或危害，如此，好的行為方能得到強化，壞的行為才能得到抑制。相反，如果為善的行為與獲得的獎勵，在時間上相隔過久，獎勵的刺激效用就會衰減，而不善的行為與受到的懲罰，在時間上相隔過久，則不僅易使受罰者感到領導者會實施「秋後算帳」，而且很可能由於惡行未受及時懲罰而使此惡行得以擴大至眾人。由此可見，領導者在進行賞罰時切忌的就是拖泥帶水，不及時。

(2)賞罰要公正。在施行新法的過程中，太子駟觸犯了新法，這乃是對商鞅及其所立新法權威性的一次考驗，因為按《春秋》之義，「法不加於尊」。但是若如此又何以服眾，何以有信呢？此時的商鞅巧妙而果斷地對其兩個老師施行了刑罰，終令百姓信服，維護了新法的權威。可以說，商鞅變法的成功正是其敢於堅持「制度面前人人平等」，真正做到了「王子犯法與庶民同罪」的結果。這也為後來的統治者所推崇和效法。

據歷史記載，商鞅所制訂的法律，原本有許多過於嚴酷，也包含了許多弊端，很有斟酌的餘地，這是人們深感「不便施行」的重要原因之一。但由於商鞅在執法時採取了絕對公平的態度，才使得大家心服，不敢違抗，這是造成秦國富強，後來統一中國的關鍵。可以想像，如果老百姓犯了法，就不客氣地加以處罰，而皇室貴族犯了法就噤聲不敢處分，這樣的法律會有多少信服力呢？

任何一種制度能否被持續地執行下去，在很大程度上取決於它是否一開始就被認真貫徹實施了，即是否表現了它的權威作用。《三國演義》第十七回描寫曹操興兵討伐張繡，正遇麥熟，操下令：「大小將校，凡過麥田，但有踐踏者，並皆斬首。」官兵畏其威脅，過麥田時皆以手扶麥而過。但不料曹操所乘之馬受驚竄入田中，路壞一片麥子。曹操拔劍自刎，經眾將力勸，沉吟良久，乃以劍割自己之髮，並以髮傳示三軍曰：「丞相踐麥，本當斬首號令，今審發以代首。」於是三軍悚然，無不凜遵軍令。商鞅刑罰太子之師，曹操割髮以代首，二者相照，如出一轍。這都告訴我們一個道理，即欲使規章取得令行禁止之功，就必須公證地執法，堅持「誅不避貴，賞不遺賤」（晏嬰語），只有堅持不論親疏貴賤，一視同仁，唯論功過行賞罰，才能使賞罰發揮出它應有的作用。

賞有信，罰必果，作爲領導者必須永遠不忘這個賞罰的原則。

(3)賞罰要有認真的態度。由商鞅處罰太子老師的插曲，我們還可以得到這樣的啓示，即要做到「賞罰分明」、「賞罰公正」，領導者非要有堅決認真的態度不可。試想，如果當初太子犯法時，商鞅畏於其至尊之位而睜一眼閉一眼，馬虎敷衍了事，或是將此事盡力掩蓋過去，那麼新法之威嚴必將受到侵蝕，並最終使新法無法施行。商鞅的可貴之處，就在於他不僅親訂新法，而且對新法的執行抱有如此堅決認真而毫不含糊的態度。有了這種認真態度，才使他能敢於碰硬而最終贏得百姓信服。

如果定出了制度，只是掛在牆上不問執行，則此制度便成了聾子的耳朵，毫無意義，還是一種浪費。既然有了制度就得對制度的執行情況追蹤到底，絕不放過任何一個細節，這才是領導者認真負責的態度。世人之常情，對於過失、錯誤往往敷衍了事，不作認真追究，這絕不是領導者應有的行事方式，因爲這種行事方式不僅對個人極其有害，更是對規章制度的挑戰和侵蝕。因此，領導者是絕不應對此姑息遷就而不認真查處的。

日本三菱電機公司的創始人岩崎彌太郎，有一次把一位高級主管叫到他的住所，交給他一張公司的便條紙，並指責他說：「你到底在幹什麼？」那位高級主管突然遭到嚴厲的指責，茫然不知所措。仔細看過紙條後，才發現是自己前幾天用公司的便條紙所寫的一張請假單。這時岩崎彌太郎語氣更爲嚴厲地說：「你身爲公司的高級主管，都無法公私分明，浪費公司的便條紙寫私人的請假單，這究竟是什麼道理？我要嚴厲地處分你！」於是當場下令罰他減薪一年。

嚴格來說，岩崎彌太郎的做法確實是太嚴厲而達到了刻薄的地步，只因誤用了一張公司的便條紙，就必須接受減薪一年的處分，看來是太過分了。但無論如何，岩崎彌太郎留意到每件細微的小事並徹底追究的認真態度依然是值得我們學習的。

◎揮淚斬馬謖

公元二二八年春，諸葛亮領兵北伐曹魏。蜀軍兵精將勇，號令嚴明，加上攻敵不備，一時之間關中大震，形勢對蜀軍有利。魏明帝曹睿親自坐鎮長安，派名將張郃領兵西拒諸葛亮。街亭成為兩軍必爭的關隘之地。蜀將馬謖熟讀兵書，談起軍事理論，頭頭是道，與諸葛亮大談兵法，深受諸葛亮賞識，當時任軍事參議官。他主動請纓，立下軍令狀，作為先鋒駐守街亭。但是馬謖好紙上談兵，又剛愎自用，十分驕傲和固執。他既不遵循諸葛亮的部署，也不理睬副將王平的勸阻，棄城不守，捨水上山，建寨駐守，魏將張郃先將蜀軍包圍在山上，切斷水源及糧道。蜀軍大亂，馬謖斬退卻之卒，嚴厲約束，亦難以穩定軍心。斷水幾日後，張郃再督軍大舉進攻，蜀軍大敗，馬謖逃走，街亭失守。結果，攻魏的進軍路徑被堵，喪失了大舉迅速進攻魏國的據點與有利時機，諸葛亮只好引兵回蜀，第一次出兵祁山終告失敗。戰後，諸葛亮論功過行賞罰，痛斬失街亭的馬謖。他親自到靈堂祭奠，痛哭流涕，撫養馬謖的老母與子女，就如馬謖在世一般。蔣琬對諸葛亮說：「天下未定，殺戮智謀之士，豈不可惜嗎？」諸葛亮流著淚回答說：「孫武之所以能夠無敵於天下，在於執法公證嚴明。如今大事未了，戰爭不過剛剛開始，就因人而使軍法受到破壞，那麼我們用什麼討伐曹賊呢？」諸葛亮揮淚斬馬謖之後，對在街亭之戰中有功的王平予以封賞。諸葛亮憶及劉備逝世前所言：「馬謖言過其實，不可大用」，又對比街亭之戰，引咎自責。他上書後主劉禪，自貶三級，並作了檢討。從此加緊在蜀治政整軍，以備再次北伐。

此事千古流傳，包含著豐富的管理學思想。

知人善任

人都是有所長，亦有所短的，即所謂「士之不能皆銳，馬之不能皆良，器械之不能皆堅固也」。要知人，要全面地了解他人及自身的長短，需要較長的時間、精力和較高的素養及機會。知人的目的是爲了很好地使用人，即恰如其分地賦予人一定的權力與責任。善任講究「適宜」二字：若才高而任小，則屈才，又壓抑了工作的熱情，於人於己均是損失；若才低而位重，則難擔重任，不免誤事，如諸葛亮用馬謖。只有才位相適宜。才能充分發揮人的才能，以取得最大的效益，即「人盡其才，物盡其用。」，達到人才資源的最優配置。能知人，能善任，是十分困難的。而知人與授任又是管理者必須要做的工作。

諸葛亮本是賢相，知人善任，他曾把人才分爲三個層次：「博聞多智者爲心腹，沈審精密者爲耳目，勇悍善敵者爲爪牙。」手下調用關、張、趙等人，運籌於帷幄之中，決勝於千里之外，爲西蜀立國強國奠定了基礎，諸葛亮本人也成爲中國賢能智慧的代名詞。

街亭之戰，是諸葛亮用人不當的一個事例。此役中，他最大的過失便是沒有知人善任。馬謖熟悉兵法，擅長口才，適宜於做軍事參議官，但他學識上理論與實踐脫節，性格上較浮誇又傲氣固執，這些缺陷是爲將者的大忌諱，諸葛亮沒有詳察，忽視了馬謖的這些缺陷，授予了高於馬謖才能的駐守街亭的重任。馬謖難當此任，失守街亭，從而導致第一次兵出祁山失敗。事情雖然可嘆，但卻合情合理。此事對於後來者亦是啓示：知人善任，對於事業的成敗往往起著決定性的作用。

獎懲分明的激勵機制

管理心理學認爲，可以透過一定的刺激促使人產生欲望，從而完成一定的活動。獎勵與懲罰便是管理者管理人才時常用的刺激手段。

獎勵和懲罰是重要的管理手段。不同的人做相似的工作，總會有高低好壞之分。透過獎勵，可以鼓勵做得好的人做得更好，同時也吸引和刺激那些做得不那麼好的人做得好一些。而懲罰則是刺激做得差的人不要再做得差。譬如，諸葛亮賞王平、斬馬謖、自請貶級，就會起到嚴肅軍紀，獎優罰劣，鼓勵軍中將士守紀與爭取戰爭的勝利。獎與罰相輔相成，形式不同，目的一樣，都是要透過刺激來影響人的行爲以便向掌握獎罰權力的管理者所希望的方向發展。

獎懲的基礎是要分清功與過，說明功與過的大小。前者是決定獎懲（定性）的前提；後者是決定獎懲程度（定量）的依據。諸葛亮在總結街亭之役時，認爲馬謖言過其實，用兵錯誤，又驕傲固執不聽勸諫，直接導致了街亭之敗，並因此而使第一次北伐曹魏陷入流產，因此有過；王平身爲副將，雖然街亭失守，但他對駐守地點見解正確，竭力勸諫主將的錯誤用兵，又隨即繪圖擬文向諸葛亮匯報軍情，所以不僅無過，反而有功。諸葛亮自己用人不當，有過，所以獎王平，罰馬謖與自己，但罰的輕重是有區別的：馬謖對失敗負有直接責任，且後果嚴重，加上軍令狀的存在，所以根據軍法，馬謖必須問斬；諸葛亮自己部署正確，用人失當，應當受罰，但罪不至死，所以主動上書後主劉禪，自貶三級。

獎勵與懲罰要及時與適當。時過境遷的獎與罰很可能會失去至少會大爲削弱獎與罰的作用。獎罰的方式方法也很重要，譬如說在企業中，對生產能手多發獎金並提拔，這是積極的刺激，能者多勞，請他多多勞動就是消極的刺激了。諸葛亮不愧是一代名相，他對戰役中有功有過者的獎懲及時而又公正嚴明。

獎勵與懲罰一般是有明確的規定的，如軍法。有時候，軍法會與情理產生矛盾，此時此刻是嚴於執法呢？還是網開一面？諸葛亮與馬謖私交很好，馬謖又上有高堂老母，下有弱稚兒女，他又有才，以前又有功勞，於情於理似乎不應斬首；但馬謖失職失策，不聽勸諫，不聽部署，導致街亭失守，以及第一次北伐曹魏失敗；後果嚴重，又有軍令狀在先，根據軍法，應當問斬。諸甚亮雖然揮淚，畢竟還是殺了馬謖，其中道理就像他所說的那樣，「孫武之所以能夠無敵於天下，在於執法公正嚴明」，不能因爲人而破壞軍法。的確，管理者進行管理是需要權威的，只有有了權威，才能令行禁止，嚴明軍紀，取得勝利，而威信往往來自於自身的素養以及一貫的賞懲、執法公正嚴明。

嚴於律己的領導風範

管理者本應該和下屬一樣遵守有關規章制度，但由於管理者職位較高，往往是有權決定獎勵的；因此常常出現律人嚴、待己寬，甚至推卸責任，攫取榮譽的情況。律己嚴否往往取決於管理者本身的素質高低，並且律己嚴否會直接影響管理的效果。律己嚴者，能以德以理服部下，加強威信，增強管理的效果，反之則反。

諸葛亮身爲主帥和丞相，在西蜀領兵治政，鞠躬盡瘁，帶兵北伐以來，一路上勢如破竹，並且他已先正確預見到街亭的重要性，並先於魏軍到來之前派兵把守，並對駐守一事有所指點，應該說他的布置是正確的。可惜錯用了馬謖，雖然馬謖對失敗負有主要的不可推卸的責任，但諸葛亮也的確是有不小的責任。不過，諸葛亮身爲主帥，本有推卸責任的機會和權力，可是他不僅沒有逃避追究責任，而且主動進行自我批評，上表後主，自降三級，並勵精圖治，準備再次北伐。諸葛亮雖然精明智慧，但他畢竟是人而不是神，他也會犯錯誤，他這種知錯就改、嚴於律己的品德不僅不會削弱他的威信，反而會加強威信，從而提高管理的效果。

管理理論與管理實踐必須有機結合

理論來源於實踐，又指導實踐，並接受實踐的檢驗。理論與實踐密切關聯，不可分割。管理亦是如此。如果只有實踐、缺乏理論，則管理的水準始終徘徊在較低的水準上，難以有質的提高。

如果只有理論，沒有實踐，理論如果不能和具體情況相結合，則容易產生照搬理論的條條框框而在實際中碰釘子的情況。

馬謖熟讀兵書戰策，談論起軍事理論來口若懸河，每次與諸葛亮見面談論，往往從白天談到晚上，甚爲契合。由此可見。馬謖的軍事理論知識是十分豐富的，但他在對敵作戰的軍事實踐中，生搬兵法，忽視實際的地理形勢，又不聽部下的勸諫，結果失效，馬謖之敗，成爲理論脫離實際則管理陷於失敗的明例。

溝通

◎觸龍說趙太后

戰國時期，趙孝成王元年（公元前二六五年），秦國攻打趙國，趙屬弱國，且趙孝成王剛即王位，形勢十分危急。在這種情況下，趙國的左師（官名）觸龍勸說趙太后（趙孝成王的母親）把她的小兒子長安君送到齊國作抵押，以求得齊國的援助，解除趙國的危機。

趙太后剛開始執政，秦國便乘機攻打趙國。趙國向齊國求救，齊國一定要趙長安君爲抵押，方肯出兵。太后不答應，大臣們都竭力勸諫。而趙太后堅定地說：「如有人再勸諫，我一定用唾沫吐他！」

左師觸龍要求見太后。太后應允後便氣沖沖地等著他。觸龍進宮時小步慢跑，見到太后忙告罪說：「老臣腳有毛病，不能走快。許久沒有來見太后，請原諒。我擔心太后貴體有所不適，故來探視。」太后說：「我也是靠坐車行走。」觸龍問：「日常的飲食該不會減少吧？」答道：「靠喝些稀飯罷了。」觸龍說：「老臣近來也特別不願意吃飯，但強迫自己走走，每天走三、四里路，漸漸又能吃些東西了，身體也感到好些。」太后說：「這我可做不到。」太后的怒氣稍稍地消失了些。

左師公說：「老臣的賤子舒祺，年紀最小也不成材。我現已年邁，很疼他，希望他能進宮當一名衛士。所以冒死罪稟明太后。」太后說：「好吧。他的年紀多大？」答道：「十五歲了，雖然年輕些，但我願在我有生之年把他安排好。」太后說：「男人也疼愛孩子嗎？」觸龍回答說：「比婦女更疼愛。」太后笑著說：「還是婦女更疼愛。」觸龍接著說：「老臣自認爲您疼愛燕后勝過愛長安君。」太后道：「你錯了，我對燕后的愛比對長安君差得多！」左師公說：「父母的愛應表現在爲他作長遠打算。您當初送燕后遠嫁時，爲她遠去他國而流淚，爲她遠離而惦念傷心，也算夠悲痛了。她走以後，您也不是不想她，但爲她祈禱時總是說：『一定不要回來！』難道這不是作長遠打算，希望燕后能有子孫並世代相繼爲王嗎？」太后聽後表示贊同。

左師說：「三代以前，在趙氏開始建趙國時，趙王的子孫受封的，其繼承人到現在還有嗎？」答道：「沒有。」左師說：「不僅是趙國，其他諸侯國的繼承人還有嗎？」太后：「老婦我沒聽說過。」左師解釋道：「原因可能是近期有禍損及自身，而遠期的禍則殃及子孫的緣故。難道國君的子孫一定有此結果嗎？他們地位尊貴、俸祿優厚，沒有功勞卻擁有重器。現您使長安君地位很顯貴，他擁有肥沃的良田和貴重的玉器，卻不如趁現在叫他對國家建功立業，如有一天太后不在世了，長安君憑什麼立足趙國？老臣認爲您沒有爲長安君作長遠打算。所以我認爲您對他的愛不如對燕后的深。」太后醒悟，同意長安君爲人質，齊國才出兵救趙。

人際關係溝通技巧

人際關係溝通技巧是現代交際的重要手段。在社會生活與實踐中，人們透過各種交往和聯繫發生各式各樣的相互關係。這種表示人與人之間交往與聯繫的關係就是人際關係。人際關係有三種表現形式：個體與個體之間、個體與團體之間、團體與團體之間的相互交往和聯繫。梅約在霍桑實驗後，創立了人際關係學派。他認爲，個人除了物質需要外，還有心理需要；傳統管理理論只重視工作條件，而梅約則認爲生產率主要決定於職工的態度與情緒；傳統管理理論僅看重「正式團體」及相應的組織制度和權力．而霍桑試驗卻指出「非正式團體」的存在，這種團體成員的情緒與行爲對生產有相當影響；梅約還指出建立新型領導、聽取個體意見與溝通的重要性。

人際關係是群體協作的基礎。它對行爲的影響很大。在群體中個體行爲的差異性是由個體角色行爲的需求動機決定的。人際關係按需求分四類：一是包容的需求。表現在願意與人交往、願意與別人建立和維護和諧的關係。處於這種動機而產生的行爲特徵是善於溝通、諒解、忍讓、容人、參與等。與此相反的動機而產生的行爲特徵是疏遠、排斥、對立、退縮、怨恨等。一般來說，人們在成長的各個歷史階段和不同工作崗位上，都有與自己感情相近的人，都有交往的需求。二是感情的需求。表現在感情上願意與他人建立和維持良好的關係，其行爲特徵是同情、熱情、喜愛、親密。與此動機相反的行爲特徵是冷淡、疏遠、厭惡、憎恨。人們這種感情的需求在人的心理發展過程中自始至終存在著。三是生理需求。由於生理的需求，如吃、穿、住、行等，人們離不了他人的支持和幫助，產生了生理需求動機，其行爲特徵爲依賴、獲取、求助等，與該行爲特徵相對應的則是給予、支持、協助等。趙太后捨不得其小兒子長安君到齊國作抵押，也是一種生理和感情上的需求。四是支配的需求。它的行爲特徵爲使用權力、權威、威信、控制、支配和領導他人等，與此相反的人際關係特徵則是追隨、模仿、被人支配和領導等。支配需求是每個社會成員都具有的共性，並非身居高位的人所獨有。

根據由各種需求動機而產生的行爲特徵，我們可以確定基本的人際關係傾向。如上表所示：

	積極主動性	消極被動性
包　容	主動與別人交往	期望別人接納自己
情　感	對他人表示親熱	期望他人對自己表示親熱
生　理	主動幫助他人	期待他人幫助自己
支　配	支配他人	期待他人之配自己

人們的行爲反應可分爲積極主動性和消極被動性兩種類型的八種傾向性。

包容動機很強的人，同時又是行爲主動者，喜歡與人交往，他不僅喜歡與人交往，而且願意關心別人，同情別人，因此受人愛戴。一般來說，人都是混合需求的，其行爲傾向性也是多樣的。支配欲望很強的人，也許希望他人幫助，希望別人能夠接納自己。從觸龍勸說趙太后的情節來分析，趙太后由於地位居高，容易表現出支配他人的行爲傾向性；她愛子心情則是由感情的需求決定的，但爲了齊國發展的長遠利益，或者說爲了齊國統治階層的利益，她也有被包容的需要，也需要他人的諒解、理解、容忍，也需要溝通。這就是觸龍能夠說服趙太后的心理基礎。

人際關係的溝通，有其心理需求基礎，應遵循如下原則：一是人的精神需求原則。精神需要是指人的自尊心、榮譽感、成就感、參與感。這種精神需求也就是馬斯洛所說的自我實現的需要。二是群體互動原則。群體是由個人的交互行爲所構成的一種體系。他們之所以能夠構成一體，是因有共同目標，有貢獻的意願，有相互溝通的能力。三是目標決策原則。目標決策實際上是領導者與被領導者相互溝通的過程，而溝通的基礎在於領導者與被領導者對決策目標的理解。四是人格尊重原則。人際關係溝通的前提是個體的人格平等。人際溝通應相互尊重，有表達自己意見的機會。否則就會產生溝通受阻。人際關係溝通的原則遠不止這幾條。以上幾條原則僅是人際溝通的一般原則。觸龍能在趙太后與眾大臣們形成僵局的情況說服趙太后，所遵循突出的原則就是目標決策原則。趙太后愛子心切，但並不一定與國家最高目標和利益相衝突。觸龍就是根據她愛子心理，從父母應該如何真心愛子講起，把國家利益與未來子女利益聯繫起來，以共同的目標作爲說服趙太后的前提和依據之一。

心理學家認爲，溝通的技巧並沒有現成的方法。溝通是一種語言和行爲的交互作用過程，它涉及人的性格及實際經驗，因此每個人都有其善長的溝通技巧。為了掌握溝通技巧的共性，把溝通技巧按其表現方式進行分類是有必要的。一是正式溝通與非正式溝通。正式溝通是按組織結構進行資訊、情感、思想傳遞與交流。其優點是溝通效果好，約束力強，缺點是溝通速度較慢。非正式溝通指非組織的人際資訊、情感和思想的傳遞與交流。其優點是可以自行選擇溝通的途徑，溝通效率高，速度快。缺點是溝通的約束力差。一般來說，溝通都是以這兩種方式交叉進行的。它們相互彌補，共同起作用。觸龍就是以非正式溝通的方式來勸說趙太后的。二是直接溝通與間接溝通。溝通者之間無需第三者傳遞，為直接溝通。其優點是溝通迅速，雙方可以充分交換意見，獲得準確資訊。缺點是有時受條件限制。如果溝通雙方需要有第三者來傳遞，則為間接溝通。優點是靈活性強，機會多，缺點是中間環節多，效率不高，而且中間方有時會影響溝通成敗。三是單向溝通和雙向溝通。單向溝通是一方向另一方進行資訊、情感和思想傳遞過程。這種溝通多出現在有障礙情況的人際關係處理中。雙向溝通是雙方傳遞和交流資訊、情感和思想的交互過程。

不論是什麼方式下的溝通都是有一定的目的性，並力圖達到溝通預期的效果。所以，溝通者應該具備一些有效的溝通技巧。比如在直接溝通情形下，美國管理協會提出一套改善人際溝通的建議方案，稱「有效溝通」措施。大體內容如下：一是選擇適當的交流時機和地點。這要根據溝通的方式和內容來選定，在正式場合下溝通表示態度嚴肅，程序正規。如個人交換意見，可以選擇在輕鬆的環境中進行，表示親近與誠意。二是交談要充分，要把交談的問題闡述清楚，如果時間過於倉促，最好能改期進行，如果對方心境不佳，溝通時易草率，不利於充分交談，從而導致溝通不徹底。三是溝通內容要根據問題的性質來確定，有的可開門見山，有的則應側面迂迴，如話家常，扯閒話，增強友好氣氛，然後再進入溝通的主題。四是交談一旦進入實質性階段，就要主題內容明確，防止跑題，如果一方有意把話題扯遠，說明其還存在某種程度的溝通障礙。五是溝通過程應該完整，不要給人留下虎頭蛇尾的影響。六是要注意語言形式問題。在溝通中，由於語言形式選用的不當而影響溝通，甚至產生溝通障礙的例子不勝枚舉。交談時的語調語氣與交談內容的配合也應把握好。如記住對方談話中的一些細節，用理解或支持的語氣加上自己的觀點述說，容易使對方對談話產生興趣，增加認同感。

在觸龍說服趙太后的談話中，可以找出許多令人叫絕的溝通技巧。他的談話，從頭至尾，一環扣一環，絕無閒筆。談話是由遠而近，逐步展開的。開始時選擇輕鬆的交談內容，採用側面迂迴的技巧。好像是一般健康內容的寒喧，其實爲下面的議論打下基礎。說自己的老態，以引出下文的「塡溝壑」之語；問及太后的身體，也在說明其老態，以引出「山陵崩」的議題。接著漸入主題，講自己對少子之愛，暗中與太后對比。說舒祺不肖，即是要說明其與「位尊而無功，奉厚而無勞」的長安君差不多。但觸龍卻從少子的長遠利益考慮，要其離開自己，得到鍛煉，以期將來有託身之處，所以說他愛子「甚於婦人」。然後再以趙太后對待燕后和長安君的不同態度作比較，說明怎樣才算爲子女作長遠打算。這裡觸龍選擇了太后本人並沒有意識到的長遠愛子打算

（指太后對燕后的遠嫁安排），作爲自己勸說的突破口，而在語言上卻理解和支持了趙太后，使她失去了對即將引出話題反駁的依據。進入主題內容後，觸龍毫不退讓地點出了溝通的核心，說明爲子女作長遠打算的必要性，道明了趙太后對長安君的安排將影響她自己及長安君未來的利益。全部談話過程，有理有節，有遠有近，由側面轉爲正面，由被動轉爲主動，情理交融，勸說有力。觸龍高超的人際關係溝通技巧，能給我們留下許多教益和啓發。

經營

◎計然興商

計然，名研，春秋時葵丘濮上人。公元前四九四年，越國爲吳國所敗，越王勾踐臥薪嚐膽，決心振興越國經濟，恢復國力，以雪國恥，於是任用計然、范蠡、文種等人輔政。計然一共提出了七條治國良策供越國發展經濟和增強國防軍事實力，越國僅用其中的五條便逐漸強大起來，並且最終實現了越王勾踐復國雪恥的願望。正如《史記·貨殖列傳》所載道：「計然之策七，越用其五而得意。」計然的七條良策中至爲重要的一條良策便是其興商策略。

計然興商良策主要包括以下兩個方面的內容：一是「積著之理」。越王勾踐困於會稽之時，計然向他陳述了自己關於商業經營管理的獨到見解，也即「積著之理」。計然分析說，農業豐歉有循環，農業豐歉的循環周期是「六歲穰，六歲旱，十二歲一大飢」（《史記·貨殖列傳》），因而也就有了「旱則資舟，水則資車」（《史記・貨殖列傳》）的商品經營原則。另外，計然認為這與商品的價格決定於供求這一理論有關，「論其有餘不足，則知貴賤」，「貴上極則反賤，賤下極則反貴」（《史記・貨殖列傳》），所以應該「貴出如糞土」，「賤取如珠玉」。最後，計然還認為，「知斗則修備，時用則知物」，他主張將市場需求作為商業經營中選擇商品的依據。因而有了「積著之理」良策的產生，精闢地概括了商品供給方、需求方和供求關係三個方面的互動關係。二是「務完物，無息幣」。計然認為：「以物相貿易，腐敗而食之貨勿留，無敢居貴。……財幣欲其行如流水」（《史記・貨殖列傳》）。這一策略是對「積著之理」的補充和說明，正確掌握商品的供求關係，把握商品價格反轉的最佳時機，固然可以做到囤貨居奇，關鍵是必須有度的界定，對於以物易物的買賣，容易變質腐壞的商品不要庫存，不要貪圖高價銷售謀利而人為積壓，而錢幣則應讀像流水一樣不停流動周轉，不要滯壓在手中。

計然的學生范蠡一脈相承計然的商業經營思想，後來棄官從商，採納計然興商良策而成為當時首屈一指的富豪，這是計然興商良策可操作性的一個有力例證。而當時的越國，透過推廣計然這一良策，國家經濟繁榮昌盛，商業興旺，一時間國富民強，成就三千吞吳越甲，這便是計然興商促進當時越國經濟社會進步的有力佐證。時至今日，重新追溯計然興商這一史例，仍可以從中挖掘出中國古代商業經營管理思想的豐富內涵。

預測供求以定積著

「積著」，又稱「著積」、「積居」或「居積」，也就是透過囤積商品、經營商業而致富。市場學的理論告訴我們，在商業經營之中，商品的買賣雙方是市場的對象，是市場的客體。一個市場的存在，必須是市場的主體和客體同時存在，沒有無主體的市場，也沒有無客體的市場，二者相輔相成，缺一不可。市場的主體因爲社會勞動的分工不同，需求不同，且生產的產品餘缺不一，因而就有進行交換的客觀必要性。而商品的存在，則又提供了交換勞動產品的可能性，因而很難想像，沒有商品這個市場客體，市場如何能夠成爲市場。因而，從商品的供給方、需求方和供求關係這三個方面全面展開，並對它們之間的互動關係進行深入探討，有利於我們更好地了解市場屬性，掌握市場規律，最終達到刺激市場，繁榮經濟的目的。積貯待乏，正確預測供求以定積著，正是基於這一出發點的能動性策略。

在商業經營中，無論是國有還是私營，也不論其商品是來自農業還是來自其他行業，商品的生產大都是具有周期性的。一方面是因爲商品的前一階段的價格會滯後影響到下一階段的商品生產，很自然地導致了其生產規模和產出產量的變化；另一方面，生產經營的環境會時好時壞，這些環境因素包括自然環境、政治、經濟、文化等各個方面，它們的不穩定性也即在商品生產過程中各個時間階段裡表現不一，會直接影響到商品生產的豐歉不一。將這一周期理論運用到實際商業經營管理之中，我們自然會想到積貯待乏之策。我們對於市場客體的決策，理當根據目前各種商品的豐歉情況，以及商品生產的周期性和循環性，預測各種商品未來一個階段裡的豐歉情況，從而確定經營的商品品種以及經營方式。遵循「積著之理」，以囤積經營致富爲良好指導來從事商業經營，從這個意義上來講是能夠獲取較大商業利潤，並實現商業經營者追求最大利潤的目標。

從商品的供求關係理論來講，市場不論其大小，商品的供給有餘有缺，供過於求，商品會跌價，供不應求，商品會漲價。因而，商品買賣雙方即市場的主體在進行商品經營時可以根據商品的供求關係，預測其價格的波動趨勢。「貴上極則反賤，賤下極則反貴」，這不失爲一條很具有指導意義的經營原則。商品價格過高，經營利潤超出了一般的平均商業利潤，便會吸引眾多的利潤追逐者來生產經營這種商品，自然而然地這種商品的供給就會增多，造成商品最終供過於求，於是價跌。相反，商品的價格下跌到無法獲取一般的平均利潤甚至造成無利可圖，又會使得眾多的商品經營者放棄這種商品的生產經營，轉向其他商品的生產經營，則導致這種商品的供給萎縮，於是物以稀爲貴，這種商品的價格復又上揚。所以在「積著之理」裡，計然主張當商品昂貴到一定程度時，應當「貴出如糞土」，毫不吝惜地及時拋售出去，而當商品價格極賤時，則應「賤取如珠玉」，及時收購。他還特地針對糧食價格界定其波動幅度，即「上不過三十，下不減三十」（《史記‧貨殖列傳》），一方面保護商品生產經營者的生產經營積極性和穩定性，另一方面它又指導商品吸納和拋售最佳時機的把握。的確，正確掌握商品的供求關係，把握商品價格反轉的最佳時機，這應該是計然「積著之理」的思想內核。

市場並非是商品生產者所能夠獨家操縱的市場，市場的需求是他們進行商品生產決策時的依據。生產什麼，生產多少，以什麼樣的經營方案來獲取經營利潤，這些都應該由市場來引導。由此可見，市場預測對於商業經營的重要性之所在。所以計然認為「知斗則修備，時用則知物」，樸素而又深刻精闢的語言道出了市場主體與主體之間、主體與客體之間的主次關係。

預測供求為了制定積著，而積著為了更好地平衡供求並達到商業經營者贏利的目的。這是計然與商策略之一即「積著之理」的中心內涵。計然本人也以此多次進諫越國君主，他說，知道將會有戰爭就必須修整武器裝備以備戰時之用，了解各時的需要就應該知道儲備什麼物資以及儲備多少。他進而用天旱時不必再買進車子而要買進船隻。天旱時不必再買進船隻而要買進車子作比喻，形象又深刻地強調了商業經營中應具有的預見性。而在現代的商品生產經營中，「積貯待乏，預測供求以定積著」仍不失其指導意義。

加速商品和資金的循環周轉

在現代商業經營活動中，「機會成本」這一術語已被普遍地引用。任何商品、資金的閒置都意味著機會成本的喪失，商業經營者唯有加速商品和資金的循環周轉，才能在最大程度上減少成本支出，實現經營利潤最大化。

我們之所以認爲必須加速商品和資金的循環周轉，這與以上分析的「積著之理」並不矛盾。積貯是手段而不是目的，積貯是爲了下一階段商品更好地進行流通。透過流通，交易者互通有無，滿足各自的消費需求，這才是商業經營的最終目的。

計然在提出「積著之理」，強調商業經營要有預見性的基礎上，同時強調加速商品和資金的循環周轉的重要性。計然建議越國臣民，不要積壓商品和資金，貨物長期存儲是沒有利益的，尤其是進行以物易物的買賣時，對於那些容易腐化變質的商品千萬不要囤積，不要貪圖高價銷售利潤而造成積壓，否則會適得其反。這反映了計然在庫存管理領域具有較深造詣，「腐敗而食之貨勿留」，也就是說對於入庫商品必須按其易腐敗程度等基本屬性的差異進行分門別類歸檔儲存，科學制定庫存種類和數量，這對減少庫存積壓，降低庫存成本是很有幫助的。庫存是因爲「待乏」而爲之，降低庫存成本並且在最大程度上減少庫存，促進流通，這才是商業經營者的可取之道。

計然在其興商良策裡將資金的流動視爲關鍵之一，並將「財幣欲其行如流水」、「無息幣」作爲衡量標準。資金的生命在於流動，成功經營之道就應當在合理決定商品庫存量的基礎上，加速資金從貨幣資金到商品形態資金、再從商品形態資金到貨幣資金如此周而復始、往復循環周轉，提高資金的利用率，減少資金閒置。這是商業經營者實現利潤最大化的途徑、方法和所應遵循的原則。

計然加速資金周轉的主張，不僅在他所在的時代起到巨大的指導作用，而且爲以後的歷史年代堤供了寶貴的經驗和指導。加速資金周轉，提高資金利用率，實現資金的價值，不僅在商業經營中如此，而且在其他領域中也具有廣泛而又深遠的意義。在生產領域中，如何合理安排流動資產和固定資產的份額，如何合理分配各種形態的貨幣，從而保持各種形態貨幣在時間和形態上的並存和繼起，是生產者值得永久深刻探討研究的課題。

◎白圭經商

白圭為戰國時西周人，他擅長經商致富，素稱為我國古代商人階層的祖師。其經濟思想頗富而又極具特點，對後人也影響頗大。

白圭和范蠡同為商人階層利益的代言人，但由於二人的政治身分不同，故其商業理論的側重點也不同。范蠡曾長期從事政治並擔任過越國的上將軍，所以他的商業理論基本上都是宏觀政策性的調控和對策理論。白圭的一生則是周遊列國，我行我素，故他的商業理論更注重商人的經營獲利之術。《史記・貨殖列傳》著重記述了他的商業經營思想，而對他經商致富的經歷，則語焉不詳，只是說：「白圭其有所試矣。能試有所長，非苟而已矣。」說他有實際的經商實踐（「有所試」），而且有實際成效（「試有所長」），並不是紙上談兵，隨便說說。但《史記》沒有具體寫他的實際經歷和成就，先秦文獻中談到白圭的，也沒有關於他經商的材料，這說明白圭在當時主要是以政治活動家知名的，他雖經營過商業並取得成功，可能並不像陶朱公那樣有半生經商的經歷。

白圭的經濟思想資料留傳於世的不多，主要見於《史記・貨殖列傳》和《孟子・告子下》。他主張掌握買進賣出的時機，五穀成熟時收進穀類、出售絲漆；蠶繭成熟時收進帛、絮；出售穀類。他認爲經商「猶如伊尹、呂尚之謀，孫、吳用兵，商鞅行法」，必須掌握時機運用權變，即「智」；要有決斷，就是「勇」；要能做到「人棄我取，人取我與」，就是「仁」；要能堅守時機，就是「強」。文字雖然不多，其中的經營管理思想卻頗爲豐富。

預測爲先的管理思想

白圭治生之術的中心內容，是他預測市場行情變化並據以進行經營決策的思想。司馬遷在《史記・貨殖列傳》中提出「白圭樂觀時變」。所謂的「時」，主要是指市場行情，「觀時變」就是預測市場行情變化，這和現代管理中的預測思想不謀而合。

一個企業或組織，爲了生存和發展，並不斷提高經濟效益，不僅要對本企業生產經營的各個環節進行預測，而且要對企業外部環境條件的變化進行預測。其中，市場的供需預測是企業預測最重要的內容，企業的生產經營各項活動都是圍繞這個基本預測進行。白圭正是從預測供求狀況入手，利用自然條件的變化所造成的經濟情況，爲自己的經營服務。

白圭對預測農產豐歉提出了一套方法：「太陰在卯，穰，明歲衰惡；至午，旱，明歲美；至酉，穰，明歲衰惡；至子，大旱，明歲美，有水。至卯，積著率歲倍。」

這裡所說的「太陰」，也稱「歲陰」，即木星。古人據木星十二年繞太陽一周，故將天空劃爲十二等份，稱十二宮；並將十二地支依寅、卯、辰……的次序分別配給十二宮，用以紀年，叫做大陰紀年法。如太陰在寅宮，就是太陰在寅，該年稱寅年。白圭的預測認爲，「太陰在卯」則大豐收（「穰」），接著兩年年景不好（「衰惡」），一個旱年，第五、第六兩年小豐收，第七年又是一個大豐收年。第八、第九兩年年景不好，第十個年頭大旱，然後再經兩個小豐年，重新又是個大豐收年。各種年景按照這一規律，無限循環下去。

白圭的這套方法，與范蠡的農業循環理論有諸多相似之處。兩者在農業年景上的說法基本上是一致的。它們都是以人們對農業豐歉循環的經驗爲依據，而運用古代的天文知識加以理論解釋。都是古代的農業經濟循環論。范蠡已提出了「天下六歲一穰，六歲一康，凡二十歲一飢」的豐歉循環論；白圭則明確地按十二年推測每年的收成狀況，把這種農業經濟循環論以更完整、更具體的形式表現出來。

白圭預測農業豐歉的目的就是爲了利用農業豐歉對商品價格和供求的影響，採取賤買貴賣的方法，以獲取巨額利潤。年成好，農業豐收，則糧食上市量多，價格降低；反之，上市量少，價格上揚。精明的商人可在豐年以低價購進大量糧食，囤積至災年便可以高昂價格出售，從而獲得大利。因此白圭說：「至卯，積著率歲倍。」卯年是一個大豐收年，糧食價廉，他囤積的貨物便比一般年份要大致多出一倍。

白圭的預測方法在現代看來，顯然不夠科學，但他在經營商業上所表現出來的預測思想是難能可貴的。他說：「我的經商致富之事，就像伊尹、呂尚籌劃謀略，孫子、吳起用兵打仗，商鞅推行變法那樣。」根據對未來態勢和前景的預測，對備種商業活動事先進行周密的計畫安排，這在現代也是同樣適用而且是必需的。

抓住時機的管理思想

白圭在經營決策方面的另一個重要思想是：決策必須迅速及時地加以貫徹，不可遲疑觀望，坐失良機。《史記・貨殖列傳》說他「趨時若猛獸鷙鳥之發」，極生動地說明了他的投機藝術。機會觀念是商品經濟的大觀念，趕得早不如趕得「巧」，這個「巧」就是機會。現代企業要取得經營上的成功，必須善於尋求發現市場機會，捕捉市場機會，利用市場機會。白圭的成功也正是得益於此。

對於如何有效地捕捉和利用市場機會，白圭採取了「人棄我取，人取我與」的經營方法，這是一個極高妙的方法，爲後世商人備加推崇。

「人棄我取」是指當某種商品因滯銷或盈利很小而被一般商賈棄而不營時，就要反其道而行，大量收購之。白圭顯然深懂得「賤下極則反貴」的道理，所以趁其供過於求、價格低廉時買進。

「人取我與」是指當某種商品成為搶手貨，別人爭相購取時，就將自己手中存貯的該商品毫不吝惜地拋出去。這正是以「貴上極則反賤」的認識為依據的。

「人棄我取，人取我與」的經營策略說明了白圭深諳供求之道。他善於抓住由於供求不平衡所造成的經營機會，為自己謀利。在古代，商人所經營的主要是農產品。由於農產品的生產有一定的季節和周期，它的供給往往不能迅速加以調節。當這一年某種農產品供大於求，價格低廉時，人們往往會因其獲利甚少轉而種植其他作物，導致下一年度該種產品的供應大大減少，價格上漲。反之，這一年度某種農產品短缺，價格很高，人們看其獲利頗豐而紛紛種植，到下一年度卻會因其供給增加而降低。白圭深明此理，因此他趁供過於求時，低價大量購進，以待來年；而當需求旺盛時，他不是再囤積，指望來年有更高價格，而是當機立斷，傾倉而出。

白圭在經營農副產品問題上，他為自己規定了一個原則：「歲孰，取穀，予之絲、漆、繭；凶，取帛、絮，與之食。」這種連環套式的做法更表現了其把握時機的才能。當穀物收獲，穀價下跌時，收進穀物，拋出手中的絲與漆；當蠶繭收獲，帛絮便宜時，就大量收購帛絮，而將手中的穀物拋售出去。這樣循環往復，可以獲得巨大利潤。白圭的連環套式的經營，用心是十分機巧的，其對時機的把握主要在兩個方面：

第一，對豐歉年份的把握。通常所說的豐歉，是指糧食收獲的豐歉。在凶災之年，糧食歉收，但其他農、副產品未必減少。因此，就會出現豐年糧價比其他農、副產品價格相對較低，災年糧價比其他農、副產品價格相對較高的情況。於是，白圭在豐年買進價格較低的糧食，而賣出價格較高的絲、漆、繭；在災年則賣出糧食，而買進帛、絮。

第二，對商品季節性的把握。穀熟在秋季，此時天氣漸寒，是人們製衣修屋的旺季，於此時拋售絲、漆，必因其價格上漲而獲利數倍。蠶繭產於夏曆四月底，此時離麥熟尙有一段時間，値青黃不接頂點，於此時趕在收麥前面拋出穀物，獲利又可數倍。一年之中，由於農產品生產的季節性而造成的兩次市場機會，都被白圭巧妙地抓住了。

機遇總是與時間緊密相連的，某一特定的機遇具有很強的時效性，這種時效性甚至可以用稍縱即逝來描繪。因此要求在時機適宜時，做到準、快、狠。從上述的例子可以看出，白圭正是做到了這一點，他對時效性的把握已可謂是「爐火純青」。

領導激勵的管理思想

領導，是一個企業成敗的重要因素。在企業各種影響人的積極性的因素中，領導的心理素質與行爲起著關鍵性的作用。領導者必須具有激勵才能，能充分激發全體被管理者的積極性和創造性，否則，企業組織的目標就難以實現。可見，激勵功能是領導者最基本的功能。而白圭作爲一個巨商大賈，他充分認識到了激勵的重要作用，他十分注重自已的行爲，「薄飲食，忍嗜欲，節衣服，與用事僮僕同苦樂」，以此來激勵員工。

放縱欲望，生活奢侈，是商人的特徵。白圭則壓抑自己的生活欲望：吃普通的飲食，穿一般的服裝，甚至與做事的奴僕同甘共苦。以白圭的爲人，他的這些行爲絕不僅僅是個生活儉約的問題，而是用心深遠，意在收買人心。大凡巨商，必有大批用事僮僕，從一定程度上講，商人的巨利正是靠著用事僮僕的具體經營活動來實現的，而這些人的盡心深淺和行事的積極與否，直接決定著利潤的數量。「與用事僮僕同苦樂」，則將會最大限度地獲得他們的擁戴和忠心，使其盡心盡力。

在這裡，白圭充分利用了影響領導力的要素之一——感情因素。感情是人對客觀事物（包括人）好惡傾向的內在反映。人與人之間建立了良好的感情關係，便能產生親切感。人與人之間愈有親切感，相互的吸引力就愈大，彼此的影響力就愈高。一個領導人平時待人和藹可親，能時時體貼關懷下級，與群眾的關係十分融洽，他的影響力往往比較高。相反，如果領導者與下級關係比較緊張，就會造成雙方的心理距離，是一種心理排斥力、對抗力，產生負影響力。白圭顯然已認識到工作者、勞動者的工作結果，與他們的情緒、心理有重要關係，因而在用人時不是一味靠強壓或利誘，而是企圖用這種「同甘共苦」的共事方法，和下人之間培養深厚的感情，以期擴大其影響力，在他們內心引起一種「激發動機」。

白圭作爲一個領導者，他在用人方面也明確提出了「智」、「勇」、「仁」、「強」四項要求。這是他在辦學中，選拔和考核學生的標準，也是他在經商中選擇人才的標準。他認爲：「如果一個人的智慧夠不上隨機應變，勇氣夠不上果敢決斷，仁德不能夠正確取捨，強健不能夠有所堅守，雖然他想學習我的經商致富之術，我終究不會教他的。」這段話清晰地描繪了商業人才應該具備的才能。人才是有類別之分的，不同的行業需要不同類型的人才。白圭憑著自己的從商經驗和管理經驗，正確地識別人才，對人才的性格、智力等方面提出了要求。從人才學的角度看，還是有值得藉鑑之處的。

◎遠交近攻

戰國時期，秦昭襄王的宰相是化名爲張祿的范睢。在范睢沒有得到重用前，秦昭襄王約請他到宮中來。在進宮的路上，范睢迎面碰到了坐在車上的昭襄王。但他沒有迎接，也沒有躲避，依然大模大樣地走著。太監讓他躲開，並說：「大王來了！」范睢回答說：「什麼，秦國還有大王？」爭吵之際，秦昭襄王來了。范睢仍在大聲嚷叫著：「秦國只有太后、穰侯，哪有什麼大王？」這句話震動了秦昭襄王，於是他恭敬地把范睢迎入宮中。

秦昭襄王叫左右退下，向范睢拱手道：「請先生指教！」范睢仍擺著架子不願直說，秦王又懇求道：「請先生明示！」經秦王再三請求，范睢這才說：「以前姜子牙爲文王出主意，結果滅了商朝，得了天下，而比干身爲貴戚爲紂王出主意，紂王不從反而殺了他。這是什麼原因呢？文王信任姜子牙，而比干則得不到紂王的信任，我與大王並無很深的交情，而要說的話則很深刻，我怕的是『交淺而言深』，也會像比干那樣招殺身之禍，因此我不敢輕易直言。」秦王說：「我仰慕先生才幹，所以退下左右，真心實意地向您請教，無論何事，或涉及太后，或涉及大臣，只請先生坦率地說，我都願意聽取。」范睢這才與秦昭襄王進行了深談。

范睢說：「現在的秦國，論地勢，哪個國家有如此多的天然屏障？論兵力，哪個國家能比得上？論百姓，任何國家的百姓也沒有這麼遵守紀律，熱愛國家的！除了秦國，哪個國家能號令諸侯，統一中國呢？大王雖然一心想完成統一大業，可是幾十年來並沒有取得什麼進展。原因是秦國時而與這個諸侯訂立盟約，時而與那個諸侯打仗，根本就沒有一貫的政策。聽說最近大王又聽信武將的建議，準備發兵攻打齊國。」

秦昭襄王忙問：「這有什麼不妥嗎？」范睢說：「齊國離秦國那麼遠，中間還隔著韓國和魏國。如果派出的兵力不足，可能被齊國打敗，反讓各國取笑；如果兵力派多了，國內就會出亂子，即使一帆風順打敗了齊國，也不過使韓國、魏國老實點，且大王也不可能將齊國搬回來。當初，魏國越過趙國打敗了中山，沒想到中山後來卻讓趙國吞併了。爲什麼呢？是因爲中山離趙國近而離魏國遠。因此，我認爲大王最好是一面與齊、楚二國交好，一面攻打韓、魏二國。距離我們遠的國家與我們有了交往，就可能不會管閒事，而把鄰近的國家打下來，就能擴大秦國的地域，哪怕是一城一池。把韓國和魏國吞併以後，齊、楚二國還站得住腳嗎？這種由近而遠的蠶食方法就是『遠交近攻』，它是個妥當的方法。」秦昭襄王聽後拍手稱好：「秦國若真能兼併三國，統一中原，全得力於先生的『遠交近攻』之策了！」於是就拜范睢為客卿，後漢拜為丞相，封為應侯，接受了范睢的計策，並照他的計策行事。從此，秦國就把韓、魏二國當作了進攻的目標。

目標市場，通俗地講就是企業所要進入並佔領的市場。在市場細分化的條件下，企業往往把部分子市場作為目標市場。因此，企業對目標市場的選擇一般要以市場細分為基礎，透過對細分後的各個子市場進行分析比較，從中選擇出最適合自己進入和佔領的子市場，這裡所說的市場細分，是指企業按照消費者的一定特徵，把原有的市場分割為兩個或兩個以上的子市場，以用來確定目標市場的過程。

為了有效地選擇目標市場，企業通常採用以下三種策略：

(1)無差異性市場策略。企業推出一種產品，採用一種市場營銷組合，試圖在整個市場上吸引盡可能多的消費者。這種策略就是無差異性市場策略。採用這一策略的企業，主要著眼於消費者需求的同質性，對其異質性則忽略不計。認為市場上所有消費者對某產品都有共同的需求與愛好，因而可以用單一的產品和單一的手段來加以滿足。這種策略的優點是，能透過單一地、大量地生產而降低產品成本，並相應節省市場調研和促銷等費用，有利於在廉價上爭取更多的消費者；但不足之處在於，它不能滿足不同消費者之間的差異需求與愛好，難以適應市場需要的發展變化，並且容易導致競爭激烈和市場飽和。因此，在現代市場上，這種策略的適用面越來越小。許多企業都逐漸放棄這種策略，而轉用其他目標市場策略。現在，該策略主要用於少數消費者需求差異不大而需求量較大的產品，如食鹽、食用糖等。

(2)差異性市場策略。企業爲了推出多種產品，採用不同的市場營銷組合，以滿足各個細分市場不同需求，這就是差異性市場策略。採用這一策略的企業，主要著眼於消費者群需求的異質性，試圖把原有的市場按消費者的一定特性進行細分，然後針對各個子市場的不同需求與愛好，生產出各種相適應的產品和採取相適應的營銷手段分別加以滿足。差異性市場策略的優點是，能夠較好地滿足不同消費者群的需求與愛好，適應市場需求的發展變化，有利於擴大產品銷售總量，增強企業的市場競爭能力；但不足的是，由於是多品種、小批量的生產，勢必導致生產成本和銷售成本增加，從而使產品售價提高。這種策略能較好地滿足各個消費者群的不同需求與愛好，因而在現代市場上，越來越多的企業轉向採用這一策略，以求透過滿足目標市場的需要而得到較好的生存與發展。但對一些資金不足、技術薄弱、資源有限的企業（特別是中小型企業）來說，採用這一策略一定要慎重。

(3)集中性市場策略。這是企業集中力量推出一種或少數幾種產品，採用一種或少數幾種市場營銷組合手段，對一個或少數幾個子市場加以滿足的策略。採用這一策略的企業，主要也是著眼於消費者群需求的差異性，但重點只放在某一個或幾個消費者群上。對這一個或幾個消費者群，企業能有效地實施市場營銷組合手段，有充分的佔領條件。密集性市場策略的優點是，有利於企業把「好鋼用在刀刃上」，發揮企業所長，增強競爭能力，克服過去那種產品到處撒，市場舖得大，但「食而不化」的現象，同時，由於實行專門化營銷，有利於深入了解目標市場的需求與愛好，有針對性地創造出產品特色，並可大大節省營銷費用，相對提高市場佔有率。但不足的是，採用該策略的市場風險較大，由於只選擇一個或少數幾個子市場作爲目標市場，如果一旦未選準或在進入時突然發生變化，將給企業帶來嚴重的影響。因而這一策略主要適用於資金短缺、技術較差，但應變能力較強的中小企業。在激烈的市場競爭中，許多中小企業由於難以與大型企業相匹敵，往往處於不利的競爭地位，造成這種狀況的一個極爲重要的原因，就是目標市場策略選用不當。在這種情況下，企業的產品不能像天女散花，賣到哪裡算哪裡，與其在整個市場上擁有很低的市場佔有率，不如在部分市場上擁有很高的市場佔有率，只要部分市場的佔有率大於或等於整個市場的佔有率，企業就相當或比較合算。中小型企業可以利用自己「船小好調頭」的優勢，透過採用密集性市場策略，與大型企業相競爭，奪得「一席之地」。

上述目標市場的三大策略各有聯繫與區別，在實際應用中應將其區別開來，不能混淆，以免失誤。日本的家電產品成功地進入我國市場，主要一點就是針對我國市場的特點而有效地選定了其進入市場的目標市場策略，從而制定出最優的營銷方案，獲得了極大的成功。

選擇目標市場策略的目的是爲了有效地拓展新市場，擴大市場佔有率。而達到這個目的則需要一定的過程。也就是說，無論選擇哪一種策略，都是爲了企業產品能夠在市場上站穩「腳跟」。企業對市場的佔有，也不是一下子就拓展得很大，往往是由小到大、由近及遠、逐漸發展的。透過市場細分和對各個子市場的分析，企業可以選擇最適合自己佔領的某個或某幾個子市場作爲目標市場，待站穩腳跟後；以此市場爲「根據地」，逐步向外沿推進，擴大市場面，提高市場佔有率，完成產品的市場輻射過程。

在戰國史上，范雎是一位頗有才能的戰略指揮家。他根據秦國當時的政治和軍事形勢，提出了「遠交近攻」的軍事策略。首先，「遠交近攻」是秦王朝連橫戰略路線的具體表現。自從蘇秦說服了六國合縱抗秦之後，七雄爭霸的時局一直貫穿著連橫與合縱兩種戰略的較量。「遠交近攻」的要旨不是被動的防守，而是積極主動的進攻。不論是軍事優勢的取得，還是產品市場的開拓，就其積極意義和進取精神來說，都有共同的出發點。「遠交近攻」包含著外交上的分化瓦解和軍事上的各個擊破這一穩健的謀略思想。這裡所說的「遠交」，並不是與之長久地和好，而是爲避免樹敵過多而採取的外交手段，其意在緩和遠敵，孤立近敵。一旦近攻得手，原來的遠交對象即化爲近攻的目標。用市場營銷的現代思想來解釋，這是一種集中性市場策略，即集中優勢力量，開拓並取得局部優勢，站穩腳跟後，再由小到大，由近及遠，逐漸拓展市場，擴大市場面，完成市場輻射過程。

其次，「遠交近攻」是根據秦國所具備的條件而制定的軍事戰略。范雎考慮了敵我雙方地域地緣的自然條件和軍事實力的優、劣勢，以及由此對整個戰略的影響，認為在當時的列強爭雄的封建割據戰爭中，每個國家雖有不同的策略，但其目的都是企圖利用各種矛盾來兼併他國。從地緣關係來看，只有善於從整個地理環境的制約條件出發，制定交遠邦、取近鄰的策略，才能有效地擴大疆域，吞併他國，逐步增強實力，從而從取得局部優勢而過渡到取得整體優勢。從軍事勢力來看，秦國雖然強大，但還不足以採用分散兵力、全面出擊，或取遠敵、震近鄰的戰略，即使採用這樣的戰略方案，所取得的結果並沒有使秦國處於有利的戰略姿勢之中。因此，選擇軍事進攻的對象，與選擇目標市場一樣，一定要根據自身的優勢和弱勢條件，採取正確的軍事策略，才能取得成功。

「遠交近攻」表現了市場營銷策略，它是一種實戰性技巧，一方面，我們從中可以總結出不少的管理思想來，並在一定程度上上升到理論高度；另一方面，透過體驗或經驗上升的理論，又有極強的實用價值和指導意義。因此，作為實際工作者，尤其是企業家、政治家，不能低估這種具有中國特色的管理思想的現實意義。

◎鄭和下西洋

鄭和，明代雲南昆陽（今雲南晉寧）人，本姓馬，幼年被挑選入皇宮爲太監，始改姓鄭，宮內喚作三寶太監，因能力超群而且又是回教徒，所以頗受明成祖賞識並委以重任，負責遠航。西洋，指今南海以西的海洋及沿海各地，遠至印度及非洲東部。在經過唐、宋兩代的經濟繁榮之後，到了明代初年，中國封建社會內部的商品經濟開始迅速發展起來，商品和交換的意識日益濃厚，這時候，進一步擴大市場的內在化，走出國門，開展對外經濟、貿易、文化交流，已經成爲明政府的一種本能的、初始意識狀態下的需求。鄭和作爲完成這一使命的使者，於一四〇五年六月率領巨大的遠洋艦隊，從蘇州劉家河出發，開始第一次西洋之行。當時的艦隊由六十二艘大海船組成，最大的船，長達一百多米，寬幾十米，可載運一千人。浩浩蕩蕩的隊伍則由二萬九千餘人組成，其中包括後人所熟知的馬歡、費信和鞏珍。此次航行歷時兩年有餘，於一四〇七年九月勝利回航。之後，在一四〇七年九月至一四〇九年七月、一四〇九年十月至一四一一年七月、一四一三年至一四一五年、一四一七年五月至一四一九年八月、一四二一年一月至一四二二年八月以及一四三〇年六月至一四三三年七月他又先後六次統帥巨大的船隊進行遠航。在總共七次的西洋之行中，先後抵達了亞洲和非洲的三十多個國家和地區，南至印度尼西亞的爪哇，西北至波斯灣和紅海，最西到非洲東海岸。所到之處，盡受熱烈歡迎，或交易，或施捨救濟，或友好會談，給各國人民留下了深刻的印象，至今仍被後人所津津樂道和高度頌揚。

鄭和的七次西洋之行，反映了古代中國敞開胸懷、包容世界的強烈外交意識，表現古代中國人民對國與國之間的平等互利往來乃至整個世界的和平與進步的超時空呼喚，昭示我們豐富的治國管理思想。

促進和平與進步是推行外交政策的主旋律

當今的世界是一個密不可分的統一體，每一個國家的進步和發展都離不開這個世界大家庭。在經歷了兩次世界大戰的洗禮之後，我們現在對於「和平共處、共同進步」的理解比任何一段時期都要來得深刻。鄭和下西洋之時，船隊每到一地，都以真誠的態度與各國人民友好相處。開展貿易固然是首要任務，但贏取各國人民的信任和友誼是基本前提和第一追求。他們充分尊重各地的風俗習慣，以虔誠的心態去理解當地的傳統文化。比如與印度的古里人做交易時，全盤接受當地人民那種「眾人面前拍掌爲定」的交易方式，「或貴或賤，再不悔改」，從而贏得古里人的普遍好評。而婆羅洲、索馬里、坦桑尼亞、印度尼西亞以及泰國等國的人民對這些友好的中國人更是推崇備至。婆羅洲人民「凡見中國人去其國，甚爲愛敬，有醉者則扶歸家寢宿，以禮待之，如故舊」。索馬里和坦桑尼亞人民則視鄭和船隊所帶到當地的明代瓷器爲中索和中坦人民友誼的象徵直至今日。印度尼西亞和泰國人民爲紀念這位傑出的航海家和商務使者鄭和而將當地的一些地方取名爲三寶壠、三寶廟、三寶塔等。鄭和船隊將和平和友誼視爲第一追求的另一有力佐證，是他們所到之處每每以愛心感化當地民眾，當抵達斯里蘭卡時，將大批金銀供器、彩妝、織錦寶幡等都捐獻給當地的寺院。至於廣邀各國使節乃至國王前來中國進行友好訪問，開展合作與交流，是鄭和船隊追求世界和平的最高境界。

進步，則是鄭和下西洋向廣大亞非人民展示的另一主旋律。在宋代，中國的造船業和航海業就已經有了相當程度的發展。十檣十帆的大海船即使現在看來也仍然是龐然大物，而在船上所使用的指南針更充分表現了古代中國人民的聰明才智，它不僅可以用以測量航行的遠近，而且還能夠用來觀星定向。在航海技術上，他們充分掌握了自然規律特徵，巧妙藉助季候風進行海上航行，出航於冬季或初春，因爲這時風向大都是從大陸向海洋方向吹去，回航於夏季或初秋，因爲這時風向大都是從海上吹向大陸。鄭和下西洋，船隊航行到哪裡同時將這些當時屬於世界頂尖科技的人類智慧結晶展示到哪裡，呼喚各國人民對進步未來的嚮往和追求。同時，爲了促進航道暢通，方便各國間的經濟、貿易和文化往來，鄭和對自己的七次開拓性航行都作了精密的記錄，詳細記載方向的取定，遠近的掌握，以及暗礁險灘的所在之處，亞非國家間的通航通商發展十分迅速。另外，鄭和以及他的隨從還將他們透過航行所接觸到的各國風情習俗以及經濟概況記錄下來並整理成著作，以此直接促進各國間經濟文化交流。所有這些，都深刻表現了鄭和下西洋對促進世界各國共同進步所作的巨大貢獻。

開展國際貿易以平等互利為原則

擴大商品交換地理領域，發展國際間經貿往來是鄭和下西洋的主要目的。鄭和船隊每次出發遠航，都為所到的亞非國家帶去了大量的中國瓷器、銅器、鐵器、金銀和各種精美的絲綢、羅紗、錦綺等絲織品，與他們互通有無，交換當地盛產的珍貴特產，如胡椒、象牙、寶石、染料、藥材、硫磺、香料、椰子以及長頸鹿、獅子、駝鳥、金錢豹等珍稀動物。他們每到一處，都以友好的態度與當地居民進行貨物交換，從事平等貿易，做到雙方互惠互利。不霸道，不挾大國之威強加於人，雙方的交換行為完全建立在平等、自願的基礎上。這是古代中國「和為貴」處世哲學思想在商場上的完美的詮釋。

當前的國際貿易領域，雖說經過幾十年來全世界人民的共同努力和友好磋商，尤其是廣大發展中國家的持久奮鬥，貿易氛圍已經有了很大的改觀，但是，不可否認弱肉強食、苦樂不均的現象依舊存在。與發達國家工業品價格飛速上漲的情勢形成鮮明對比的是發展中國家賴以出口創匯的初級產品、半製成品的價格卻在不斷地下跌，發展中國家的貿易條件日益惡化。平等互利的貿易原則這一開展國際經貿交流的最基本的信條變成了廣大亞非拉國家的最高追求。在世界經濟日益走向一體化的今天，任何一國或者幾國群體的經濟都不可能也不允許凌駕於世界經濟這個統一體之上謀求自己的霸權經濟式的發展。與世界大家庭的各個成員在真正以平等互利為原則的基礎上開展貿易往來，互通有無，這是發展經濟的硬道理，也是鄭和下西洋這一史例留給我們後人的啓迪。

中國人生叢書					
編號	書名	定價	A3004A	人際溝通	600
			A3005	生涯發展的理論與實務	600
A0101	蘇東坡的人生哲學	250	A3006	團體諮商的理論與實務	600
A0102A	諸葛亮的人生哲學	250	A3011	心理學(合訂本)	600
A0103	老子的人生哲學	250	A3014	人際關係與溝通	500
A0104	孟子的人生哲學	250	A3015	兩性關係—性別刻板化與角色	700
A0105	孔子的人生哲學	250	A3016	人格理論	550
A0106	韓非子的人生哲學	250	A3017	人格心理學	650
A0107	荀子的人生哲學	250	A3019	人際傳播	550
A0108	墨子的人生哲學	250	A3020	心理學新論	500
A0109	莊子的人生哲學	250	A3021	適應與心理衛生—人生週期之常態適應	500
A0110	禪宗的人生哲學	250	A3023B	小團體動力學	320
A0111B	李宗吾的人生哲學	250	A3024	家族治療理論與技術	650
A0112	曹操的人生哲學	300	A3026	情緒管理	350
A0113	袁枚的人生哲學	300	A3027	兩性教育(三版)	450
A0114	李白的人生哲學	300	A3028	生涯規劃	250
A0115	孫權的人生哲學	250	A3029	回歸真實	450
A0116	李後主的人生哲學	250	A3030	心理衛生	450
A0117	李清照的人生哲學	250	A3031	教育組織行為	650
A0118	金聖嘆的人生哲學	200	A3032	人際關係與溝通技巧	450
A0119	孫子的人生哲學	250	A3033	認知治療的實務手冊—以處理憂鬱與焦慮為例	350
A0120	紀曉嵐的人生哲學	250	A3034	兩性關係學	450
A0121	商鞅的人生哲學	250	A3035	疾病營養諮商技巧	550
A0122	范仲淹的人生哲學	250	A3036	人際關係與溝通	350
A0123	曾國藩的人生哲學	250	A3037	社會心理學	400
A0124	劉伯溫的人生哲學	250	A3038	心理學概論	500
A0125	梁啓超的人生哲學	250	A3039	工業心理學	550
A0126	魏徵的人生哲學	250	A3040	青少年心理學	400
A0127	武則天的人生哲學	200	A3041	認知治療：基礎與進階	500
A0128	唐太宗的人生哲學	300	A3305	團體技巧	300
A0129	徐志摩的人生哲學	250	A3307	跨越生活危機—健康心理管理	450
心理學叢書			A6003	工業組織心理學	500
編號	書名	定價	Oa001	生活禮儀	280
A3001B	發展心理學	550	Oa002	兩性問題	250
A3002	諮商與心理治療的理論與實務(原書第五版)	650	Z3001	全方位生涯角色探索與規劃表	450
A3003	諮商與心理治療的理論與實務—學習手冊	350			

社會叢書

編號	書名	定價
A3201	社會科學研究方法與資料分析	500
A3202	人文思想與現代社會	400
A3205	社會學	650
A3206	社會變遷中的教育機會均等	400
A3207	社會變遷中的勞工問題	400
A3208	二十一世紀社會學	550
A3209	從韋伯看馬克思	300
A3211	社會學精通	600
A3212	現代公共關係法	280
A3213	老人學	400
A3214	社會科學概論	370
A3215	社會研究方法—質化與量化取向	750
A3216	人的解放—21世紀馬克思學說新探	500
A3217	社會學概論	450
A3218	馬克思理論與當代社會制度	320
A3219	社會問題與適應(二版)	650
A3220	網路社會學	250
A3221	法律社會學	650
A3222	文化政策新論—建構台灣新社會	350
A3223	社會福利服務	480
A3224	社會衝突論	280
A3225	流行文化社會學	600
A9023B	社會學說與政治理論—當代尖端思想之介紹 (增訂版)	200
A9026	馬克思社會學說之析評	400

社工叢書

編號	書名	定價
A3301	社會服務機構組織與管理—全面品質管理的理論與實務	200
A3302	人類行為與社會環境	350
A3303	整合社會福利政策與社會工作實務	250
A3304	社會團體工作	550
A3305	團體技巧	300
A3306	積極性家庭維繫服務—家庭政策及福利服務之運用	300
A3307	健康心理管理—跨越生活危機	450
A3308	社會工作管理	450
A3309	服務方案之設計與管理	350
A3310	社會工作個案管理	300
A3311	社區照顧—台灣與英國經驗的檢視	600
A3312	危機行為的鑑定與輔導手冊	200
A3313	老人社會工作	350
A3314	社會福利策劃與管理	500
A3315	當代台灣地區青少年兒童福利展望	550
A3316	志願服務概論	450
A3317	婚姻與家庭	380

人文社會科學叢書

編號	書名	定價
A3501	倫理學是什麼	300
A3502	經濟學是什麼	320
A3503	美學是什麼	320
A3504	心理學是什麼	380
A3505	文學是什麼	360
A3506	宗教學是什麼	360
A3507	人類學是什麼	300
A3508	哲學是什麼	300
A3509	社會學是什麼	320
A3510	法學是什麼	
A3511	歷史學是什麼	300
A3512	教育學是什麼	
A3513	政治學是什麼	
A3601	邏輯原理與應用	320

NEO系列叢書

編號	書名	定價
A5101	時間的終點	360
A5102	生態經濟革命	200
A5103	經濟探險	220
A5104	生態旅遊	350
A5105	全球經濟大蕭條	350
A5106	世界末日	350
A5107	愛情經濟學	250
A5108	A.I.人工智慧—不可思議的心靈	350
A5109	強勢競爭—如何駕馭企業的招財貓	250

A5110	網路圖書館—知識管理與創新	300
A5111	推銷台灣	280

揚智叢刊

編號	書名	定價
A0009	有無學—反厚黑學說	250
A0010	台灣文學輕批評	150
A9001	德國文化史	350
A9004	日本通史	450
A9005	中國法律思想史新編	400
A9009	西方文化之路	380
A9010	獨裁政治學	500
A9015	大陸經濟法的理論與實務	500
A9016	當代台灣新詩理論(二版)	450
A9017	西方經濟學基礎理論	800
A9018	台灣當代文學理論	250
A9019	道與中國醫學	180
A9020	道與中國文化	180
A9021	道與中國藝術	180
A9022	創意的兩岸關係	200
A9023B	社會學說與政治理論—當代尖端思想之介紹 (增訂版)	200
A9024	後現代教育	200
A9025	政治商品化理論	250
A9026	馬克思社會學說之析評	400
A9029	倫理政治論——個民主時代的反思	200
A9030	兩岸關係概論	450
A9031	自由主義、民族主義與國家認同	250
A9033	學校本位課程與教學創新	300
A9034	終身全民教育的展望	650
A9035	中國餐飲業祖師爺研究	300
A9036	永恆與心靈的對話—基督教概論	400
A9037	應用文	400
A9038	台灣海疆史	600
XA003	孫中山先生〈內聖外王〉思想的繼承、發展與匯通統貫	380
XA004	儒家思想與中西哲慧的啓示與融通	280
XA010	教育與社會	300
XA012	網路文化	300
XA013	國防政策與國防報告書	300
XA014	孫子探微	280
XA015	三民主義哲學「旁通統貫」概論	480
XD003	素直的實踐—厚生的成長軌跡	280
XE002	板刻書法藝術	400
XE003	放射性同位素利用技術	600
XE006	歌劇藝術之理念與實踐	280
XE009	失落的山村	150
XE011	目錄學題解精要	200
XF001	台灣電影、社會與國家	300
XF002	台灣電影、社會與歷史	400
XG001B	自惕的、主體的台灣史	400

POLIS系列

編號	書名	定價
A9010	獨裁政治學	500
A9025	政治商品化理論	250
A9031	自由主義、民族主義與國家認同	250
A9301	憲法與公民教育	450
A9302	中華民國的憲政發展	500
A9303	國會改革方案之理論與實際	250
A9305	當代政治經濟學	430
A9306	當代新政治思想	300
A9307	社會役制度	350
A9308	軍事憲法論	430
A9309	中華民國憲法概論	380
A9310	中華民國修憲史	600
A9311	中華民國憲法	420
A9312	後現代的認同政治	400
A9313	法律與生活	450
A9314	實例民法概要	400
A9315	智慧財產權之保護與管理	280
A9316	法學緒論	300
A9317	近代國際關係史	500
A9318	違憲審查與政治問題	500
A9319	消費者權利——消費者保護法	250
A9320	中國政治思想史	300

編號	書名	定價
A9321	政治與資訊科技	250
A9322	美國政府民航政策之研究：從改革到解制之變革（1974-1978）	350
XA001	中華民國的政治發展	800
XA002	憲法與憲政	250
XA005	為什麼要廢省？我國行政區的檢討與調整	400
XA006	第一階段憲政改革之研究	350
XA007	不確定的憲政—第三階段憲政改革之研究	400
XE008	憲政改革與民主化	350

亞太研究系列

編號	書名	定價
D3001	當代中國文化轉型與認同	250
D3002	後社會主義中國：毛澤東、鄧小平、江澤民	500
D3003	兩岸主權論	200
D3004	新加坡的政治領袖與政治領導	320
D3005	冷戰後美國的東亞政策	350
D3006	美國的中國政策：圍堵、交往、戰略夥伴	380
D3007	中國：向鄧後時代轉折	190
D3008	東南亞安全	300
D3009	中國大陸與兩岸關係概論	350
D3010	冷戰後美國的全球戰略和世界地位	450
D3011	重構東亞危機	
D3012	兩岸統合論	360
D3013	經濟與社會：兩岸三地社會文化的分析	300
D3014	兩岸關係—陳水扁的大陸政策	250
D3015	全球化時代下的台灣和兩岸關係	200
D3016	卡特政府對民航解制之認知與反應	350
D3017	重構兩岸與世界圖象	250
D3018	冷戰後美國的南亞政策	260
D3019	全球化下的兩岸經濟關係	450
D3020	全球化下的後殖民省思	200
D3021	全球化下的台海安全	260
D3101	絕不同歸於盡	280

MBA系列

編號	書名	定價
D5001	混沌管理	260
D5002	PC英雄傳	320
D5003	駛向未來—台汽的危機與變革	280
D5004	中國管理思想	500
D5005	中國管理技巧	450
D5006	複雜性優勢	
D5007	裁員風暴	280
D5008	投資中國—台灣商人大陸夢	200
D5009	兩岸經貿大未來—邁向區域整合之路	300
D5010	業務推銷高手	300
D5011	第七項修練—解決問題的方法	300

中國管理思想

本書旨在闡述中國傳統管理智慧，其內涵非常豐富，涉及行政管理、經濟管理、軍事管理、文化管理等多方面，從宏觀（總體）到微觀（個體），從人的管理到物的管理皆有涉及。本書重視人的因素、強調人才的重要性，崇尚節儉、反對奢侈，強調從政者的個人品德修養、廉潔奉公，以及重視傾聽群眾意見等，對我們今天治理國家依然有著極強的現實意見，同時也對現代經營者有著重要的指導意義。

定價：500元

揚智文化事業股份有限公司
生智文化事業有限公司
台北辦公室：106台北市新生南路三段88號5樓之6　電話：(02) 2366-0309　傳真：(02) 2366-0310
深坑辦公室：222台北縣深坑鄉北深路三段260號8樓　電話：(02) 2664-7780　傳真：(02) 2664-7633
E-mail：book3@ycrc.com.tw　網址：http://www.ycrc.com.tw
郵撥帳號：19735365　葉忠賢

中國管理技巧

MBA 系列 5

主　編／芮明杰 陳榮輝
作　者／王　震 等
出 版 者／生智文化事業有限公司
發 行 人／林新倫
總 編 輯／孟　樊
執行編輯／黃亦修
登 記 證／局版北市業字第 677 號
地　址／台北市文山區溪洲街 67 號地下樓
電　話／886-2-23660309　886-2-23660313
傳　真／886-2-23660310

印　刷／科樂印刷事業股份有限公司
法律顧問／北辰著作權事務所　蕭雄淋律師
初版一刷／2000 年 7 月
I S B N ／957-818-143-4
定　價／新台幣 450 元

南區總經銷／昱泓圖書有限公司
地　址／嘉義市通化四街 45 號
電　話／886-5-2311949　886-5-2311572
傳　真／886-5-2311002

郵政劃撥／14534976
帳　戶／揚智文化事業股份有限公司
E-mail ／tn605547@ms6.tisnet.net.tw
網　址／http：//www.ycrc.com.tw

國家圖書館出版品預行編目資料

中國管理技巧＝Techniques of Chinese Management／王震等著. -- 初版. -- 台北市：生智, 2000〔民 89〕

面； 公分. -- （MBA 系列；5）

ISBN 957-818-143-4（平裝）

1. 管理科學 — 哲學，原理 — 中國

494.01 89006888